高等职业教育国家骨干校系列教材

制冷设备安装调试与维修

◎刘孝刚　主　编
◎许宝森　主　审

北京理工大学出版社
BEIJING INSTITUTE OF TECHNOLOGY PRESS

内容简介

本教材采用项目化教学模式，系统讲述了制冷管路的弯制与焊接、制冷电器元件的故障测定、电冰箱的使用与维修、商业用冷柜的故障检修、家用空调器的安装与维修、冷库的安装与维护、中央空调的安装与维修共七个项目。内容突出应用，章后附有习题，并参照最新相关国家职业技能标准（达到制冷设备中级工水平），以实现培养学生专业技能和职业素质的目的。

本教材可作为高职高专制冷相关专业教材以及"高、中级制冷设备维修工"职业技能鉴定的参考用书。

版权专有　侵权必究

图书在版编目（CIP）数据

制冷设备安装调试与维修/刘孝刚主编. —北京：北京理工大学出版社，2023.8重印

ISBN 978 – 7 – 5640 – 9111 – 8

Ⅰ. ①制… Ⅱ. ①刘… Ⅲ. ①制冷装置 – 安装 – 高等学校 – 教材　②制冷装置 – 调试方法 – 高等学校 – 教材　③制冷装置 – 维修 – 高等学校 – 教材　Ⅳ. ①TB657

中国版本图书馆 CIP 数据核字（2014）第 075742 号

出版发行 / 北京理工大学出版社有限责任公司

社　　址 / 北京市海淀区中关村南大街5号

邮　　编 / 100081

电　　话 /（010）68914775（总编室）

　　　　　（010）82562903（教材售后服务热线）

　　　　　（010）68944723（其他图书服务热线）

网　　址 / http://www.bitpress.com.cn

经　　销 / 全国各地新华书店

印　　刷 / 廊坊市印艺阁数字科技有限公司

开　　本 / 787 毫米 × 1092 毫米　1/16

印　　张 / 19.5　　　　　　　　　　　　　　　　　责任编辑 / 张慧峰

字　　数 / 457千字　　　　　　　　　　　　　　　文案编辑 / 多海鹏

版　　次 / 2023年8月第1版第4次印刷　　　　　　　责任校对 / 周瑞红

定　　价 / 56.00元　　　　　　　　　　　　　　　责任印制 / 李志强

图书出现印装质量问题，请拨打售后服务热线，本社负责调换

前 言

随着科技发展、社会进步和人民生活水平的不断提高,制冷设备的应用几乎遍及生产、生活的各个方面。制冷和空调设备需要大批专门技术人才,社会对制冷和空调设备的安装、维修、调试方面人才的需求量也越来越大。为了满足和适应社会不断增长的需要,全国已有数十所高职院校先后开设了"制冷与冷藏技术"专业,以加速制冷与冷藏技术专业人才的培养。

本套教材在编写过程中结合我国制冷与冷藏技术专业的发展以及行业对高职高专人才的实际要求,在形式和内容上都进行了有益探索。在专业方向上,既涉及家用、商用制冷设备,又涉及冷库与中央空调设备,覆盖范围广;在内容安排上,既介绍传统的制冷设备维修方法、过程,又补充了大量的新技术、新工艺,立足专业最前沿;在课程组织上,基本理论力求深入浅出、通俗易懂,实验、实训力求贴近生产,强调实际、实用,特别强调能力培养,体现高职特色。本书既可作为高职院校的专用教材,也可作为社会从业人员的岗位培训教材。

根据大纲要求,本书在编写过程中努力体现四新,即新技术、新方法、新体系和新工艺的编写特点,并在内容上力求做到以下几点:

(1) 较宽的知识面。教材内容既包括普通家用制冷空调设备,又包括商用制冷设备,同时还包括应用广泛的冷库和中央空调设备。

(2) 浅显实用的知识。介绍最具有普遍性的制冷空调的基本原理,制冷系统,电气系统的组成、应用,产品的购置,空调器的安装,电冰箱空调器的维修技能等。

(3) 与考取技能证接轨。教材中的实践技能知识尽量与国家职业标准《制冷设备维修工》接轨,以使学生奠定坚实的实践技能基础。

(4) 采用项目化教学模式。为适应弹性教学要求,在必备的基本平台上搭配适当的项目,可根据具体的需要或不同学校、不同学生的要求进行筛选或增加相关知识。

(5) 以学生为主的学习方式。为培养学生的自学能力,在教材每一个项目的开始都列出了学习任务单,使学生在一开始就能了解本章的知识点和实践的重点。

本书由渤海船舶职业学院刘孝刚主编,渤海船舶职业学院徐化冰、韩彩娟、李鸿飞、孙月秋、孟宪东、渤船重工谷照军及沈阳市环境保护局宋伟强参加了编写。其中,项目1、项目3、项目5由刘孝刚编写,项目2由李鸿飞、谷照军和宋伟强编写,项目4由孙月秋编写,项目6由韩彩娟编写,项目7由徐化冰编写,习题由孟宪东编写。本书由渤海船舶职业学院许宝森教授主审。

由于作者水平有限,书中难免有错误和不妥之处,恳请同行和读者批评指正。

编 者

目录

项目1 制冷管路的弯制与焊接 ... 1
【项目描述】 ... 1
任务1 制冷管路的制作 ... 2
- 【背景知识】 ... 3
- 【任务实施】 ... 8
- 【任务测试】 ... 10
- 【拓展知识】 ... 10
任务2 制冷管路的焊接 ... 19
- 【背景知识】 ... 20
- 【任务实施】 ... 30
- 【任务测试】 ... 37
- 【实训项目及要求】 ... 40

项目2 制冷电器元件的故障测定 ... 41
【项目描述】 ... 41
任务 制冷电器元件的故障测定 ... 42
- 【背景知识】 ... 42
- 【任务实施】 ... 49
- 【任务测试】 ... 52

项目3 电冰箱的使用与维修 ... 54
【项目描述】 ... 54
任务1 电冰箱的选购、使用与保养 ... 55
- 【背景知识】 ... 56
- 【任务实施】 ... 62
- 【拓展知识】 ... 65
任务2 电冰箱制冷剂的充注 ... 68
- 【背景知识】 ... 68
- 【任务实施】 ... 76
- 【任务测试】 ... 82
任务3 电冰箱蒸发器与冷凝器的维修 ... 82
- 【背景知识】 ... 83

目 录

  【任务实施】 ·· 90
  【任务测试】 ·· 93
 任务4 电冰箱压缩机的维修 ·· 94
  【任务实施】 ·· 95
  【任务测试】 ·· 97
 任务5 电冰箱电器系统的故障排除 ······································ 99
  【背景知识】 ·· 99
  【任务实施】 ··· 114
  【任务测试】 ··· 119
 【实训项目及要求】 ··· 119

项目4 商业用冷柜的故障检修
 【项目描述】 ··· 121
 任务 商业用冷柜的故障检修 ·· 122
  【背景知识】 ··· 123
  【任务实施】 ··· 127
  【任务测试】 ··· 130
  【拓展知识】 ··· 131

项目5 家用空调器的安装与维修
 【项目描述】 ··· 137
 任务1 家用空调器的选购、使用与保养 ································ 138
  【背景知识】 ··· 138
  【任务实施】 ··· 141
  【拓展知识】 ··· 145
 任务2 家用空调器的维修 ··· 152
  【背景知识】 ··· 152
  【任务实施】 ··· 163
  【任务测试】 ··· 173
 任务3 窗式空调器的安装 ··· 173
  【背景知识】 ··· 174
  【任务实施】 ··· 186

目录

  任务4　分体空调器的安装 …………………………………………… 190
  【任务实施】 ……………………………………………………………… 191
  【拓展知识】 ……………………………………………………………… 198
  【实训项目及要求】 ……………………………………………………… 199

项目6　冷库的安装与维护 ………………………………………………… 201
 【项目描述】 …………………………………………………………………… 201
  任务1　装配式冷库的安装过程 …………………………………………… 202
  【背景知识】 ……………………………………………………………… 202
  【任务实施】 ……………………………………………………………… 211
  【任务测试】 ……………………………………………………………… 216
  【拓展知识】 ……………………………………………………………… 216
  任务2　冷库制冷系统的安装与维护 ……………………………………… 222
  【背景知识】 ……………………………………………………………… 223
  【任务实施】 ……………………………………………………………… 239
  【任务测试】 ……………………………………………………………… 245

项目7　中央空调的安装与维修 …………………………………………… 247
 【项目描述】 …………………………………………………………………… 247
  任务1　中央空调系统室内外机的安装 …………………………………… 248
  【背景知识】 ……………………………………………………………… 248
  【任务实施】 ……………………………………………………………… 257
  【任务测试】 ……………………………………………………………… 260
  【拓展知识】 ……………………………………………………………… 261
  任务2　中央空调水系统的安装与维修 …………………………………… 264
  【背景知识】 ……………………………………………………………… 265
  【任务实施】 ……………………………………………………………… 280
  【任务测试】 ……………………………………………………………… 285
  【拓展知识】 ……………………………………………………………… 285
  任务3　中央空调风系统的安装与维修 …………………………………… 288
  【任务实施】 ……………………………………………………………… 296
  【任务测试】 ……………………………………………………………… 299

附图 ……………………………………………………………………………… 301
参考文献 ………………………………………………………………………… 304

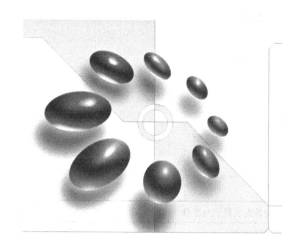

项目1 制冷管路的弯制与焊接

【项目描述】

  制冷设备的维修应借助专用的维修工具，因此，在制冷设备的维修中，需重点掌握维修工具的使用。在制冷设备维修工中，有相当一部分人并没有完全或者正确掌握制冷设备维修工具的使用，且在维修过程中没有按照说明正确使用工具的维修工在维修队伍中占有相当大的比重。对于高等院校的学生，掌握一门技术或者技能，除了应有过硬的专业知识和实践知识外，是否会正确使用专用工具在维修过程中起关键作用。此外，制冷设备维修工具有一定的特殊性，即一些工具只有在维修制冷设备的时候才能用到，平时基本不多见。本项目从每一个维修工具的原理与结构讲起，最后形成典型工作任务，让学生在完成学习任务的同时，完成对制冷维修工具的学习，为维修工作打下基础。

  一、知识要求

1. 掌握制冷与空调设备维修的专用工具及使用方法
2. 掌握常用检测仪表的使用方法
3. 掌握气焊设备的操作方法
4. 熟练使用工具对系统管道进行胀口、扩口、封口及弯制加工
5. 掌握真空泵和修理双表的操作方法

  二、能力要求

1. 利用维修工具对紫铜管路进行加工、焊接。通过对项目的学习，掌握空调管路和管件的制作及管路的焊接
2. 使用检测工具对制冷设备的电器元件和压缩机进行检测，掌握压缩机电动机（简称三相压缩机）的接线原理

三、素质要求

1. 具有规范操作、安全操作及环保意识
2. 具有爱岗敬业、实事求是及团结协作的优秀品质
3. 具有分析及解决实际问题的能力
4. 具有创新意识及获取新知识、新技能的学习能力

任务 1　制冷管路的制作

学习任务单

学习领域	制冷设备安装调试与维修	
项目 1	制冷管路的弯制与焊接	学时
学习任务 1	制冷管路的制作	4
学习目标	1. 知识目标 （1）了解制冷系统维修专用工具的结构和工作原理； （2）掌握制冷系统维修专用工具的操作； （3）熟练使用工具对系统管道进行胀口、扩口、封口及弯制加工； （4）掌握检漏设备及真空泵和修理双表的操作方法。 2. 能力目标 （1）根据现场情况绘制制冷管路图； （2）能熟练使用维修工具进行制冷管路的现场制作。 3. 素质目标 （1）培养学生在使用工具过程中的安全操作及规范操作意识； （2）培养学生在使用工具过程中的团队协作意识和吃苦耐劳精神	

一、任务描述

制冷系统是由制冷管路与相应的零部件如压缩机、过滤器、四通阀等连接而成的封闭系统，管路的加工制作是制冷维修的重要组成部分。接受制冷制作管路的任务工单，熟悉工具使用方法，按照任务单要求进行管路制作。

二、任务实施

（1）根据所给图形要求使用割管器切割铜管，铜管长度为 200 mm，并用倒角器修整管口；
（2）根据图示弯制铜管，选用弯管器将铜管在 60 mm 处弯制为 90°；在管路末端 60 mm 处反方向弯制 90°；
（3）用扩管器将弯制的管路首段进行扩管，正确选用扩喇叭口进行扩管，要求喇叭口端正、中心线与管子中心线重合、无倾斜、大小适中、无内陷、无毛刺、无裂口；末端不扩；
（4）进行质量检验，注意操作要领，做好结束工作。

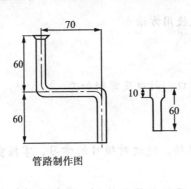

管路制作图

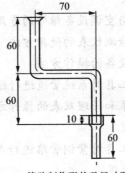

管路制作形状及尺寸要求

项目1 制冷管路的弯制与焊接

续表

三、相关资源
(1) 教材；
(2) 教学课件；
(3) 图片；
(4) 制作图纸；
(5) 割管器封口钳；
(6) 扩管器；
(7) 胀管器；
(8) 弯管器、卤素检漏灯、电子卤素检漏仪、真空泵、双表修理阀总成、铜管等。

四、教学要求
(1) 认真进行课前预习，充分利用教学资源；
(2) 充分发挥团队合作精神，正确完成工作任务；
(3) 团队之间相互学习、相互借鉴，提高学习效率。

【背景知识】

一、常用制冷维修工具及实践技能

1. 割管器

割管器是切割紫铜管、黄铜管和铝管的专用工具，又称切管器。它由刀片1、支架2、手柄3和导轮4组成，如图1-1和图1-2所示。

割管器的使用方法：将铜管夹在割轮与滚轮架之间，割轮与铜管垂直，一只手捏紧铜管，另一只手转动转柄，使割轮的刃口切入铜管，然后顺时针旋转割管器，边转动边拧紧转柄，直至将铜管割断。割管器一般可切割3~32 mm的铜管。

割刀的使用方法：将铜管放置在滚轮与割轮之间，铜管的侧壁贴紧两个滚轮的中间位置，割轮的切口与铜管垂直夹紧。然后转动调整转柄，使割刀的切刃切入铜管管壁，随即均匀地将割刀整体环绕铜管旋转。旋转一圈后再拧动调整转柄，使割刀进一步切入铜管，每次进刀量不宜过多，只需拧进1/4圈即可，然后继续转动割刀。此后边拧边转，直至将铜管切断。切断后的铜管管口要整齐光滑，并适宜扩、胀管口。

毛细管的切断要用专门的毛细管钳或用锐利的剪刀夹住毛细管来回转动划出裂痕，然后用手轻轻地折断。

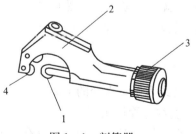

图1-1 割管器
1—刀片；2—支架；3—手柄；4—导轮

图1-2 割管器实物

实践技能:

1) 当割管器割轮磨损严重或有破损时,应予更换。

2) 当割轮的轴向间隙太大,超过 0.5 mm 时,会造成割不准及割出螺纹线等现象,应予再换。

3) 不宜一次将割轮的刃口切得过深,不然容易将铜管压扁或损坏割轮。

4) 不能用铜管的割管器去割铁管、不锈钢管等硬管和棒料。

5) 应在运动部件处加少许润滑油。

6) 铜管割断前应先打磨,去掉氧化层。

7) 毛细管及小于 3 mm 的铜管不能用割管器切割,可用剪刀的刃口在管上来回转动,待管上划出一定深度的刀痕后再用手轻轻折断。

8) 有些割管器带有去毛刺的刮子,以便在铜管割断后对管口进行修整。修整时注意不要让金属屑掉进管内,如图 1-3 所示。

2. 扩管器

制冷系统管径相同的管道连接或管道与零件连接,都需要对铜管进行扩口。扩口质量的好坏直接影响到设备的正常使用,应引起足够的重视。

铜管扩口分扩喇叭口和扩圆柱形口两种,如图 1-4 所示。管道连接时需扩喇叭口,如分体空调室内外机的连接铜管。管道焊接时,为了牢固可靠,必须在管道上扩圆柱形口。

图 1-3 管口修整操作

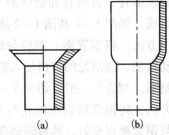

图 1-4 扩喇叭口和扩圆柱形口

(a) 喇叭口;(b) 圆柱形口

扩管器的结构如图 1-5 所示,其由螺纹顶压螺杆、可换胀管锥头或胀头、弓形架、两对夹具紧固螺母等组成。铜管夹具的夹持面上开有多个直径不等的半圆孔,孔内有凹凸的沟槽,以增加夹持的摩擦力。使用时,松开夹具紧固螺母,打开铜管夹具,把要加工的铜管放在相应的孔内,合上夹具,上紧紧固螺母,铜管就被紧紧夹住。然后选择相应的可换扩管头,安装在顶压螺杆上,对准铜管中心,顺时针转动顶压装置,就能使铜管端部加工成形。

实践技能:

1) 在有条件的情况下,最好把铜管扩口端退火。

2) 铜管在扩喇叭口时,露出夹具端面的长度约为铜管直径的 1/2。

3) 圆柱口扩管(又称胀管)伸出夹具的长度约与管径相等。

4) 在扩管操作中,在完成 1/2 或 1/3 时应观察是否对正、管口有没有毛刺。如有不正,则应调整扩管顶压装置的位置;如有毛刺,则要用锉刀锉去。

5) 由于铜管有公制、英制之分,故应按相应的管径采用扩管工具及管壁较厚的铜管(如 0.8~1 mm)进行扩口。

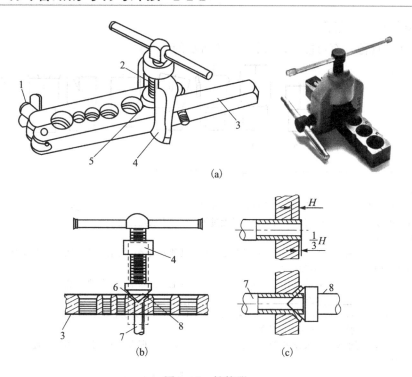

图 1-5 扩管器

1—夹具紧固螺母；2—顶压螺杆；3—夹具；4—弓形架；5—胀管锥头或胀头；
6—铜管的扩口；7—铜管；8—锥头

铜管扩口时常出现的缺陷及处理方法：

1) 扩喇叭口。

由于操作不规范，有可能出现如图 1-6 所示的一些缺陷。

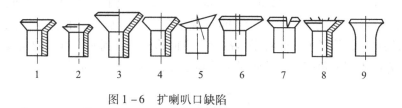

图 1-6 扩喇叭口缺陷

图示说明：

1—正确，喇叭口端正，中心线与管子中心线重合，无倾斜，大小适中，无内陷，无毛刺，无裂口。

2—喇叭口过小是由于管子夹入夹具露出的长度过短。处理方法是：松开夹具，加大管子露出夹具的长度，重新装夹后再加工。

3—喇叭口过大是由于管子夹入夹具露出的长度过长。处理方法是：用割管器把喇叭口部分割去，重新夹紧管子，让露出夹具的长度符合要求后再加工。

4—喇叭口内陷是由于管子在扩喇叭口前没有把截管留下的内陷及内毛刺去除干净。处理方法是：用倒角器先进行倒角处理，去除毛刺；或用尖嘴钳插入管内转动，把内陷纠正。

5、6—喇叭口歪斜与喇叭口位置偏移是由于顶压装置的位置不正确。处理方法是：边操作顶压装置边观察，发现歪斜和偏移，及时调整顶压装置的位置。

7—喇叭口裂开是由于管子没有退火或扩喇叭口时用力过猛、速度过快。处理方法是：操作顶压装置时，用力不可太大、速度不宜太快。

8—铜管端部出现毛刺。应立即停下来，取下顶压装置，用锉刀把毛刺去掉。有时加工一个喇叭口要用锉刀去毛刺数次。

9—喇叭口未成形是由于顶压装置没有旋转到尽头。这时应继续旋转顶压装置直至尽头。

2）扩圆柱形口（胀管）。

由于操作不规范，有可能出现如图 1-7 所示的一些缺陷。

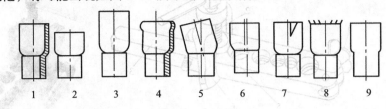

图 1-7 扩圆柱形口缺陷

图示说明：

1—正确，胀口端正，中心线与管子中心线重合，无倾斜，长度适中，无内陷，无毛刺，无裂口。

2—胀管段长度过短是由于管子夹入夹具露出的长度过短。处理方法是：松开夹具，把管子露出夹具的长度增加，重新装夹后再加工。

3—胀管段长度过长是由于管子夹入夹具露出的长度过长。处理方法是：用割管器把胀管段部分割去，重新夹紧管子，让露出夹具的长度符合要求再加工。

4—胀口内陷是由于管子在胀管前没有把截管留下的内陷及内毛刺去除干净。处理方法是：用倒角器先进行倒角处理，去除毛刺；或用尖嘴钳插入管内转动，把内陷纠正。

5、6—胀口歪斜和胀管段位置偏移是由于顶压装置的位置不正确。处理方法是：边操作顶压装置边观察，发现歪斜和偏移，应及时调整顶压装置的位置。

7—胀口裂开是由于管子没有退火或胀管时用力过猛、速度过快。处理方法是：操作顶压装置时，用力不可太大、速度不宜太快。

8—铜管端部出现毛刺。应立即停下来，取下顶压装置，用锉刀把毛刺去掉。

9—胀管段未成形是由于顶压装置没有旋转到尽头。这时应继续旋转顶压装置直至尽头。

3. 弯管器

制冷系统的管道经常需要弯成特定的形状，且弯曲部分要保持管道内腔不变形，弯管器就是用来弯曲铜管和铝管的专用工具，如图 1-8 所示，其弯曲半径不应小于管径的 5 倍；其弯曲部位不应有凹瘪现象。弯管器与铜管相对应也有公制和英制之分，其常见的规格有公制 6 mm、8 mm、10 mm、12 mm、16 mm、19 mm；英制 1/4in[①]、3/8in、1/2in、5/8in、3/4in。弯管器是用来弯制直径小于 20mm 铜管的专用工具，使用时，将管子放入轮子槽沟内，用挟管钩钩紧，管子另一端将手柄按箭头方向移动，直到所需弯曲的角度为止，然后将弯管退出。弯曲不同的角度可调整轮子上的角度尺，如图 1-8 所示。

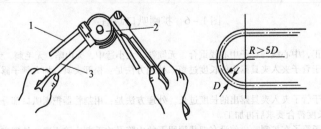

图 1-8 弯管器

1—铜管；2—弯管角度盘；3—手柄

实践技能：

1）有条件的话，宜先将铜管的弯曲部位退火。

---

① 1 in = 2.54 cm。

2) 不同的管径只能用相应的弯管器来弯曲。

对于管子直径小于 8 mm 的铜管，可用如图 1-9 所示的弹簧弯管器进行弯曲，其可把铜管弯成任何形状。弯管时，用大拇指按住铜管部分，弯曲半径尽可能大，以避免因半径过小而压扁变形，甚至破裂而报废。

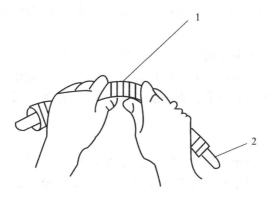

图 1-9 利用弹簧弯管器进行弯曲
1—弹簧弯管器；2—被加工铜管

4. 封口钳

制冷系统维修过程中经常需要焊接封口。由于系统中有制冷剂，压力比较高，故不容易焊接；而且制冷剂遇明火会产生有害气体，危害维修人员健康。通常用封口钳在管路上先进行封口，然后再进行焊接处理。

封口钳也称大力钳，通常是用于电冰箱修复、试机正常后，封闭制冷系统工艺管的专用工具。封口钳的结构如图 1-10 所示。

操作中首先要根据管壁的厚度调整钳柄尾部的螺钉，使钳口的间隙小于铜管壁厚的两倍，其过大时封闭不严，过小时易将铜管夹断。调整适宜后将铜管夹于钳口的中间，合掌用力紧握封口钳的两个手柄，钳口便把铜管夹扁而铜管的内孔也随即被侧壁挤死，起到封闭的作用。封口后拨动开启手柄，在开启弹簧的作用下钳口自动打开，其实物如图 1-11 所示。

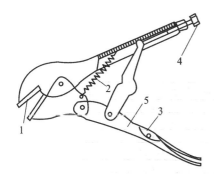

图 1-10 封口钳
1—钳口；2—钳口开启弹簧；3—钳口开启手柄；
4—钳口调整螺钉；5—钳口手柄

图 1-11 封口钳实物

实践技能：

1) 使用封口钳时，钳口的空隙要调整合适，若钳口空隙调得太大，则管道封不死；若钳口空隙调得太小，则容易将管道夹断。钳口空隙一般调到略小于铜管壁的 2 倍厚度为宜。

2）在有压力的管道，例如冰箱、空调等制冷系统充注制冷剂后，进行封口时在管道钳上两次。先在距离割断的位置 20～30 mm 处钳上一道，松开钳子；再在距离割断位置 50～60 mm 处钳上，这时封口钳不要松开，把管道割断、钳扁，试漏后焊死，最后才松开并取下封口钳。如有泄漏，则不能进行焊接。封口钳还有其他形式，如铁剪形、螺纹夹形等。

5. 毛细管钳

毛细管的切口圆滑、无缩孔现象、无毛刺等是保证制冷系统正常的关键，因此，切断毛细管时一定要用专用的毛细管钳，以完好地切断毛细管而不出现缩孔和有毛刺的现象。图 1-12 所示为毛细管钳的实物。

6. 倒角器

倒角器是将三把均匀分布且互成一定角度的刮刀装在一段塑料管道里，这三把刮刀在一端互成钝角，在另一端互成锐角，如图 1-13 所示。

图 1-12 毛细管钳的实物

由割管器割断的管道，往往存在管道端部收缩、有毛刺等缺陷，一般虽然用锉刀可以修正，但效率低，且锉削造成的金属屑不易去除。把倒角器一端的刮刀刀尖伸进管道的端部，左右旋转数次，再把另一端刮刀刀尖伸进管道的端部，同样左右旋转数次，就能把毛刺去掉，修整好收缩的地方。

图 1-13 倒角器

实践技能：

1）管口尽量朝下，以避免金属屑进入管道内。
2）如有金属屑进入管道内，则需将其清除干净。
3）不要用硬物敲击倒角器。
4）使用后除去倒角器上的金属屑，并在刀刃处加上防锈油。

【任务实施】

一、任务实施

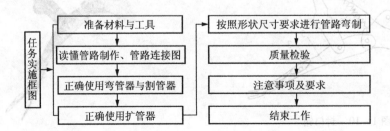

二、任务实施过程

1）准备 $\phi 6 \sim \phi 12$ mm 的铜管、割管器、扩管器、弯管器和倒角器等维修工具。
2）读懂管路制作形状与尺寸图和管路连接图，如图 1-14 和图 1-15 所示。

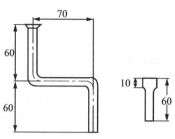

图 1-14 管路制作形状与尺寸

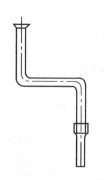

图 1-15 管路连接

3）根据管路制作图形，使用割管器切割铜管，对铜管进行整理使之平直，丈量尺度，并在切割处标记。铜管长度为 200 mm，并用倒角器修整管口，具体操作步骤见背景知识。

4）根据图示弯制铜管，选用弯管器将铜管在 60 mm 处弯制为 90°；在管路末端 60 mm 处反方向弯制 90°。

5）用扩管器将弯制的管路首段进行扩管，将铜管的扩口端退火，正确选用扩喇叭口进行扩管，要求喇叭口端正，中心线与管子中心线重合，无倾斜，大小适中，无内陷，无毛刺，无裂口；末端不扩。

6）按照尺寸、形状要求将两个管路进行管路连接，为下一项目的钎焊学习提供材料。管路制作形状及尺寸要求如图 1-16 所示。

7）质量要求。

参照图 1-17 所示扩圆柱形口，如果达不到要求，则按照规范处理。

质量要求：要求如图 1-18 所示胀口端正，中心线与管子中心线重合，无倾斜，长度适中，无内陷，无毛刺，无裂口。

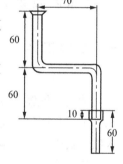

图 1-16 管路制作形状与尺寸要求

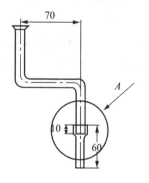

图 1-17 铜管连接处的扩口位置

图 1-18 A 向放大图

8）结束工作。

弯管结束后，将工具放入工具箱内，清理操作台，认真做好结束工作。

【任务测试】

项目评价见表1-1。

表1-1 项目评价表

工作台编号		操作时间	40 min	姓名		总分	
序号	考核项目	考核内容及要求	评分标准	配分	检测结果	互评	自评
1	职业技能	1. 遵守安全操作规程。 2. 熟悉制冷维修工具使用说明书,做到规范操作。 3. 工作台现场整洁	酌情扣1~10分	20			
2	工艺流程	1. 选择工具合理。 2. 根据弯制图形弯制紫铜管路。 3. 弯制顺序规范合理	酌情扣1~20分	30			
3	管路弯制	1. 选材合理。 2. 会使用弯管器和割管器。 3. 与弯制图一致。 4. 规范操作制冷维修工具	酌情扣1~20分	30			
4	协作能力	协作性、团结性		20			
5			备注:				
小组成员					指导教师		

【拓展知识】

一、维修工具

1. 钢冲

冲头：把铜管冲胀成为杯形口的专用工具。钢冲是用45号钢车制,经油内退火而成,如图1-19所示。用钢冲胀铜管口时,把被胀铜管的一端在室温中自然冷却,然后将铜管放入胀管器中夹紧,铜管上露出10~15 mm,再将胀管器夹在台虎钳上。用榔头轻轻敲打钢冲,边敲边转动,待钢冲全部打进去后,取出钢冲,用砂皮将管端打光,并用干布擦净。

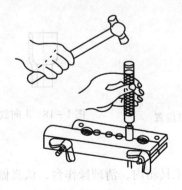

图1-19 钢冲

2. 快速接头

快速接头是管道快速连接的专用工具，应用在氮气吹污、试压、加制冷剂等场合，由凸头和凹头两部分组成，如图 1-20 所示。快速接头的使用方法：将铜管 3 插入凸头的外接铜管孔内，拨动锁管手柄 2 将铜管锁住；用手将凹头上的锁固滑套 4 向左滑动，把凸头插入凹头内，由凹头内的锁固钢球 5 自动锁住。打开快速接头时，将凹头上的锁固滑套向左滑动，使凹头内的锁固钢球脱槽，凹凸头分离，自封针阀 1 靠针阀弹簧的作用自动封闭。快速接头装卸较为方便，实物如图 1-21 所示。

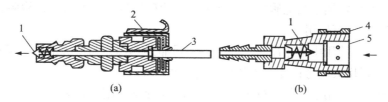

图 1-20 快速接头
（a）凸头；（b）凹头
1—自封针阀；2—手柄；3—铜管；4—锁固滑套；5—锁固钢球

图 1-21 快速接头的连接

注意事项：
1) 快速接头所用铜管的直径有 5 mm 和 6 mm 等规格，必须按规格使用，不能混用。
2) 铜管端部应光滑，无明显毛刺，否则容易损坏密封胶圈。
3) 应经常检查快速接头有无泄漏，否则会影响使用。
4) 曾经在有氟利昂的管道中使用过的快速接头，不要在无氟工质的场合下使用。

快速接头形式多种多样，如图 1-22 所示。

图 1-22 快速接头种类
（a）螺旋上紧式；（b）手柄锁紧式；（c），（d）汽车空调专用式

3. 制冷剂瓶

制冷剂瓶俗称雪种瓶，是储存制冷工质的专用容器。按其能否重复使用可分为一次性制冷剂瓶和多次使用制冷剂瓶。多次使用制冷剂瓶由专门厂家制造，经严格试压检验，并应定期送安全部门复检；容量从 10 kg 至 1 000 kg 不等。多次使用制冷剂瓶由瓶帽、瓶身、瓶阀等组成，外形和氮气瓶相似。一次性使用的制冷剂瓶制冷剂容量有 390 g、500 g、13.6 kg、22.7 kg 等系列。390 g 和 500 g 的制冷剂瓶没有瓶阀，属于密封式制冷剂瓶，瓶的上方有一

螺纹，必须把制冷剂开瓶阀旋至上方才能取出制冷剂；13.6 kg 和 22.7 kg 的制冷剂瓶由把手、瓶阀和瓶身等组成，瓶身上有安全膜，在超过其额定压力时，安全膜被冲破，制冷剂排出，可保护制冷剂瓶不发生爆炸。一次性制冷剂瓶的瓶身材料厚度较薄，仅为 2 mm，不能反复充灌制冷剂，瓶阀处有特殊处理，工质只能排出不能灌入。制冷剂瓶的充装、使用和管理应符合下列规定：

1）一次性制冷剂瓶不得重复使用，装载不同工质的瓶不能调换使用。

2）瓶体经外观检查有缺陷而不能保证安全的，不准充灌和使用。

3）制冷剂瓶应定期送当地质检部门指定的检验单位进行技术检验，检验合格后，由检验单位打上钢印，方可使用。

4）制冷剂瓶在使用中禁止敲击、碰撞；不得靠近热源，与明火的距离不得少于 10 m；瓶阀冻结时，不得用火烘烤；夏季要防止阳光暴晒。

5）制冷剂瓶不得用电磁起重机搬运；搬运时要旋紧瓶帽，轻装、轻卸，严禁抛、滑或撞击。

6）制冷剂瓶搬运时在车上应妥善加以固定，用汽车装运时应横向排列且方向一致，装车高度不得超过车厢；车上禁止烟火和坐人；严禁与氧气瓶、氯气瓶等易燃易爆物品同车运输。

7）制冷剂瓶储存时要旋紧瓶帽、放置整齐、妥善固定、留有通道，制冷剂瓶卧放时应头部朝向一方，防止滚动，且堆放不得超过五层；瓶帽等附件必须完整无缺；严禁与氧气瓶、氯气瓶同室储存，以免引起燃烧、爆炸；在附近应设有抢救和灭火器材。

4. 氮气瓶

氮气瓶是用来对制冷系统进行试压、吹污的专用设备。氮气瓶连接着减压阀，减压阀外接软管，软管再接到快速接头上。氮气瓶外形与氧气瓶相似。

使用方法及注意事项：

1）氮气瓶必须加装减压阀。

2）氮气瓶应远离热源，不允许碰撞。

3）氮气瓶开启不应一次全开尽，而应先开启 1/4 ~ 1/2 圈。

4）受减压阀结构及外接软管强度的影响，压力一般不应高于 0.9 MPa。

5）吹污时出口不能对着操作者和其他人，以免造成事故。

5. 制冷剂开瓶阀

制冷剂开瓶阀由阀芯、阀体、密封胶圈、紧固螺母和旋钮等组成，应用在一次性密封式制冷剂瓶上，如图 1 - 23 所示。

实践技能：

1）把阀芯逆时针旋至最高，这时针尖缩在阀体中，把紧固螺母旋至阀体螺纹的最高处。

2）旋紧在制冷剂瓶上的阀体。

3）将紧固螺母从阀体上往下旋转，紧固在瓶的端部。

4）把阀芯顺时针往下旋转，让阀芯底部的针尖直插入制冷剂瓶的顶部，插穿该处的金属形成小孔。

5）阀芯逆时针往上旋转，制冷剂将经小孔通过阀体从接出口处向外排出。

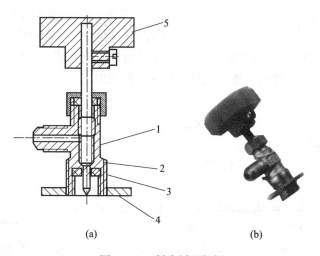

图1-23 制冷剂开瓶阀
(a) 结构简图；(b) 外形图
1, 2—阀芯；3—密封胶圈；4—紧固螺母；5—旋钮

注意事项：

1）应经常检查密封胶圈是否损坏、丢失，否则若不能实现良好密封，则制冷剂将从该处泄漏。

2）开启后的制冷剂应尽快使用，因为关上阀门时针尖孔无法实现可靠密封，容易造成泄漏。

6. 单向工质阀

单向工质阀安装在制冷系统的管道中，如工艺管、回气管和高压管等，起测量压力、补充工质和排放空气等作用。单向工质阀由阀体、阀芯组件和外接管等组成，如图1-24所示。

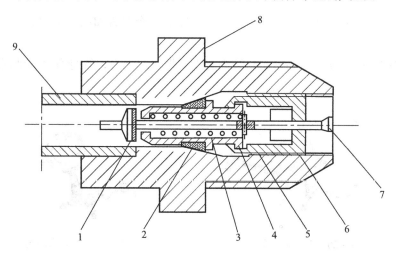

图1-24 单向工质阀
1, 2—密封圈；3—压紧弹簧；4—阀芯座；5—限位销；
6—紧定螺母；7—阀芯杆；8—阀体；9—外接管

工作时，单向工质阀一般与修理阀、软管配套使用。软管中央有一顶针，拧紧软管螺母,软管顶针就把阀芯杆往里压,密封圈1打开,内外工质由阀芯体中间的环形通道连通,便可以进行充注工质或抽真空等工作;松开软管螺母,阀芯杆在弹簧的作用下向外顶密封圈1,使之合上,工质不能进出。密封圈2是一个锥形橡胶圈,旋紧通气螺杆,将密封圈2紧压在阀座上,逆时针旋转通气螺杆,则可把整个阀芯组件取出。

注意事项:

1) 焊接单向工质阀时,应先取下阀芯组件。
2) 旋紧通气螺杆用力不得过大。
3) 每次顶压阀芯杆后,应进行检漏。

7. 公英制转换接头

制冷设备如半封闭压缩机和开启式压缩机的压力表接出口、高压排气口、低压加制冷剂口,一部分使用英制螺纹,一部分使用公制螺纹。我们常使用的复式压力表软管接头一部分是英制螺纹,一部分是公制螺纹,而不同制式的螺纹是不能配合的。为解决这个问题,可借助于公英制转换接头。公英制转换接头如图1-25所示。

图1-25 公英制转换接头

8. 复式修理阀

复式修理阀是制冷系统抽真空、充灌制冷剂的专用工具,分双表修理阀和单表修理阀两种。双表修理阀由低压表、高压表及两阀门组合在一起,中间接口接到真空泵或制冷剂瓶上,左右两接口接系统高低压接口(可以单独使用其中一边的接口),如图1-26所示;单表修理阀由一个压力表、一个修理阀及两个接口组成,如图1-27所示。

注意事项:

1) 凡是曾经在有氟利昂的场合下使用过的修理阀及软管,不能在无氟制冷剂的场合下使用。
2) 抽真空后关上修理阀,再移去真空泵,接上制冷剂瓶加制冷剂时,应注意把管内的空气排去。
3) 使用前要检查软管接头处密封胶圈有没有损坏、丢失,管身有没有破损泄漏。

图1-26 双表修理阀　　　　图1-27 单表修理阀

二、空气压缩机在制冷设备安装与维修中的作用

1. 空气压缩机

空气压缩机主要由压缩泵、过滤器、电动机、带轮、带、带保护罩、安全阀、压力调节

阀、压力表、储气罐和排水阀等部件组成,如图1-28所示。电动机启动后,动力通过带轮传递到压缩泵,压缩泵的活塞上下运动吸入空气,提升压力后送往储气罐。进气口处的过滤器起着过滤空气、除去尘埃的作用,以减少压缩泵的磨损;储气罐起储存高压空气和缓冲的作用;压力表显示工作的压力;压力调节阀可调节输出的压力,使之保持在某个要求的范围内;安全阀可保证储气罐的工作压力处于设计压力以内;排水阀用于定期排放储气罐的冷凝水。

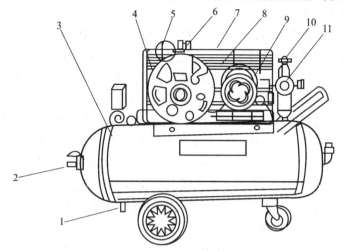

图1-28 空气压缩机

1—排水阀;2—出气管;3—储气罐;4—带轮;5—过滤器;6—压缩泵;7—带保护罩;
8—带;9—电动机;10—安全阀;11—压力表

2. 空气压缩机安全使用要求

1) 空气压缩机必须安装在检视容易、通风良好的场所。
2) 空气压缩机不得在潮湿、多粉尘的环境下使用。
3) 空气压缩机需安装在平整、坚硬的地面上。
4) 电源电压不得低于额定电压的90%。
5) 空气压缩机运转时不得触摸其高温部件,以防烫伤。
6) 不得在没有带保护罩的情况下使用空气压缩机。

3. 空气压缩机的日常维护保养

1) 每次开机前要检查油位是否正常。
2) 定期检查安全阀是否正常。
3) 每天使用后要排放储气罐中的冷凝水(要在罐内压力低于0.1 MPa时进行)。

4. 空气压缩机在制冷安装与维修中的作用

(1) 制冷系统的吹污

制冷系统经过安装后,其内部不可避免地会有焊渣、铁锈皮等污物,这些污物如果留在系统内,必然使阀门阀芯受损,且经过气缸时气缸镜面会被"拉毛";经过过滤器时,过滤器会堵塞。因此,在正式运行前必须对系统进行仔细吹污。吹污时系统所有接触外界大气的阀门都要关闭,其余阀门全开,吹污压力为0.6 MPa。一般情况下,吹污工作可用空气压缩机进行。由于系统管网、部件高低不平,故吹污工作应分段进行,其排污口应选择在各段的最低点。为使吹污效果提高,可用木塞将该段排污口堵上,同时将木塞用铁丝拴牢,以防木塞飞出伤人。当系统压力达到 0.6 MPa 时停止给气，然后把木塞迅速打掉，则高速的气流可将系统内的污物带出。

在吹污过程中要注意安全，不可靠近和正对木塞处。吹污需反复多次，直到系统污物吹净为止。最后放气时应用白纱布放在排污口检查，无明显污点才算合格。对于氟利昂系统，进行吹污工作后需更换干燥过滤器，以去除压缩空气中的水分。

(2) 制冷系统气密性试验

在制冷系统吹污工作合格后，便可准备对整个系统进行总体气密性试验。制冷系统是一个封闭的系统，泄漏会造成制冷工质溢出或空气进入系统，使制冷能力下降，甚至不能制冷。

气密性试验是用空气压缩机对整个制冷系统充以一定压力的空气，使管道设备内壁受压，以检查安装后的接头、法兰、焊缝、管材、设备等是否严密，也可以说是对施工质量的大检查。通过在各连接处用肥皂水涂抹或用塑料布盛水淹没等方法检查，若发现漏处，则标出记号，以便泄压后统一处理。空气压缩机加压每升高 0.5 MPa 左右停机一次。以后重复上述办法，继续检漏直到彻底消除泄漏为止。检查的重点是焊口及螺纹连接处，应反复进行多次，因为微小的漏口往往要经一段时间之后才能发现。冷冻机曲轴箱也需用 1 MPa 的压力进行检验。

当进行气密性试验时，关闭所有接通大气的阀门，其他阀门全开。当整个系统达到试验压力时，即可停车。切断高、低压交界处阀门，进行 24 h 稳压，系统试验压力见表 1-2。用空气进行试压时，由于温度关系，前 6 h 允许压降为 0.02 MPa，后 18 h 不允许有压降。用空气试压时，一般是用空气压缩机而不用制冷压缩机，因为用制冷压缩机加压时，压缩比、压力差都很大，而且压缩终点温度很高，这对制冷压缩机强度及寿命都是不利的。因此，一般不用制冷压缩机进行试压。

除尘制冷系统中的空气换热器如分体空调的冷凝器，由于长期放置在室外，风扇带动空气流过其表面，会使大量的尘埃沉积在翅片的表面上形成隔热层，使散热效果及制冷效果下降。使用空气压缩机产生的高压气体通过软管喷射到散热器表面时，可消除尘埃，使散热器恢复散热性能。

表 1-2 制冷系统气密性试验压力　　　　　　　　　　　　　　　　MPa

工质名称	高压系统试验压力	低压系统试验压力
NH3	1.8	1.2
R22	1.8	1.2
R12	1.6	1.0
R13	1.8	1.2

三、真空泵的使用

真空泵是用于制冷系统安装与维修的抽真空专用设备，下面以 2XZ 型真空泵为例进行说明。

1. 真空泵的结构

2XZ 型旋片式真空泵是双级高速直联结构旋片真空泵（以下简称泵），其抽气原理是：泵身腔内偏心地装有转子，转子槽内有两个旋片，转子旋转时带动旋片，旋片借离心力和旋片弹簧弹力作用紧贴缸壁，把进气口和排气口分隔开来，使进气腔容积周期性地扩大而吸气,排气腔容积周期性地缩小而压缩气体,并借压缩气体的压力推开排气阀排气。由此循环往复,从而获得真空。图1-29所示为单级泵的工作原理示意图。双级泵是由两个单级泵串联而成,进口压力高时,两级泵可同时排气;进口压力低时,气体由高级泵排入低级泵,然后再排出泵外。2XZ型泵带有气镇阀,具有延长泵油使用时间和防止泵油混水的作用。

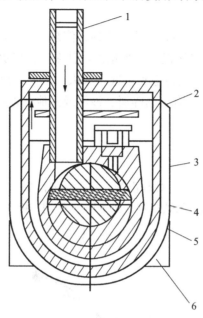

图1-29 单级泵的工作原理
1—吸气口;2—排气阀;3—转子;4—旋片;5—真空泵油;6—外壳

2. 真空泵的用途及使用范围

1)真空泵是用来抽除密封容器气体而获得一定真空度的基本设备之一,它可单独使用,也可作为增压泵、扩散泵、分子泵等的前级泵。

2)泵在环境温度为5℃~40℃、进气口压强小于1 333 Pa的条件下允许长期连续运转,被抽气体相对湿度大于90%时,应开气镇阀。

3)在进气口连续敞通大气的状态下运转不得超过3 min。

4)泵不适用于抽除对金属有腐蚀、对泵油起化学反应及含有颗粒尘埃的气体,也不宜抽除含氧过高、有爆炸性及有毒的气体。

3. 真空泵的使用

1)查看油位,以停泵时油面在油标中心为宜。若油位过低,则对排气阀不能起油封作用,影响真空度;若油位过高,则可能会引起通大气启动时喷油。运转时,油位有所升高,属正常现象。油采用清洁的真空泵油,加油时需经过过滤,以免杂物进入,堵塞油孔。

2)泵可在通大气或任何真空度下一次启动。泵口如装接电磁阀,则应与泵同时动作。

3)环境温度较高时,油的温度升高,黏度下降,饱和蒸气压增大,会引起极限真空下降。如加强通风散热,则可改善泵的性能。

4)检查泵的极限真空,以压缩式水银真空计为准。

5)若相对湿度较高或被抽气体含较多可凝性蒸汽,则接通被抽容器后,宜打开气镇阀,运转20~40 min后再关闭气镇阀。停泵前,可开气镇阀空载运转30 min。

4. 真空泵的维护和保养

1) 保持泵的清洁，防止杂物进入泵内。

2) 保持油位。

3) 存放不当，水分或其他挥发性物质进入泵内而影响极限真空时，可开气镇阀净化，若数小时无效，则应更换泵油。

换油方法：先开泵运转约半小时，使油变稀，停泵。从放油孔放油，再敞开进气口运转 1~2 min。在此期间可从吸气口缓慢加入少量的清洁泵油，以更换泵腔内存油。

4) 不可混入柴油、汽油等其他饱和蒸气压较大的油类，以免降低极限真空。拆洗泵内零件时，一般用纱布擦拭即可，有金属碎屑、沙泥或其他有害物质时，可用汽油等擦洗，干燥后方可装配。

四、制冷专用扳手的使用

制冷专用扳手又称活络扳手，是对截止阀、膨胀阀进行快速开启和关闭的工具，由活络端、连接杆和固定端三部分组成，其外形如图 1-30 所示。使用该扳手能提高工效，且操作方便。

图 1-30 活络扳手

1—转动盘；2—可逆转动手柄；3—连接杆；4—方形孔；5—固定端

1) 活络端由棘轮机构组成，其转动盘上有一个方形孔，分为上、下两层，有不同的尺寸；还有一个可逆转动手柄，它的作用是使转动盘只能往一个方向单向运动，若把它扳动一个角度，则转动盘便能往反方向单向转动。活络扳手的特点是利用棘轮机构可在狭小的工作场所进行操作，只要把阀杆套入相应的方孔内，确定旋转方向，快速摆动扳手，就能使阀杆上升或下降。

2) 固定端上有一个内六角的孔，分上、下两层，与梅花扳手的用途相似，用于旋动螺栓，可保护螺母不受损坏。

3) 连接杆上有一排尺寸不一的方形孔，是配合不同种类的阀杆使用的。当把方孔套入相应的阀杆上，旋动扳手，就能方便准确地调节阀门。

例如，在维修 2F6.5 制冷压缩机时，需关闭压缩机的吸排气三通截止阀，这些阀门周围有运动部件（如带轮）、高温元件（如高压管），若不小心，则可能会被烫伤或造成危险。用普通的活动扳手开关这些截止阀，劳动强度大，效率低，方形阀杆容易损坏；而用制冷专用扳手的活络端套入阀杆，来回扳动扳手，就能迅速开关阀门。

五、高压清洗泵的使用

高压清洗泵主要由电动机、电源接线盒、联轴器、泵体、进水口、出水口、压力表、输

项目1 制冷管路的弯制与焊接

出软管、水枪和小车等部件组成,如图1-31所示。

使用时,把进水口接入水源,接通电源,电动机的动力经联轴器带动活塞泵运转,泵排出的高压水流经压力调节阀、出水口,通过输出软管从水枪喷出,射向需要清洗的物体。在制冷设备的维护保养中,高压清洗泵可用于冷却塔清洗等场合。冷却塔上的波纹填料在合适的温度下,其表面会生长出青苔,空气中的尘埃也会吸附在冷却塔风机的填料上,使水流及空气流动的通道阻塞,散热效果下降。当使用杀苔剂杀灭青苔后,用高压水喷射便能去除青苔和灰尘,恢复其散热能力。

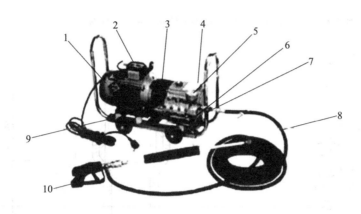

图1-31 高压清洗泵

1—电动机;2—电源接线盒;3—联轴器;4—泵体;5—压力表;6—进水口;
7—出水口;8—输出软管;9—小车;10—水枪

注意事项:
1)注意铭牌上的电压标识,电源不能接错。
2)风冷换热器的表面污垢不能用高压水枪喷射清洗,因为翅片强度不高,承受不了高压水流的冲击。
3)操作时,输出软管不要曲折。
4)使用者要戴眼镜,并穿好雨衣等防护用品。
5)不能让含酸、碱的液体进入高压清洗泵。

任务2 制冷管路的焊接

学习任务单

学习领域	制冷设备安装调试与维修	
项目1	制冷设备维修工具的使用	学时
学习任务2	制冷管路的焊接	4

续表

学习目标	1. 知识目标 （1）进行正立、平焊、倒焊焊接练习； （2）将项目1所制作的管件用平焊的方式进行焊接。 2. 能力目标 （1）操作者必须熟练掌握焊具的使用方法和操作技术，达到中级制冷设备维修工标准； （2）能进行空调管路的现场焊接。 3. 素质目标 （1）培养学生在使用工具的过程中具有安全操作及规范操作的意识； （2）培养学生在使用工具的过程中具有团队协作意识和吃苦耐劳的精神

一、任务描述

接受空调制作管路的任务工单，熟悉工具使用方法，按照任务单要求进行管路制作。

二、任务实施

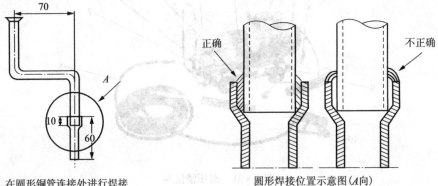

在圆形铜管连接处进行焊接　　　　圆形焊接位置示意图（A向）

三、相关实验设备

（1）焊炬；
（2）气瓶；
（3）减压阀（氧压表、乙炔表）；
（4）保护面罩和手套。

四、教学要求

（1）认真进行课前预习，充分利用教学资源；
（2）充分发挥团队合作精神，正确完成工作任务；
（3）团队之间相互学习、相互借鉴，提高学习效率

【背景知识】

一、气焊基本知识

（一）气焊使用的气体

气焊使用两种气体：一种是可燃气体；另一种是助燃气体。可燃气体多用乙炔、液化石油气；助燃气体是氧气。气焊是利用可燃气体与助燃气体混合燃烧时放出热量对金属进行焊接的一种加工方法，在制冷施工中起着十分重要的作用。下面介绍几种气体的性质。

1. 氧气

（1）氧气的性质

氧气是一种在常温下无色、无味、无毒的气体。在标准大气压下，当温度为 -183℃时，

氧气由气态变为液态；当温度下降至-218℃时，液态氧转变为固态氧。氧气的化学性质非常活泼，它能和自然界的很多元素化合而发生氧化反应，并放出热量；剧烈的氧化反应即燃烧，氧气本身不燃，但却具有强烈的助燃作用。高压氧气在常温下能和油脂等易燃物质发生强烈的氧化反应，发生燃烧甚至爆炸。所以操作时，若手上有油污，则不能接触氧气的阀门、管道等物体。

（2）氧气的等级

气焊所用的氧气一般分为两级：一级氧气的纯度高于99.2%；二级氧气的纯度高于98.5%。氧气的纯度对于气焊工作的质量、氧气消耗量以及工作速度有很大的影响。氧气纯度越高，燃烧的火焰温度越高，工作效率就越高，焊接的质量就越好。因此，对质量要求较高的气焊需使用一级氧气，而二级氧气只用于要求不高的气焊场合。

2. 乙炔

乙炔又称电石气，是一种无色、有特殊气味的气体，比空气轻。

乙炔是可燃气体，它与空气混合燃烧产生的火焰温度高达2 350℃；乙炔本身不能达到完全燃烧，且其不完全燃烧会产生大量的黑烟；它与氧气按1:2左右的比例混合燃烧，产生的火焰温度高达3 200℃，在制冷管道的焊接上，这个温度已足够令助焊剂和钎焊条熔化，以达到钎焊的目的。

乙炔也是一种具有爆炸性的危险气体，当温度超过300℃、压力增加到0.15 MPa时，就会发生爆炸。乙炔在空气中的体积分数为2.8%~80%、在氧气中的体积分数为2.8%~93%时所形成的混合气体，只要遇到火种就会引起爆炸。

与乙炔接触的器具不能用纯铜制造，只能用含铜量不超过70%的铜合金制造，这是因为乙炔长期与纯铜接触时会生成乙炔铜，这种化合物加热或受到冲击，会引起爆炸。乙炔爆炸时会产生高热高压冲击波，破坏力极强，因此使用乙炔必须注意安全。如果将乙炔储存到毛细管中，爆炸性就会大大降低，即使把压力增高到2.7 MPa，也不会发生爆炸。

3. 液化石油气

（1）液化石油气的特点

液化石油气是石油提炼中的副产品，是多种可燃气体的混合物，其成分主要有丙烷、丁烷、丙烯、丁烯和少量乙烷、乙烯等碳氢化合物。

在常温常压下，液化石油气是带有特殊臭味的无色气体，其密度比空气大，在0.15~1.5 MPa的压力下便可由气态转变为液态。

在钢瓶内的液化石油气的压力随温度的升高而增大，所以在使用过程中要远离热源，免受阳光暴晒，确保气瓶安全。

液化石油气能与空气混合构成带有爆炸性的混合气体，但爆炸危险的混合比值范围较小，如丙烷为2.3%~9.5%，丁烷为2%~8.5%，与乙炔—氧气相比较为安全。

液化石油气的火焰温度低于乙炔—氧气火焰的温度，一般只能达到2 500℃左右，这对制冷系统中铜管的钎焊（其焊条的熔解温度为650℃~900℃）已足够满足使用要求。液化石油气和乙炔相比，具有成本低、操作安全、使用方便等优点。在制冷操作中，特别是在维修中，液化石油气得到了越来越广泛的应用。

（2）液化石油气使用注意事项

1）液化石油气对普通橡胶管和衬垫有腐蚀作用，易造成漏气，所以必须采用耐油性强的胶管和衬垫。

2）液化石油气易挥发，在常温、常压下会迅速挥发成 250~350 倍的气体而快速扩散，向压力较低处流动，遇到明火会引起燃烧事故。因此，使用场地要通风良好，便于对流，以免引起火灾。

3）液化石油气瓶内部的压强与温度成正比，在 -40℃ 时，压力为 0.1 MPa；20℃ 时为 0.7 MPa；在 40℃ 时为 2 MPa。随着温度的升高，气瓶内的压强也增大。所以石油气瓶与热源、暖气片等应保持 2 m 以上的安全距离，更不准用明火烘烤。

4）使用液化石油气时必须注意通风，因为吸入过量的液化石油气可导致人窒息。当空气中液化石油气含量小于 0.5% 时，一般不会引起事故；当空气中液化石油气的浓度大于 10% 时，则有使人窒息的危险。

5）液化石油气点燃时，应用明火先点燃引火物再开气。

(二) 气体容器设备

1. 氧气瓶

氧气瓶是一种储运氧气的高压圆柱体容器，瓶内承受的压强高达 15 MPa，其结构由瓶体、瓶阀、瓶箍、瓶帽和防震圈等部分组成，如图 1-32 所示。

氧气瓶体上部瓶头的内壁有锥形内螺纹，用以旋上瓶阀，瓶头外面套着的瓶箍用来旋紧瓶帽，瓶帽的作用是保护瓶阀不受意外的碰撞而损坏。

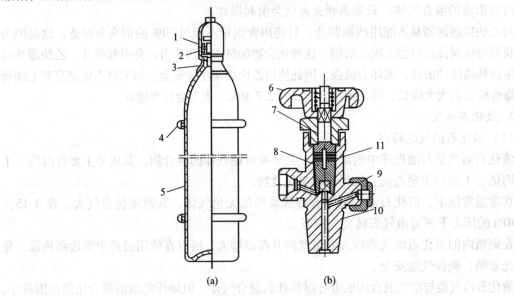

图 1-32　氧气瓶
(a) 氧气钢瓶；(b) 活瓣式氧气瓶阀门
1—瓶帽；2—瓶阀；3—瓶箍；4—防震橡胶圈；5—瓶体；6—手轮；
7—阀杆；8—活门；9—安全装置；10—阀体；11—传动片

氧气瓶的外表涂上天蓝色，并写上"氧气"字样，瓶的外面套上两个防震橡胶圈，起防撞缓冲作用。氧气瓶在使用过程中必须定期复查，以确保使用安全。

2. 乙炔气瓶

乙炔气瓶是一种储存和运输乙炔气的容器，外形和氧气瓶相似，但直径较大，内部结构比氧气瓶复杂，其构造如图1-33所示。

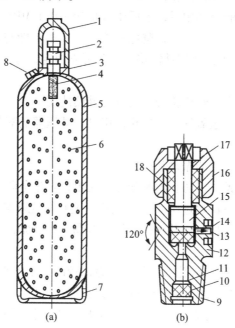

图1-33 乙炔气瓶
(a) 溶解乙炔气瓶；(b) 乙炔瓶阀
1—瓶帽；2—瓶阀；3—瓶口；4—过滤物质；5—瓶体；6—多孔性填料；7—瓶座；
8—易熔安全塞；9—紧固螺钉；10—过滤件；11—锥形尾；12—阀体；13—出气口；
14—密封垫圈；15—活门；16—压紧螺母；17—阀杆；18—防漏垫圈

瓶体下方是正方形的瓶座，以使乙炔气瓶在直立放置时保持平稳；瓶口外壁有螺纹，可旋上瓶帽，保护瓶阀不受撞击。乙炔气瓶用黄白色油漆刷其外面，用红漆写上"乙炔"字样。

由于乙炔能溶解在丙酮内，故在乙炔气瓶内装有浸泡着丙酮的多孔性填料，以避免发生危险。使用乙炔气瓶供给气体时，必须使用带有夹环的乙炔减压器，转动紧固螺栓使减压器的连接管压紧在乙炔瓶阀的出气口上，保证连接可靠无泄漏，然后方可打开瓶阀，使乙炔气通过减压器供给焊炬使用。

二、气焊设备的使用

1. 氧气瓶的使用

1）在室内外使用氧气瓶时，必须安放稳固，防止倾倒；使用氧气瓶时，要放在凉棚内，严禁阳光直接照射或靠近火炉、暖气片，以防因温度升高使瓶内压力剧增，引起爆炸。冬季如果氧气瓶冻结，要用热水解冻，严禁用明火加热。

2）严禁易燃物和油脂接触氧气瓶阀、氧气减压器、焊炬和氧气胶管，以免引起火灾和爆炸。

3）转动瓶帽时，只能用手或扳手旋转，禁止用铁锤等硬物敲击。

4）在安装减压器前，微开瓶阀，吹掉阀口内的杂物，再轻轻关闭；装上减压器后，要缓慢打开瓶阀，人体要避开阀门喷出方向。

5）氧气瓶的氧气不能全部用尽，最后要留 0.05~0.1 MPa 压力的氧气。

6）搬运氧气瓶时必须戴上瓶帽，避免碰撞；氧气瓶不能与可燃气瓶、油脂和任何可燃物一起运输；在固定焊接工位要用铁链将氧气瓶可靠固定，移动时需将其固定在专用移动小车上。

7）氧气瓶应定期检查，经检验合格后方可继续使用。

8）禁止用各种吊车吊运氧气瓶，禁止使用没有减压器的氧气瓶。

2. 乙炔瓶的使用

1）乙炔瓶不能受到剧烈的振动和撞击。

2）乙炔瓶应直立放置，以防止丙酮随乙炔流出，发生危险。

3）乙炔瓶表面温度不得超过 40℃，因而必须避免阳光暴晒，并远离热源。

4）在减压器与瓶的连接口或其他接头管道有漏气时严禁使用。

3. 减压器的使用

在瓶内的氧气和乙炔气、液化石油气的压力都较高，不能直接提供给焊炬使用，为了把钢瓶内的高压气体调节成工作时的低压气体，并保持稳定的压力，就必须使用减压器。

减压器的作用就是把储存在气瓶内的气体减压后以工作压力输出，并进行稳压，使输出端的压力不随瓶压变化而保持相对稳定。

减压器按用途不同可分为集中式和岗位式；按构造不同可分为双级式和单级式；按工作原理不同可分为正作用式和反作用式。目前，国产的减压器主要是双级混合式和单级反作用式。另外，在氧气减压器和乙炔减压器处各装有回火防止器。

使用减压器的安全要求：

1）在安装减压器之前，应略打开氧气瓶阀门，以吹除污物，防止将灰尘或水分带入减压阀。

2）减压器冻结时，要用热水或蒸汽解冻，绝对不能用火焰或烧红的铁块烘烤。解冻后应及时吹除其中残留的水分。

3）应经常检查减压器的性能是否正常。如发现漏气、表针动作不灵等情况，则应及时报请修理，切忌自行处理。

4）减压器必须定期检验，以保证压力表的精确性。

4. 橡胶软管的使用

橡胶软管是输送焊接所需气体的管道，是易损坏的零件之一，因此，在使用时应注意以下事项：

1）橡胶软管必须经过压力试验，氧气软管试验压力为 2 MPa（20 个大气压），乙炔软管试验压力为 0.5 MPa（5 个大气压）。未经压力试验的代用品及变质、老化、脆裂、漏气和沾上油脂的胶管不准使用。

2）软管长度一般为 10~20 m，不准用过短或过长的软管。接头处必须用专用卡子或退火的金属丝卡紧扎牢。软管距离焊炬 1.5 m 内不准有接头。

3）氧气软管为红色，乙炔软管为绿色，与焊炬连接时不可错乱。

4)当乙炔软管使用中发生脱落、破裂、着火时,应先将焊炬或割炬的火焰熄灭,然后再停止供气。氧气软管着火时,应迅速关闭氧气瓶阀门,停止供氧。不准用弯折的办法来消除氧气软管着火;乙炔软管着火时可弯折前面一段胶管来将火熄灭。

5)禁止把橡胶软管放在高温管道和电线上,不准把重的或热的物件压在软管上,也不准将软管与电焊用的导线敷设在一起。软管横过车行道时应加防护套和盖板。

5. 焊炬

焊炬又称焊枪,它的作用是将可燃气体与助燃气体(氧气)按一定比例均匀混合,以得到符合焊接要求的稳定火焰。它是进行气焊操作的主要工具,要求安全可靠、调整方便、操作灵活。按可燃气体与氧气混合方式不同,焊炬可分为射吸式和等压式两种;按火焰的数目不同可分为单焰和多焰;按可燃气体的种类不同可分为乙炔、氢、汽油等;按使用方法可分为机械与手工两种。

目前国产的焊炬多为射吸式焊炬,它适用于低压乙炔、中压乙炔和瓶装的乙炔,应用较广。焊炬的好坏直接影响焊接质量,故要求焊炬具有良好的调节性能,能保持可燃气体的比例及火焰大小,使混合气体喷出速度等于或大于燃烧速度,且能够稳定地燃烧,同时焊炬的质量要轻,使用安全可靠。

焊炬的构造如图1-34所示,它由焊嘴、混合气管、射吸管、乙炔调节阀、乙炔管接头、氧气管接头、手柄、氧气调节阀、本体、喷嘴等部分组成。其工作过程是:打开氧气调节阀11,氧气便从喷嘴14快速射出,在喷嘴外围形成局部真空而造成负压(吸力);再打开乙炔调节阀5,乙炔便聚集在喷嘴的外围;由于氧气射流负压的作用,聚集在喷嘴外围的乙炔被氧气带入射吸管3和混合气管2,混合气体从焊嘴1喷出。

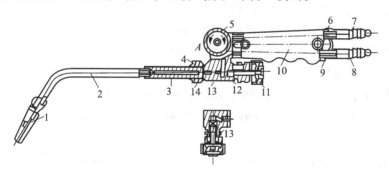

图1-34 焊炬的构造
1—焊嘴;2—混合气管;3—射吸管;4—射吸管螺母;5—乙炔调节阀;6—乙炔进气管;7—乙炔管接头;
8—氧气管接头;9—氧气进气管;10—手柄;11—氧气调节阀;12—本体;13—氧气针阀;14—喷嘴

(1)焊炬的使用要求

1)根据焊件的厚度,选择适当的焊炬及焊嘴,并用扳手将焊嘴拧紧,直到不漏气为止。

2)使用前应先检查焊炬的射吸能力是否正常。检查焊炬射吸力的方法如图1-35所示,将氧气管接在焊炬的氧气管接头上,乙炔胶管暂时不接;再打开氧气瓶阀,开启减压器,向焊炬输送氧气,接着打开乙炔调节阀和氧气调节阀。当氧气从焊嘴流出时,用手指按在乙炔进气管接头上,若手指上感到有足够的吸力,则表明焊炬的射吸能力正常;相反,如果没有吸力,甚至氧气从乙炔管接头中喷出,则说明射吸管工作不正常,必须进行修理。

3) 经检查,确认焊炬的射吸能力正常后,方可将乙炔胶管接在乙炔管接头上(必须用铁丝或管卡夹紧,不可太紧,以不漏气、易装拆为宜)。

4) 打开乙炔瓶阀,按图 1-35 所示分别调节氧气和乙炔压力,然后关闭焊炬上氧气调节阀和乙炔调节阀,并用肥皂水检查焊嘴及各气体调节阀是否漏气。若有漏气处,则必须修复后才可使用。

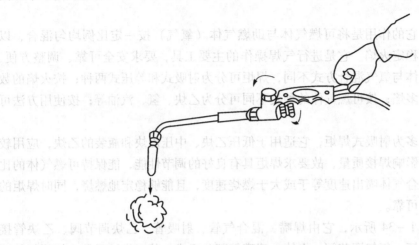

图 1-35 检查焊炬射吸力的方法

5) 焊炬经上述检查合格后方可点火。点火时,稍微打开氧气调节阀,再打开乙炔调节阀,然后点火,并随即调整火焰的大小和形状,至达到所需要的火焰种类为止。如调整不正常或有灭火现象,则应检查是否漏气或是否有管道被堵塞。

6) 禁止将正在燃烧的焊炬随意卧放在焊件或地面上。

7) 停止焊接时,应首先关闭乙炔调节阀,然后再关闭氧气调节阀。如先关闭氧气调节阀,则易产生回火和黑烟。

8) 若在使用过程中发生回火,则应迅速关闭乙炔调节阀,接着关闭氧气调节阀。等回火熄灭后,再打开氧气调节阀,吹除残留在焊炬内的余烟和烟灰,并将焊炬手柄前面的部分放在水中冷却。

9) 焊炬的各气体管路均不允许沾染油脂,以防氧气遇到油脂燃烧而爆炸。另外,焊炬的配合面不能碰伤,以防止漏气而影响使用。

10) 当焊炬的焊嘴头被堵塞时,可用通针清理,以清除堵塞物。严禁嘴头与平板摩擦。

11) 工作暂停或结束后,需将氧气和乙炔瓶阀关闭,将压力表的指针调至零位,并将焊炬和胶管盘好,挂在靠墙的架子上。

(2) 焊炬的常见故障及其排除方法

1) 连续发生灭火和发出"叭、叭"声,说明管内不通畅,可用扳手拧下射吸管螺母,用比射吸管孔径稍细一些的齐头通针刮除里面的烟灰,特别是孔端 10 mm 处要清除干净。

2) 火焰较小或火焰分叉,表明射吸能力小。遇到此种情况时,可卸下氧气调节阀中的旋钮和六角螺母,取出氧气阀针,检查针尖是否弯曲,若弯曲,则要调直;再将氧气阀针尖处的灰尘清除干净;然后将氧气阀针、六角螺母和旋钮拧好。

3) 若没有射吸能力并伴有逆流现象,则应先检查焊嘴是否堵塞,若是焊嘴堵塞,则可用通针清除堵物；若不是焊嘴堵塞，则可将乙炔管卸下来，用手堵住焊嘴，开启氧气调节阀，使之倒流，让杂质从乙炔管接头处吹出，必要时可把混合气管卸下来，将其内部杂质清除干净。

4）火焰点燃后，火焰时大时小，这时应更换氧气阀针。

5）在焊接或预热大型焊件时出现连续灭火的现象，这是由于焊嘴温度过高所致，应关闭乙炔调节阀，将焊嘴浸入水中或用潮湿的石棉绳缠绕包住焊嘴和混合气室，使之冷却。

使用焊炬进行焊接时，应注意避免产生回火现象。所谓回火就是焊接时，火焰在焊炬内部燃烧并烧向乙炔管道的现象。回火容易造成爆炸等严重事故。发生回火现象的原因有以下几点：

1）在点火和熄火时违反安全规程。

2）由于熔化的金属、杂质飞溅，堵塞焊嘴或气体通道。

3）焊接过程中混合气体膨胀，焊嘴温升太高。

4）操作不当，焊嘴过分靠近金属，使阻力增大、气流不畅。

5）胶管变形、阻塞、弯折，致使气体压力降低。

发生回火时，切不可惊慌失措或逃离现场，否则将会造成严重后果，应立即采取应急办法：一是迅速关闭焊炬的乙炔调节阀，再关闭氧气调节阀，待回火熄灭后，将焊嘴浸入水中冷却，然后开启氧气阀吹掉焊炬内的烟垢，再重新点火；二是在紧急情况下可拔掉乙炔胶管，截断可燃气体的来源。因此，要求氧气管必须与焊炬接头用喉箍上紧，而乙炔胶管与焊炬接头不可连接太紧，以不漏气、容易拆装为宜。

(3) 焊炬安全操作技能

1）可使用铜丝或竹签通透焊嘴，禁止使用铁丝。

2）使用前应检查焊炬的射吸能力。接乙炔气管时，需先检查乙炔气流是否正常，然后再接上。

3）根据工件的厚度，选择适当的焊炬及焊嘴。禁止使用焊炬切割金属。

4）工作地点要有清洁的水供冷却焊嘴用。当焊炬由于强烈加热而发出"噼啪"的炸鸣声时，必须立即关闭乙炔供气阀门，并将焊炬放入水中冷却。

5）短时间休息时，必须把焊炬的阀门闭紧，不准将焊炬放在地上或密闭的空间内。较长时间休息或离开工作场地时，必须熄灭焊炬，关闭气瓶球形阀，除去减压器的压力，放出管中余气，并收拾好软管和工具。

6）操作焊炬时，不准将橡胶软管放在背上操作；禁止使用焊炬的火焰来照明。

6. 安全装置

(1) 回火保险器

回火保险器是防止逆向燃烧的火焰烧向乙炔发生器或乙炔瓶、避免发生爆炸事故而设置的。其作用是焊炬发生回火时，阻止火焰在乙炔管道内燃烧，从而防止火焰回烧进入乙炔发生器或乙炔瓶。乙炔通道上必须设置回火保险器。回火保险器的种类按乙炔压力高低不同可分为低压式（0.01 MPa）和中压式（0.01~0.05 MPa）两种；按作用原理不同可分为水封式和干式两种。

1）图 1-36 所示为低压式回火保险器。工作前，由进水管 3 向回火保险器内灌水至水位保持在水位阀 7 处［见图 1-36 (a)］，然后关上水位阀。工作时乙炔由中间的进气管 1

经过管下部的小孔 6 绕过挡板 4 和水层，由出气口 2 输出［见图 1-36（b）］。由于发生器上部乙炔压力的作用，进水管的水位升高，这样就阻止了空气的混入和乙炔的泄出。在发生回火时，回火保险器内的压力突然提高，水被压入进气管和进水管［见图 1-36（c）］，这样就能切断乙炔的来源，避免火焰回烧到乙炔发生器，使水冲到外界及爆炸气体泄入大气中。

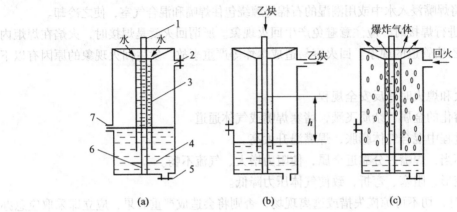

图 1-36　低压式回火保险器
(a) 准备工作；(b) 正常工作；(c) 发生回火
1—进气管；2—出气口；3—进水管；4—挡板；5—排污口；6—小孔；7—水位阀

2）水封式中压回火保险器，如图 1-37 所示。使用前将水放至水位阀处，正常工作时乙炔从下面进入回火保险器，推开止回阀，进入水中，通过挡板和滤清器从出气阀排出，接到胶管供给焊炬使用。当发生回火时，筒体的压力升高，并压向水面，使止回阀关闭，切断乙炔进入的通道。同时，爆炸的气体使膜片顶起，打开排气口，爆炸气体就被排出，当筒内的乙炔燃烧完毕后，回火的火焰就自动熄灭。这种回火保险器的缺点是回火后不能切断乙炔气源，且止回阀易积污泄漏。故其必须定期清洗，保证足够的水量，且冬季要采取防冻措施。

3）图 1-38 所示为干式回火保险器。正常工作时，乙炔从下面打开单向阀进入阀体，经滤清器后从乙炔出口接头通过胶管流向焊炬。回火时，火焰从出气管进入保险器内，被多孔过滤器阻燃而熄灭，由于火焰使压力突然升高，故可以防止爆膜破裂、爆炸气体排出；同时单向阀关闭，从而避免火焰进入乙炔管，引起乙炔发生器或气瓶爆炸。

使用回火保险器应注意的事项：
①回火保险器的流量压力必须与乙炔发生器的流量压力相匹配。
②水封式中压回火保险器（见图 1-37）必须垂直安装，并每天检查，调换清水。
③冬天水封式回火保险器为了防冻结，可在水中加入少量食盐。如水已冻结，则只可用热水或蒸汽加热，严禁用明火解冻。
④水封式回火保险器需定期检查止回阀是否密封，以确保安全。
⑤干式回火保险器（见图 1-38）在使用过程中，应注意其密封是否良好，如有泄气应立即停止工作，进行修理；如发现流量减少、压力下降，则应拆开主体，取出过滤器，浸于丙酮中清洗，干燥后方可装置，并做阻火性试验，合格后才能使用。
⑥回火保险器的泄压膜爆破后，必须及时更换。

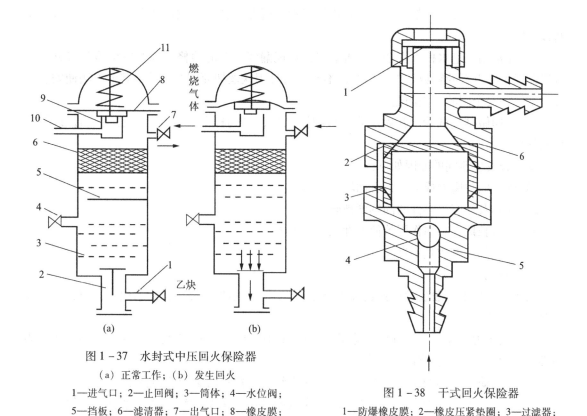

图 1-37 水封式中压回火保险器
（a）正常工作；（b）发生回火
1—进气口；2—止回阀；3—筒体；4—水位阀；
5—挡板；6—滤清器；7—出气口；8—橡皮膜；
9—放气活门；10—放气口；11—弹簧

图 1-38 干式回火保险器
1—防爆橡皮膜；2—橡皮压紧垫圈；3—过滤器；
4—单向阀；5—下端盖；6—上端盖

（2）泄压膜

在乙炔发生器的发生室、储气室、回火保险器等有发生爆炸危险的部件上，选择适当的部位放置一定面积的易脆裂材料的薄膜，当气体压力超过一定限值或将要发生爆炸时，该处首先破裂，将大量气体和热量泄放出去，使压力不再继续升高，从而保护设备免遭破坏，并保证操作人员的安全，这种装置称为泄压膜，也称作防爆膜。

（3）安全阀

乙炔发生器安装安全阀的目的是防止当乙炔压力过高时发生爆炸事故。当乙炔压力超过额定压力时，安全阀开启，把发生器内部的气体排出，直到压力降到低于工作压力之后才自动关闭。安全阀动作时，发生器内的气体从阀中喷出，产生啸声，从而起到报警作用。

乙炔发生器一般采用弹簧式安全阀，其结构如图 1-39 所示。弹簧式安全阀主要是由阀杆 1、弹簧 2、调节螺栓 3、阀体 4 和阀芯 5 等组成。其工作原理是利用乙炔压力和弹簧压力之间的压力差来达到自动开启或关闭的要求。由于调节螺栓 3 可调节弹簧 2 的压力大小，使安全阀保持灵敏可靠，故在乙炔发生器运行中应加强维护和检查。具体内容有以下几点：

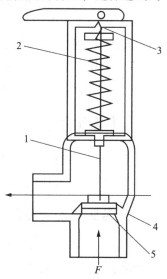

图 1-39 弹簧式安全阀
1—阀杆；2—弹簧；3—调节螺栓；
4—阀体；5—阀芯

1) 经常检查安全阀是否清洁，防止排气管、阀芯和弹簧等被乙炔杂质、灰渣等脏物堵塞或腐蚀。

2) 经常用肥皂水检查安全阀是否漏气，发现漏气应及时检修；检查发生器各气路是否有泄漏现象、电石的颗粒是否太细等；不允许通过用铁丝捆死阀杆或采用其他方法使安全阀失效来解决安全阀的泄漏问题。

3) 定期做排气试验。其做法是：扳起操纵杆，将阀杆向上提起，让乙炔气通过活门，从放气口排出。

安全阀发生泄漏的原因如下：

1) 密封面被腐蚀或磨损，有凹坑、沟痕。

2) 阀芯及阀座等零件的同轴度被破坏。

3) 弹簧长期受高温作用致使弹性减小或消失。

4) 安全阀装配质量不良。

(4) 压力表

乙炔发生器上一般装设单弹簧管式压力表，用来指示发生器内部的乙炔压力值，是一项重要的安全装置。

为了使压力表保持灵敏准确，除了合理选用和正确安装外，在使用中还应加强对压力表的维护和检查，其内容有以下几点：

1) 在乙炔减压器的压力表上标有最大压力红线，使用时必须严格控制。

2) 保持压力表的外表清洁。表面玻璃应透明洁净，表盘刻线应清晰平直，不得有目力可见的断线及粗细不均的现象。

3) 表盘玻璃破碎或表盘刻度模糊不清的压力表，应停止使用。

4) 定期吹洗压力表的连接管，以免堵塞。

5) 压力表必须定期送计量部门校验，超过检查期的压力表应停止使用。

6) 要经常检查压力表指针的转动是否正常。在乙炔发生器正常运行时，如发现压力表指示不正常，则应立即停止发生器的工作，对压力表进行校验。

7) 工作完毕后应将减压器内的余气排尽，使压力表的指针恢复到零位。

8) 压力表上禁止沾染油脂。

【任务实施】

将任务 1 中的制冷管路进行焊接。以小组为单位，按照下列焊接流程焊接，焊接后各小组互评，然后由教师做出评价，并对产品进行质量检验，最终形成满意的管路连接部件。

一、任务实施的焊接流程

所谓气体火焰钎焊是利用可燃气体与氧气混合燃烧的火焰进行加热的一种钎焊方法。一般情况下，气体火焰钎焊的操作流程如图 1-40 所示。

1. 焊前清理

焊前要清除焊件表面及接合处的油污、氧化物、毛刺及其杂物，保证铜管端部及接合面的清洁与干燥，另外还需要保证钎料的清洁与干燥。

项目 1　制冷管路的弯制与焊接

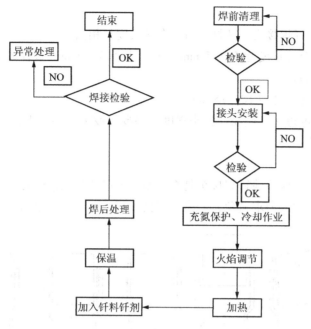

图 1-40　钎焊操作流程

焊件表面的油污可用丙酮、酒精、汽油或三氯乙烯等有机溶液清洗，此外热的碱溶液除油污也可以得到很好的效果。对于小型复杂或大批零件可用超声波清洗。

表面氧化物及毛刺可采用化学浸湿方法，然后在水中冲洗干净并加以干燥。

对于铜管，必须用去毛刺机去除两端面毛刺，然后用压缩空气（压力 $P = 0.6$ MPa）对铜管进行吹扫，吹干净铜屑。

2. 清洁度检验

一般的焊件在焊前已有专门的清洁工序（如酸洗），但仍有可能因处理工序不佳或储存方式不正确而使焊件表面留有油污或水分。因此，在接头装配和焊接前仍需要以目视和触摸的方式检验焊件表面的清洁度和干燥度，若发现焊件不干净、潮湿或被氧化，则应挑出来重新处理方可焊接。另外，若焊料被污染，则应放弃使用或清洗后再使用。

3. 接头安装

钎焊的接头形式有对接、搭接、T 形接、卷边拉及套接等方式，制冷系统所采用的均为套接方式，不得采用其他接头方式。

(1) 钎焊间隙

钎焊接头的安装须保证合适均匀的钎缝间隙，针对所使用的铜磷钎料，要求钎缝间隙（单边）为 0.05～0.10 mm。

1) 间隙过大：会破坏毛细作用而影响钎料在钎缝中的均匀铺展。另外，过大的间隙也会在受压或振动下引起焊缝破裂和出现半堵或堵塞现象。

2) 间隙过小：会防碍液态钎料的流入，使钎料不能充满整个钎缝，从而导致接头强度下降。

3) 钎缝间隙不均匀：会妨碍液态钎料在钎缝中的均匀铺展，从而影响钎焊质量。

(2) 套接长度

对于套接形式的钎焊接头,选择合适的套接长度是相当重要的。

1) 一般铜管的套接长度为 5~15 mm(壁厚大于 0.6 mm、直径大于 8 mm 的管,其套接长度不应小于 8 mm)。

2) 毛细管的套接长度在 10~15 mm。

3) 若套接管长度过短,则易使接头强度(主要指疲劳特性和低温性能)不够,更重要的是易出现焊堵现象。

4. 安装检验

接头安装完毕后,应检验钎焊接头是否变形、破损及套接长度是否合适。如图 1-41 所示,不良接头在焊接中应力求避免,若出现不良接头,则应拆除重新安装后方可焊接。

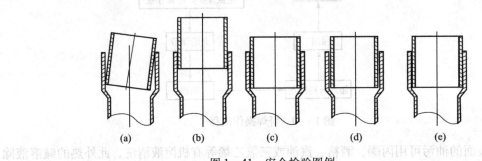

图 1-41 安全检验图例
(a) 装配倾斜;(b) 套接长度过短;(c) 间隙不均匀;(d) 间隙过大;(e) 间隙过小

这里是以铜管的套接为例来说明接头安装检验的,铜管与法兰的套接与此相同。

5. 充氮保护

接头安装经检查正常后应开启充氮阀进行充氮保护,以防止铜管内壁受热而被空气氧化,焊前的充氮时间应依据具体工序的作业指导书要求而定,为保证焊前和焊接后有充足的氮气保护,对充氮的要求见表 1-3。

一般来说,预充式(短时置换)停留 3~5 s 就需快速焊接。

表 1-3 充氮要求

管径/mm	氮气流量(焊接中)/(L·min^{-1})	焊后保持时间/s	氮气压力/MPa	
			预充式(短时置换)	边充边焊(连续置换)
<10	≥4	≥3		
≥10	≥6	≥6	0.05~0.2	0.05~0.1

6. 冷却作业

(1) 冷却方法的分类

1) 浸入式冷却。

其是将需要冷却的物品完全浸没在水中进行钎焊的作业方法。

2) 喷淋式冷却。

其是向需要冷却的物品连续地淋水进行钎焊的作业方法。

3) 湿布式冷却。

其是用含水的湿布包裹需要冷却的物品进行钎焊的作业方法。

项目 1 制冷管路的弯制与焊接

4)非接触式冷却。

其是通过连续水流冷却工装外壁,来冷却物品进行钎焊的作业方法。

(2)冷却方法的选择原则

确保冷却物品充分冷却,在钎焊的过程中,物品的非耐热部分最高温度不超过120℃;便于操作,不影响钎焊质量和工作效率。

(3)再冷却

为了防止钎焊余热使非耐热物品的温度上升,钎焊完成后,必须将钎焊物品浸入水中或淋水进行冷却,以使温度降至室温。

7. 调节火焰

(1)焊接气体的组成

焊接气体由助燃气体(氧气)和可燃气体(液化石油气—LPG)两部分组成,LPG 的主要成分是丙烷(C_3H_8)、丁烷(C_4H_{10})及一定量的丙烯(C_3H_6)和丁烯(C_4H_8)等碳氢化合物。此外,为了增加液态钎料润湿性及防止铜管外表被氧化,在 O_2 – LPG 混合气体中加入了气体助焊剂(其主要成分为硼酸三甲酯,要求含量为 55% ~65%),三种气体混合物燃烧温度可达 2 400℃。

(2)火焰的分类

O_2 – LPG 气体火焰根据氧气与 LPG 的混合比不同,有三种不同性质的火焰:氧化焰、中性焰和还原焰(亦叫碳化焰)。

(3)火焰调节方法

首先打开 LPG 气阀,点火后调节氧气阀,调出明显的碳化焰后再缓慢调大氧气阀直到白色外焰距蓝色 2~4 mm,此时外焰轮廓已模糊,即内焰与焰心将重合,此时的火焰为中性焰;再调大氧气则变为氧化焰,氧化焰的焰心呈白色,其长度随氧气量增大而变短。焊接铜管时应使用中性焰,尽量避免用氧化焰和碳化焰,气体助焊剂流量大小则需调到外焰呈亮绿色为止,另外也可依据焊后铜管的颜色来调节气体助焊剂,当焊后铜管有变黑的倾向时,则应调大气体助焊剂的流量,直到焊后铜管呈紫色为止。

焊接时,氧气与 LPG 的压力选择见表 1 – 4。

表 1 – 4 氧气与 LPG 的压力选择   MPa

焊接材料	钎料	钎剂	供气压力	
			LPG	O_2
紫铜——紫铜	磷铜钎料	气体助焊剂	0.05 ~ 0.09	0.4 ~ 0.8
黄铜——紫铜				
钢——铜	银钎料	气体助焊剂 + 固体助焊剂		

8. 焊炬及焊嘴选择

使用通用焊炬进行钎焊时,最好使用多孔喷嘴(通常叫梅花嘴),此时得到的火焰比较分散、温度比较适当,有利于保证均匀加热。焊炬及焊嘴的选择见表 1 – 5 和表 1 – 6。

(1) 焊炬的选择（见表1-5）

表1-5　焊炬的选择　　　　　　　　　　　　　　　　　　　mm

铜管直径	≤12.7	12.7~19.05	≥19.05
焊炬型号	H01-6	H01-12	H01-02

(2) 焊嘴的选择（见表1-6）

表1-6　喷嘴的选择　　　　　　　　　　　　　　　　　　　mm

铜管直径	≥16	12.7~9.53	9.53~6.35	≤6.35和毛细管
单孔嘴型	3号	2号	1号	—
梅花嘴型	4号	3号	2号	1号

表1-5和表1-6是选择焊炬和焊嘴的一般原则，在实际选择中，还应考虑铜管的壁厚，也就是说，必须根据铜管的直径和壁厚综合选择焊炬和焊嘴。

9. 加热

针对现有的情况，焊接有三种位置：竖直焊、水平焊、倒立焊。如图1-42所示。

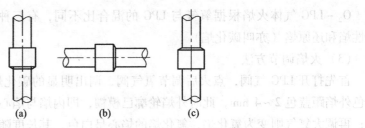

图1-42　焊接的三种位置
(a) 竖直焊；(b) 水平焊；(c) 倒立焊

三种施焊方式进行加热，管径大且管壁厚时，加热应近些。为保证接头均匀加热，焊接时应使火焰沿铜管长度方向移动，保证杯形口和附近10 mm范围内均匀受热，但倒立焊时，下端不宜加热过多，若下端铜管温度太高，则会因重力和铺展作用而使液态钎料向下流失。

10. 加入钎料、钎剂

(1) 钎料加入方法

当铜管和杯形口被加热到焊接温度时呈暗红色，需从火焰的另一侧加入钎料，如果钎焊黄铜和紫铜，则需先加热钎料，并在焊前涂覆钎剂后方可焊接。

钎料从火焰的另一侧加入，有三方面的考虑：

1) 防止钎料直接受火焰加热令温度过高而使钎料中的磷被蒸发掉，影响焊接质量；

2) 可检测接头部分是否均匀达到焊接温度；

3) 钎料从低温处向高温润湿铺展，低温处钎料填缝速度慢，所以让钎料在低温处先熔化、填缝，而高温处填缝时间要短些，这样可使钎料不致低温处填缝不充分而高温处填缝过度而流失，也就是使钎料能均匀填缝。

焊接时，可能出现焊料成球状滚落到接合处而不附着于工件表面的现象，其原因是：被焊金属未达到焊接温度而焊料已熔化或被焊金属不清洁。

（2）钎料的用量

以磷铜钎料（φ2×500 mm）为例，在合理的间隙条件下，通过实际测量，与铜管直径相对应的钎料用量标准见表1-7。

表1-7　与铜管直径相对应的钎料用量标准

铜管直径/mm	消耗重量/g	消耗长度/mm
6.35	0.35	10
9.53	0.36	11
12.7	0.57	15
15.88	1.12	33
19.05	1.55	44
22	1.92	44.6
25.4	2.97	83
28	3.91	110
31.75	4.67	130

11. 加热保持

当观察到钎料熔化后，应将火焰稍稍离开工件，焊嘴离焊件40~60 mm，等钎料填满间隙后，焊炬慢慢移开接头，继续加入少量钎料后再移开焊炬和钎料。

12. 焊后处理

焊后应清除焊件表面的杂物，特别是黄铜与紫铜焊接后应用清水清洗或砂纸打磨焊件表面，以防止表面被腐蚀而产生铜绿。自动焊接时，应用最后一排枪喷出气体助焊剂，以防止高温的铜管在冷却过程中被氧化。

注意事项：

1）目视检查钎焊部位，不应有气孔、夹渣、未焊透及搭接未熔合等；
2）去除表面的焊剂和氧化膜；
3）用水冷却的部件，必须用气枪吹干水分；
4）按规定摆放所有部件，避免碰伤、损坏。

13. 焊后检验

对钎焊接的质量要求如下：

1）焊缝接头表面光亮，填角均匀，圆弧过度光滑。
2）接头无过烧、表面严重氧化、焊缝粗糙及焊蚀等缺陷。
3）焊缝无气孔、夹渣、裂纹、焊瘤及管口堵塞等现象。
4）部件焊接成整机后进行气密试验时，焊缝处不准有制冷剂泄漏。

关于焊后泄漏检验，一般有以下三种方法：

（1）压力检漏

给焊后的热交换器充0.5 MPa以上的氮气或干燥空气，然后对钎焊接头喷洒中性的洗涤剂，观察10 s内有无气泡产生。若有气泡产生，则判为泄漏，需补焊或重焊。此方法检验精度较低。

(2) 卤素检漏

此方法用于充冷媒后的热交换器检漏。将卤素检漏仪的精度选择为2g/年，用探针沿各焊接头移动（探针离工件应保持在1～2 mm以内，移动速度为20～50 mm/s），若制冷剂泄漏速度大于2 g/年，则检漏仪将自动报警。此方法较压力检漏精度高，但受人为因素影响较大。

(3) 真空箱氦质谱检漏

向热交换器中充入一定压力的氦气，然后将其放入真空箱，并对真空箱抽真空至20 Pa，此时通过探测仪检验真空箱中是否有热交换器泄漏出的氦气。此方法比卤素检验更高，但它仅能检验热交换器是否有泄漏，而不能检查出具体的泄漏位置。

钎焊后应立刻检查焊缝是否饱满、圆滑，填缝是否充分，是否有氧化、焊蚀、气孔、夹渣、漏气及焊堵塞等现象，若检查发现有异常，则依据"常见钎焊缺陷及处理对策"进行异常处理。

二、任务实施步骤

任务实施步骤如图1-43所示。

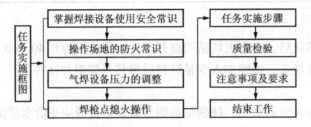

图1-43　任务实施步骤

管路的弯制图如图1-44所示。

1) 将未扩口的铜管插入扩口铜管中，并放置稳定。

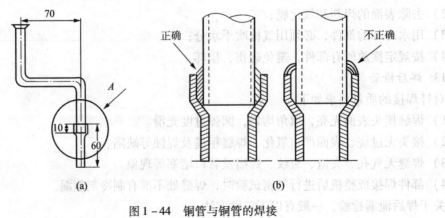

图1-44　铜管与铜管的焊接

(a) 在圆形的铜管连接处进行焊接；(b) 圆形的焊接位置示意图（A向）

2) 连接焊接设备，并将焊矩调节成为中性焰。

3) 将一小段银焊条或铜磷系焊条与插入管的焊接管接触，如图1-45 (a) 所示，然后加热插入管直至焊条熔化。

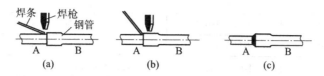

图 1-45　相同直径铜管与铜管的焊接

(a) 焊条放置位置；(b) 火焰在 A、B 两管间移动；(c) 焊接外表示意图

4）加热套管至暗红色，将焊条放在焊接部位，如图 1-45（b）所示。此时火焰应在 A、B 两管间连续往复移动，使熔化的焊条完全进入插入管和套管的缝隙。

5）将焊炬移开，但此时焊条应处原位置几秒钟后再移开。焊接后的表面如图 1-45（c）所示。

6）检查焊接表面，如果还有未焊接到的地方，则应再次焊接，直至所有缝隙都被焊死为止。

三、注意事项及要求

1）在焊接设备连接好后，应对所有接口处进行检漏，确认无泄漏后方可使用。
2）左手和右手焊接方法都应进行训练。
3）开启氧气瓶时，应先将瓶阀拧开半圈（以便出现危险时能迅速将其关闭），确认无危险后再继续开到需要位置。
4）焊接操作中，在焊料没有完全凝固时，绝对不可移动或振动被焊接管道。

四、结束工作

焊接结束后，将焊炬熄火，关闭氧气、乙炔气瓶阀门，旋松减压阀调节手柄，整理输气软管，认真做好结束工作。

【任务测试】

一、任务测试表（见表 1-8）

表 1-8　任务测试表

班组人员签字：

任务名称	制冷管路的焊接		规格型号	
检查数量			检验日期	年　月　日
检验项目	质量标准		测量方法	检验结果
裂纹	不允许		目测	
气孔	不允许		目测	
夹渣	不允许		目测	
焊瘤	不允许		目测	

续表

		飞溅物	清理干净	目测	
咬边/mm		δ≤10	不得大于0.5	焊缝检验尺测量	
		δ>10	不得大于1.0	焊缝检验尺测量	
焊缝高度/mm		有设计要求	不小于设计值	焊缝检验尺测量	
		有设计要求	不小于焊件的最小厚度	焊缝检验尺测量	
坡口		开角/(°)	±5	焊缝检验尺测量	
		钝边	±1		
是否合格				返工品数	
备注					
作品自我评价					
小组					
指导教师评语					

二、项目测试描述

如果焊接方法不正确，则会造成焊接缺陷或焊点泄漏等严重问题。下面就一些焊接缺陷的表现形式和产生原因进行分析。

1. 漏焊

所谓漏焊是指焊接不足一圈的情况，其产生原因是焊接管接口处有油污，为避免该现象的发生，应在焊接前将焊口完全擦净，且用砂布打磨好的焊口不要用手再触摸。另外一个原因是焊接时加热不均匀或温度不够所致，解决此问题的方法是在点涂料之前使管口均匀加热；其次是正确恰当地选择焊料和焊剂。一般来讲，焊接铜管时，如果选用铜磷焊料，则可不加焊剂；但如果是铜管与钢管对焊，则应使用非防腐蚀性焊剂。

2. 开焊

焊接后出现开焊现象，其原因是焊料未完全凝固时，被焊接管路出现碰撞或振动所致。当然也有可能是被弯曲的管路仍残留有弹性，焊接时管口受热被弹力拉动而使管路移动造成开裂。因此，弯曲管路时应注意消除弹性力对焊口的影响。

3. 熔蚀

当焊口被过高温度长时间加热后就会出现金属熔化现象，一旦出现熔蚀，则必须重新扩口并再次实施焊接。

4. 焊口

表面粗糙或有气泡的焊口，表面出现凸凹不平的原因是焊料不足或加热不均造成的；如果表面粗糙、不圆滑、不光洁，并且有斑驳氧化层，则说明是焊料过热或焊接时间过长所致；出现气孔的原因是接口不洁、管内有残流气体、焊料点涂位置不当等。

5. 堵塞

焊接时如果接口间隙过大，则焊料将沿缝隙流入接口内部，当温度降低后焊料则停流在接口处，造成堵塞。

三、质量检验与常见钎焊缺陷及处理对策（见表1-9）

表1-9 常见钎焊缺陷及处理对策

缺陷	特征	产生原因	处理措施	预防措施
钎焊未填满	接头间隙部分未填满	间隙过大或过小；装配时铜管歪斜；焊件表面不清洁；焊件加热不够；钎料加入不够	对未填满部分重焊	装配间隙要合适；装配时铜管不能歪斜；焊前清理焊件；均匀加热到足够温度；加入足够钎料
钎缝成形不良	钎料只在一面填缝，未完成圆角，钎缝表面粗糙	焊件加热不均匀；保温时间过长；焊件表面不清洁	补焊	均匀加热焊件接头区域；钎焊保温时间适当；焊前焊件清理干净
气孔	钎缝表面或内部有气孔	焊件清理不干净；钎缝金属过热；焊件潮湿	清除钎缝后重焊	焊前清理焊件；降低钎焊温度；缩短保温时间；焊前烘干焊件
夹渣	钎缝中有杂质	焊件清理不干净；加热不均匀；间隙不合适；钎料杂质量过高	清除钎缝后重焊	焊前清理焊件；均匀加热；合适的间隙
表面侵蚀	钎缝表面有凹坑或烧缺	钎料过多；钎缝保温时间过长	机械磨平	适当钎焊温度；适当保温时间
焊堵	铜管或毛细管全部或部分堵塞	钎料加入太多；保温时间过长；套接长度太短；间隙过大	拆开清除堵塞物后重焊	加入适当钎料；适当保温时间；适当的套接长度
氧化	焊件表面或内部被氧化成黑色	使用氧化焰加热；未用雾化助焊剂；内部未充氮保护或充氮不够	打磨除去氧化物并烘干	使用中性焰加热；使用雾化助焊剂；内部充氮保护
钎料	钎料流到不需钎料的焊件表面或滴落	钎料加入太多；直接加热钎料；加热方法不正确	表面的钎料应打磨掉	加入适量钎料；不可直接加热钎料；正确加热
泄漏	工件中出现泄漏现象	加热不均匀；焊缝过热而使磷被蒸发；焊接火焰不正确，造成结碳或被氧化；气孔或夹渣	拆开清理后重焊或补焊	均匀加热，均匀加入钎料；选择正确火焰加热；焊前清理焊件；焊前烘干焊件
过烧	内、外表面氧化皮过多，并有脱落现象（不靠外力，自然脱落），所焊接头形状粗糙，不光滑，发黑，更为严重的外套管有裂管现象	钎焊温度过高（过高使用了氧化焰）；钎焊时间过长；已焊好的口又不断加热、填料	用高压氮气或干燥空气对铜管内外吹	控制好加热时间；控制好加热的温度

【实训项目及要求】

1. 实训项目

(1) 使用割管器割制铜管;
(2) 使用弯管器弯制铜管;
(3) 向定量加液筒加注制冷剂的操作练习;
(4) 使用气焊设备焊接铜管;
(5) 切割铜管;
(6) 钎焊焊接空调管路技能的操作练习;
(7) 对制冷系统检查漏点并进行漏点修补。

2. 要求

(1) 割管、弯管和焊接单独进行;
(2) 封口钳的使用及焊接(应用)操作;
(3) 对故障电冰箱进行检漏、试压和抽真空充注制冷剂全过程的操作(练习);
(4) 相同直径管道的焊接(练习);
(5) 不同直径管道的焊接(练习);
(6) 压缩机与管道的焊接(练习);
(7) 制冷压缩机的更换操作。

3. 习题

(1) 制冷维修钳工都用到哪些工具?说明其工作过程。
(2) 简述修理阀的作用和分类。
(3) 定量加液筒的作用是什么?它是如何工作的?
(4) 简述无氟电冰箱与普通电冰箱维修的不同。

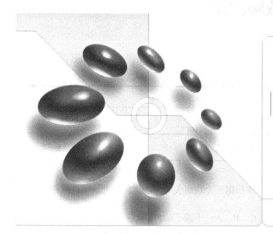

项目 2 制冷电器元件的故障测定

【项目描述】

电器系统是制冷设备的重要组成，因此，在制冷设备的维修中，常用检测仪表的使用是学习的重点。在制冷设备电器元件的故障测定中，应学会以下检测仪表的使用：万用表、兆欧表、钳形电流表、电子检漏仪、测温仪表等。无论是冰箱还是空调，包括大型的冷库和中央空调设备，其电器系统的维修都离不开检测仪表的使用，其中万用表和钳形电流表是使用频率最高的。作为制冷设备维修人员，掌握检测仪表的正确使用是进行制冷电器元件故障测定的重要学习项目。

一、知识要求

1. 学习万用表等检测设备的正确使用
2. 能够对一般的制冷设备电器元件进行故障检测
3. 根据阻值确定 C、R、S 三个端子位置

二、能力要求

1. 使用检测工具对压缩机进行检测，并熟悉三相压缩机电动机（简称三相压缩机）的接线原理。判断压缩机绕组三个端子阻值，并根据阻值确定 C、R、S 三个端子位置
2. 使用万用表判断一般电阻的好坏；使用万用表判断二极管、三极管的好坏
3. 会用钳形电流表测量电流

三、素质要求

1. 能独立运用检测仪表检测大部分制冷设备电器元件
2. 具有规范操作、安全操作、团结协作和创新意识及获取新知识、新技能的学习能力
3. 具有分析及解决实际问题的能力

任务　制冷电器元件的故障测定

学习任务单

学习领域	制冷设备安装调试与维修	
项目2	制冷电器元件的故障测定	学时
学习任务	制冷电器元件的故障测定	6
学习目标	1. **知识目标** 会用万用表判断压缩机三个绕组阻值，并根据三个绕组关系判断压缩机电动机绕组好坏。 2. **能力目标** （1）压缩机绕组测量，根据阻值确定C、R、S三个端子位置； （2）判断压缩机三个绕组阻值是否满足关系：$RRS = RRC$（小）$+ RCS$（大），如果不满足，则说明压缩机绕组损坏； （3）会看单相压缩机接线端子标识和压缩机原理接线图； （4）能判断电容器和电阻器性能好坏并对变压器进行故障诊断。 3. **素质目标** （1）培养学生在使用工具的过程中具有安全操作及规范操作的意识； （2）培养学生在使用工具的过程中具有团队协作意识和吃苦耐劳的精神	
	一、**任务描述** 制冷压缩机电动机质量的判断以及制冷电器元件故障测定。 二、**任务实施** （1）规范使用万用表； （2）按顺序测量三个绕组阻值； （3）根据压缩机原理接线图将三个绕组正确接入； （4）判断电容器和电阻器性能好坏，并对变压器进行故障诊断。 三、**相关资源** （1）教材； （2）教学课件； （3）图片； （4）万用表及其他电子测量仪表； （5）制冷压缩机一台。 四、**教学要求** （1）认真进行课前预习，充分利用教学资源； （2）充分发挥团队合作精神，正确完成工作任务； （3）团队之间相互学习、相互借鉴，提高学习效率	

【背景知识】

一、万用表

万用表是一种多量程、多用途的电工仪表，又叫三用表。常用有模拟式万用表和数字式万用表。万用表可测量交流电压、直流电压、直流电流和电阻，有些还可测量电容、电感及晶体管的HEF（三极管的电流放大倍数）值等。

项目 2　制冷电器元件的故障测定

1. 万用表的结构和工作原理

万用表一般由测量机构、测量电路和转换开关三个基本部分组成，各种型号的面板刻度布置各有差异，但三个基本组成部分是一致的。

（1）测量机构

测量机构俗称表头，它是一个高灵敏度的磁电式直流电流表，其满偏电流为几十微安到几百微安，如图 2-1 所示，分固定和可动两大部分。表头的固定部分为磁路系统，在永久磁铁 1 的两个磁极上固定着极掌 2，极掌之间装有圆柱形铁芯 3。这种结构可在极掌和铁芯之间的空隙内产生均匀辐射的磁场，也就是在圆柱形铁芯的表面，磁感应强度处处相等，且方向垂直于圆柱形铁芯的表面。可动线圈置于铁芯与极掌的间隙间并能自由转动。

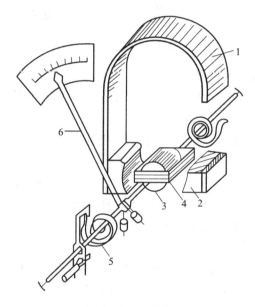

图 2-1　万用表
1—永久磁铁；2—极掌；3—圆柱形铁芯；4—可动线圈；5—游丝；6—指针

表头的可动部分有可动线圈，它用薄铝片做成一个矩形框架，框架上用细漆包线绕有多匝线圈；铝框两端分别接有转轴，支承于轴承上；转轴上装有游丝，当铝框转动时游丝产生力矩，以平衡线圈通电时产生的电磁转动力矩；铝框的转轴上还装有指示用的指针。当可动线圈有电流通过时，由于辐射磁场和线圈中电流的相互作用产生一个电磁力矩，使线圈旋转。电磁转动力矩和通过线圈电流的大小成正比。当可动线圈产生的转动力矩与游丝产生的反作用力矩平衡时，指针就处于平衡位置，于是根据指针所指示的刻度就可以读出被测量值（如电流、电阻等）的大小。

（2）测量电路和转换开关

万用表的测量电路和转换开关是根据被测对象（电流、电压、电阻）而设置的。如图 2-2 所示，当转换开关 K 置于 A 位时，可用来测量电阻的阻值；当转换开关 K 置于 B 位时，能测量直流电压；当转换开关 K 置于 C 位时，可测量直流电流；当转换开关 K 置于 D 位时，可测量交流电压。

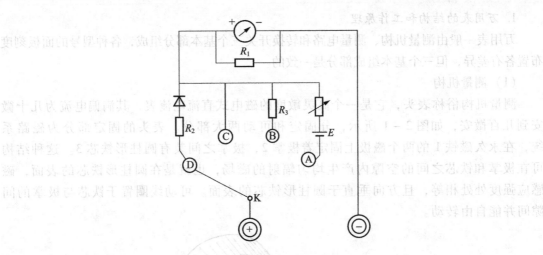

图 2-2 万用表的测量原理图

2. 万用表的使用方法和注意事项

1) 机械调零, 检查指针是否指在零位, 如有偏差, 则可用旋具转动校正螺钉, 使指针对准零位。

2) 按照测量要求（如测量电流、电压、电阻等）, 将转换开关拨到相应的测量挡位。

如果不能估计被测量的大小, 则应先用最大量程判断被测量的大约值, 然后再拨到合适的量程上进行测量, 测出准确的数值（指针在表面刻度中央 1/3 处最为准确）。

3) 测量直流电压或直流电流时, 应注意万用表的极性, 万用表的正、负测试表笔应与电路的正、负极性对应连接。

4) 当测量电路中的电阻时, 必须将电路的电源截断并放电完毕后方可进行。每次换挡测量电阻时, 应先进行欧姆调零, 即把两表笔相接, 调整调零电位器, 使指针指在 $0\,\Omega$ 处。

5) 测量 2 500 V 交流高电压时, 测试表笔应分别插入万用表的"2 500 V"和"⊙"插孔。

6) 万用表每次测量完毕, 应把转换开关拨到空挡或交流电压最高挡。长期不用的万用表应把电池取下, 以免电池溶液渗出, 腐蚀表内电路。

3. 实践应用

压缩机是制冷系统四大部件之一, 检查压缩机的好坏及区分其绕组端子是制冷系统检修经常遇到的问题。

（1）压缩机的检查

检查压缩机电动机绕组直接的方法是用万用表测量绕组的直流电阻值。其方法是拆下压缩机接线盒, 取下热保护器和启动器, 如图 2-3 所示, 用万用表的 $R\times1$ 挡测量电动机绕组的阻值。如果某一绕组的阻值无穷大, 则表明该绕组断路；如果两绕组的阻值均为无穷大, 则有可能是电动机绕组内引线插头脱落或两个绕组均断路。如果某一绕组或绕组之间的阻值过小, 则可能是该绕组内部短路或者绕组与铁芯短路。

项目 2　制冷电器元件的故障测定

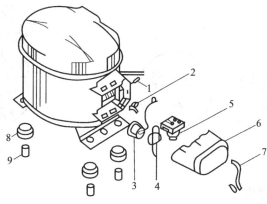

图 2-3　压缩机接线盒分解图
1—地线螺钉；2—线夹螺钉；3—热保护器；4—热保护器压簧片；5—启动器；
6—盒盖；7—盒盖卡簧；8—防振胶垫；9—胶垫套管

(2) 绕组端子的区别

压缩机的机壳端子座上有三根引线柱，机壳外的三个端子分别用来连接启动继电器和热保护器，引入机壳内的三个端子用于连接压缩机电动机的三根引线。常用 C 表示电动机运行绕组与启动绕组的公共引出线端，用 M 表示运行绕组的引出线端，用 S（或 A）表示启动绕组的引出线端。

以冰箱压缩机为例，大多数的冰箱压缩机采用单相阻抗分相式和电容启动式电动机。电动机有两绕组，即启动绕组（又称副绕组）和运行绕组（又称主绕组），启动绕组电阻值较大，运行绕组电阻值较小。

例如，某台压缩机电动机运行绕组的直流电阻为 15 Ω；启动绕组的直流电阻为 35 Ω。利用这一特性，便可用万用表来判定各接线端子。具体的判定方法如下，在测量之前，先分别在每个引线柱旁边标上 1、2、3 记号，然后用万用表的 "$R \times 1$" 挡分别测定 1—2、2—3、3—1 之间的电阻值，测得的电阻值如图 2-4 (a) 所示。1—2 之间的电阻值为 15 Ω，电阻值最小，应是运行绕组；2—3 之间的电阻值次之，电阻值为 35 Ω，应是启动绕组；3—1 之间的电阻值最大，是运行绕组与启动绕组之和。由此可得出：1 为公共端子 C；2 为运行端子 M；3 为启动端子 S。如图 2-4 (b) 所示。

二、兆欧表

兆欧表又称摇表，是用来测量电器设备绝缘电阻的专用仪表，一般用在测量电路、电动机绕组和电缆的绝缘电阻中。

兆欧表由一台手摇发电机和磁电式比率表组成，如图 2-5 所示，A 为手柄，E 为接地端子，L 为线路端子，G 为保护端子。

在使用兆欧表时应注意以下事项：

1) 被测设备应切断电源，并进行放电。
2) 转动兆欧表手柄的转速应保持在 90~150 r/min。
3) 测量用电器的绝缘电阻时，若兆欧表已指向 0 Ω，则不能再继续转动手柄，否则会烧坏表内线圈。

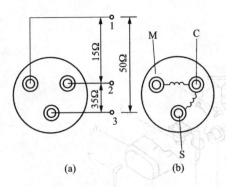
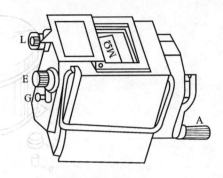

图2-4 压缩机接线端子的判断图

图2-5 兆欧表
A—手柄；E—接地端子；L—线路端子；G—保护端子

4）测量前应先对兆欧表进行开路和短路检查，即在未接入被测电路之前转动手柄，使发电机以额定转速转动，指针应指在"∞"位置，再将"L"和"E"短接，短时间缓慢转动手柄，指针应指在"0"位置。

5）测量时被测电路接L端子，电器外壳、电动机底座或变压器铁芯接E端子。当测量电缆缆芯之间的绝缘电阻时，除将L、E端子接到缆芯缆壳上外，还需将G端子接到电缆壳芯之间的绝缘物上，以消除测量误差。

三、钳形电流表

钳形电流表又称钳表，是专门用于测量交流电流的电工仪表。钳形电流表测量交流电流不需要接入电路，而只要将被测导线置于钳形电流表的窗口内钳上，就能测得导线中的电流。早期的钳形电流表只有单一测量电流的功能，现在生产的钳形电流表与万用表结合在一起，组成了多用钳形电流表，如图2-6所示。

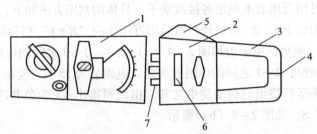

图2-6 多用钳形电流表
1—万用表；2—钳形互感器；3—钳形铁芯；4—钳形铁芯的开口；5—铁芯开口按钮；6—钳形互感器与万用表的连接旋钮；7—钳形互感器线圈与万用表电极的连接插头

钳形电流表是根据电流互感原理制造而成的，使用时应注意：

1）钳形电流表的钳口只能放入一根有电的被测导线，如果放入两根导线，则测不出电流。要注意分清使用设备上的地线，不要把地线夹入，否则测不出正确的电流数值。

2）如对电流的大小不清楚，则应从量程较大的挡位上开始测量，然后再根据电流的大小调整到合适的量程。

3）钳口要接合良好，不能有杂质油污。一般使用前开合数次，令接口导通良好。

4) 一般的钳形电流表最小量程为 5 A，测量电流值较小时，读数误差较大，可以将通电导线在钳形铁芯上绕 n 圈再测量，但实际数值应把读数除以 n。

5) 钳形电流表使用后，应把量程转换开关置于最大量程的位置。

四、卤素检漏灯

卤素检漏灯是一种常见的氟利昂检漏仪器，其常用酒精、丁烷作燃料，如图 2-7 和图 2-8 所示。

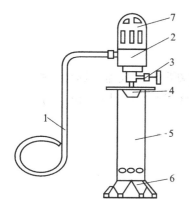

图 2-7 酒精检漏灯
1—吸入软管；2—灯套；3—调节阀；4—黄铜烧杯；
5—燃料包；6—底盖；7—灯罩

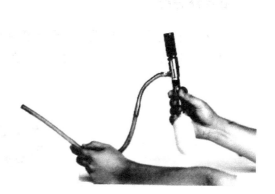

图 2-8 丁烷检漏灯

酒精卤素检漏灯由灯罩、灯套、吸入软管、喷嘴、调节阀、燃料包、黄铜烧杯和底盖等零件组成。灯罩上开有通风孔和观察孔，是燃烧火焰的窗口；灯套起着让酒精的高压气体高速流动并产生吸入负压的作用，喷嘴装在灯套的中央，上端有一铜网，其侧面开有旁通孔，作连接吸入软管之用；吸入软管的另一端为检漏的探头；黄铜烧杯安装在调节阀与燃料包之间，注入乙醇（或甲醇），点燃加热可令燃料包内的物质升压汽化，从喷嘴中心的小孔喷出、燃烧；燃料包除作燃料储存室外，也作握持手柄用；底盖起充注燃料塞子的作用，并作为酒精卤素检漏灯的支撑底座。

检漏的原理：当混有氟利昂气体与炽热的铜接触时，氟利昂分解成氟、氯元素，并和铜发生变化，化学上叫焰色反应，从而可检查出氟利昂的泄漏。空气中不含氟利昂的火焰是蓝色的；如有氟利昂泄漏，则随浓度的增大，火焰的颜色由浅绿色、深绿色逐渐变为紫色；当浓度很大时，火焰将因缺氧而熄灭。卤素检漏灯的使用方法（指用酒精的检漏灯）：使用时先将底盖旋下，注满乙醇（或甲醇）后将底盖旋紧，然后将灯竖立放直，再将乙醇加入黄铜烧杯内并点燃，待其将要烧完时微开调节阀，喷嘴喷出的乙醇继续燃烧，而喷嘴上部有一旁通孔与软管相接，由于气体高速喷出，使喷射区压力低于大气压，故旁通孔有吸气的能力，检漏时应将软管的管口在制冷系统的检查部位慢慢移动。如有渗漏，则氟利昂蒸气即经软管吸入，这时火焰呈绿色，并随氟利昂蒸气浓度变化而变化。

使用丁烷作燃料的卤素检漏灯的结构与检漏方法大致相同，由于没有黄铜烧杯，所以不用预热，使用更为方便。

注意事项:

1) 若检查出氟利昂漏点,则应快速把检漏灯移走,以免产生"光气",对人身造成危害。

2) 燃料不纯将造成卤素检漏灯喷嘴堵塞、熄火现象,应用专用的通针进行疏通。酒精纯度应大于 99%。

3) 调节阀应经常检查,以防止燃料从阀芯泄漏燃烧。

4) 卤素检漏灯用完熄灭时,不要将阀门关得太紧,以防止灯体冷却收缩,使阀门开裂。

五、电子检漏仪

电子检漏仪是检测制冷设备有没有氟利昂和 R134a 泄漏的新颖检漏仪器,具有体积小、灵敏度高、使用方便和便于携带的特点,在制冷设备生产和维修行业中得到了广泛应用。其外形如图 2-9 所示。

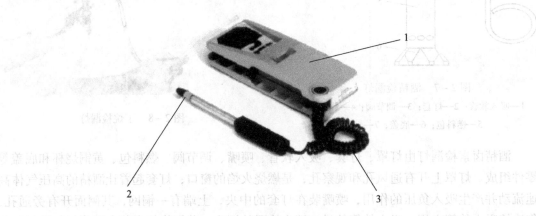

图 2-9 电子检漏仪
1—本体;2—传感器探头;3—连接管道

1. 原理

电子检漏仪是根据六氟化硫等负电性物质对负电晕放电有抑制作用这一原理制成的。当氟利昂气体进入具有特殊结构的电晕放电探头时,就会改变放电特性,使电晕电流变化,经仪器内的电子电路将电晕电流的变化放大变换后以光信号和音响的方式表达出来。

2. 电子检漏仪的使用方法和注意事项

1) 将电池装入电池盒内,接通电源,把开关拨到"氟利昂"处,会听到"滴、滴、滴"匀速的声音;如要检测 R134a,则拨到"R134a"挡。

2) 将传感器探头靠近制冷设备的被检验部位,慢慢移动(一般以 2 cm/s 以下速度),当接近泄漏源时,泄漏气体被吸入探头,"滴、滴、滴"的声响频率会加快,同时,指示灯也开始闪亮,被测气体氟利昂浓度越大,发出的声频越高,闪亮的指示灯数越多。据此即可知道氟利昂的泄漏处。

3) 要保持清洁,避免油污、灰尘、水分污染探头。若探头的保护罩已被污染,则可小心拆下电池后,旋下保护罩,用航空汽油清洗,吹干后再照原样装好。制冷剂浓度太高也会污染探头，使灵敏度降低，所以发现大量泄漏时就要关机，不要让检漏仪继续工作。

4）使用电子检漏仪时要防止撞击传感器的探头，更不要随意拆卸，以免损坏探头。

5）电子检漏仪在使用中工作不正常，如啸叫，应检查干电池电压是否太低、探头是否已被污染或损坏。

【任务实施】

将制冷电器元件置于操作台上，有全封闭压缩机、电阻、电容器、变压器、二极管和三极管，检测仪表有万用表和钳形电流表。任务实施以小组为单位进行部件的故障检测，填写任务测试表格，进行自我评价和小组互评，最后由指导教师做出总体评价。

会使用万用表对压缩机的绕组阻值大小进行判断；根据阻值确定 C、R、S 三个端子位置；分别确定阻值关系：$RRS = RRC$（小）$+ RCS$（大）。

一、任务实施过程

1）将万用表（如有条件用直流电桥测量更好）调至"$R \times 1$"挡，然后调零，测压缩机三个接线柱之间的直流电阻。

2）一般情况下，单相压缩机正常为：最大值等于两个小阻值之和，即主绕组 C—R（或 M）间阻值较小，副绕组 C—S（或 A）间阻值略大，R（或 M）—S 间阻值是主副绕组阻值之和（单相压缩机接线端子标识和压缩机原理接线如图 2 – 10 所示）。

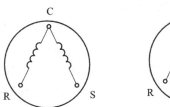

图 2 – 10　单相压缩机接线端子布置示意图
R（Run）——表示运行端子；S（Start）——表示启动端子；
C（Common）——表示公共端子

3）单相压缩机接线柱的测量。

4）电机绕组测量方法：

用万用表把压缩机 3 个接线柱之间阻值各测一遍，测得阻值最大时，所对应的另一个接线柱即公共端子，然后以公共端子为基点，分别测另外两个接线柱，电阻值小的为运行端子，电阻值大的为启动端子。

5）将压缩机绕组接入电路，如图 2 – 11 所示。

6）对 WQ142H 型制冷压缩机进行现场测量，RRC 阻值约为 3.5 Ω，RCS 阻值约为 5 Ω，RRS 阻值约为 8.5 Ω，满足 $RRS = RRC + RCS$ 阻值关系，说明该压缩机绕组阻值正常。

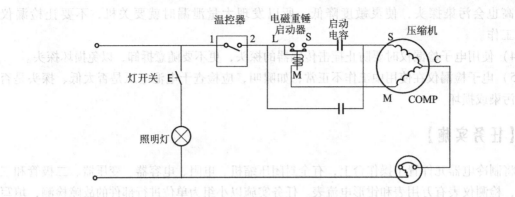

图 2-11 压缩机绕组接线图

二、电阻器的检测方法

电阻器在电气装置中不太容易发生故障,但因其用量大,故可能会由于其他元件的损坏(如晶体管的击穿等)而造成损坏。用万用表检测电阻器的方法及步骤如下:

1) 选择电阻挡。选择时,先把转换开关旋钮旋到电阻挡,然后再依据待测电阻器的阻值正确选择电阻倍率挡。

2) 电阻挡调零。在测量电阻之前还必须进行电阻挡调零,方法是把万用表两表笔短接,看指针是否指在表盘右边的零位。如有偏差,则可用手转动电阻挡调零旋钮,将指针调至零位,否则测得的读数将不准确。如调整调零旋钮后,指针仍不能到零位,则说明万用表电池电压已不足,需更换电池。要注意,在测量电阻时,每换一个倍率挡,都必须重新调零。指针式万用表测量过程中要放水平,否则会影响读数的准确性。

3) 测量电阻。右手拿万用表两表笔(像拿筷子的姿势),左手拿电阻器的中间,用表笔接触电阻器的两引出端。读出指针所指的数值乘以所选择倍率挡的倍乘数,即被测电阻的阻值。测量时,应尽量使万用表指针指在标度尺的中心部分附近读数才较准确。测量时要注意,手指不能同时接触电阻的两根引线,以免人体电阻与被测电阻并联,影响测试精度。对于阻值较小的电阻器,可放在桌上测量。

在电路中测量电阻器时,要切断电源,而且测量时须将电阻器的一个引脚断开,以免测量时受电路其他元器件的影响,造成测量误差。如果电路中接有电容器,则必须将电容器事先放电,否则可能造成万用表损坏。

三、电容器的检测

1. 无极性电容器的检测

电容器的引线断线、电解液漏液等故障可以从外观看出。对电容器内部的质量问题,可以用电容表、电容电桥等仪器检查。一般情况下可用万用表粗略地判断电容器的好坏。

1) 用万用表检测无极性电容器。电容量大于 $1\mu F$ 以上的无极性电容器可用"$R \times 1k$"欧姆挡测量。表笔刚接通瞬间,表头指针应顺时针方向跳动一下,然后逐步逆时针复原,即退至 ∞ 处。将黑、红表笔对调之后,表头指针应顺时针方向跳得更高,然后又逐步逆时针复原,这就是电容充放电的情形。电容器的容量越大,指针跳动越大,复原的速度也越慢。若表针无摆动,则说明电容器开路;若表针向右摆动一个很大的角度且表针停在那里不动,则说明电容器已被击穿或严重漏电。每次测试之前,都要将电解电容器的两引脚短接放电。

电容量小于 1μF 电容器的测量用万用表欧姆挡的"$R \times 10k$"挡。由于容量太小、充电时间很短、充电电流很小,当万用表检测时无法看到表针的偏转,所以此时用"$R \times 10k$"挡只能检测它是否漏电,而不能判断它是否开路。即在检测这类小电容器时,表针不应偏转,若偏转了一定角度,则说明电容器漏电或已被击穿。

2)用电容表测试无极性电容器。使用小型电容表可以方便、准确、快速地读出被测电容器的电容量。以 MI - 303A 型小型电容表为例,其量程分为 8 挡(200pF, 2nF, 20nF, 200nF, 2μF, 20μF, 200μF, 2 000μF),使用时先选择适当的量程,按下该量程的选择开关 F,用鳄鱼夹接上待测电容器,当显示数值稳定后,读取电容值,其单位就是所按下量程开关 F 所示的单位。如指示为"1",则说明待测电容量超出量程,应选用更大的量程;当指示 F 值前有一个或数个"0"时,则说明待测电容量远小于量程,应选用更小量程。

2. 电解电容器的检测

电解电容器的检测方法与固定电容器是一样的,但要注意电解电容器是有极性的。根据电解电容器正接时漏电流小、漏电阻大,反接时漏电流大、漏电阻小的特点可判断其极性。用万用表先测一下电解电容器的漏电阻值,然后将两表笔对调一下,再测一次漏电阻值,两次测试中,漏电阻值小的一次,黑表笔接的是电解电容器的负极,红表笔接的是电解电容器的正极,如图 2 - 12 所示。每次测试之前,都要将电解电容器的两引脚短接放电。

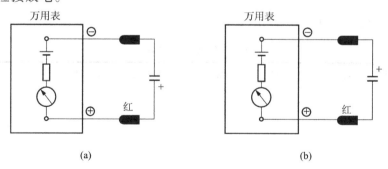

图 2 - 12 用万用表判断电容器极性

四、变压器常见故障及检修

变压器线圈开路的检查可用万用表欧姆挡进行,一般中、高频变压器的线圈匝数不多,其直流电阻很小,在零点几欧至几欧之间,视变压器具体规格而异;音频和中频变压器由于线圈匝数较多,故直流电阻可达几百欧至几千欧以上。

图 2 - 13 所示为变压器在直流电源电路中的典型应用,这里变压器起到降压作用。

变压器开路,一种是线圈内部断线,另一种是引出端断线。引出端断线是常见的故障,

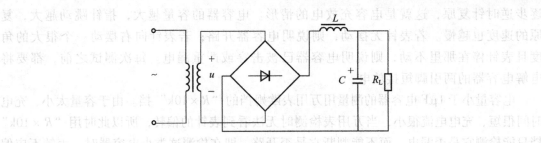

图 2-13 直流电源电路

仔细观察可发现，如果是引出端断线（开路）则可以重新焊接；如果是内部断线则要更换或重绕，重绕时要注意绕组匝数、导线规格，高、中频变压器还要注意绕制方向。电源变压器要绕紧凑，不要变"肥"，以免装不进原铁芯。在插装变压器铁芯时要注意不要损坏绕组，并要夹紧铁芯，以免工作时发出"嗡嗡"声或"吱吱"声。

变压器的直流电阻正常，不能表示变压器完全正常。例如，电源变压器局部短路对变压器直流电阻影响不大，但变压器不能正常工作。中、高频变压器局部短路用万用表不易测量，一般需用专用仪器，其表现为 Q 值下降，整机特性变坏。如果变压器两绕组之间短路，则会造成直通，可用万用表欧姆挡测量两绕组间的电阻，测量时应切断变压器与其他元件的连接，以免电路元件并联影响测量的准确性。

电源变压器内部短路可以空载通电检测，方法是切断电源变压器的负载，接通电源，如果通电 15~30 min 后温升正常，则说明变压器正常；如果空载稳升较高会烫手，则内部可能有局部短路。

【任务测试】

任务评价单见表 2-1。

表 2-1 任务评价单

作品评价	评价内容：压缩机绕组判断，电容器故障判断，电阻和变压器故障判断。						评分	（满分60）
自我评价									评分	（满分10）
组内互评	学号	姓名	评分（满分10）	学号	姓名	评分（满分10）		
	注意：最高分与最低分相差最少3，同分人最多3，某一成员分数不得超平均分±3。							

项目2　制冷电器元件的故障测定

续表

作品评价	评价内容：压缩机绕组判断，电容器故障判断，电阻和变压器故障判断。 评分　　（满分60）
组间互评	 评分　　（满分10）
教师评价	 评分　　（满分10）
签字	任务完成人签字：　　　　日期：　年　月　日 指导教师签字：　　　　日期：　年　月　日

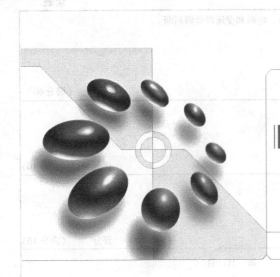

项目3 电冰箱的使用与维修

【项目描述】

电冰箱是一个供家庭使用的有适当容积和装置的绝热箱体，用消耗电能的手段达到制冷的目的，它包括冷藏箱、冷藏冷冻箱和冷冻箱。由于低温环境可以抑制食品组织中的酵母作用，阻碍微生物的繁衍，能在较长时间内储存食品而不损坏其原有的色、香、味与营养价值，使得电冰箱自问世以后得到了广泛的应用。随着生产的发展、人民生活水平的提高以及生活节奏的加快，家用电冰箱已成为人们日常生活中一种至关重要的家用电器，其普及率日渐提高。

我国的冰箱使用量是世界第一位，截至2009年年底，中国城镇居民家庭每百户冰箱拥有量为95台，由于冰箱使用寿命一般在10年左右，故其售后服务与维修极其重要。

电冰箱的使用与维修是制冷专业一项很重要的教学内容，它是"制冷技术"理论知识的综合运用，同时又具有很强的实用性，如何更好地使学生认识制冷技术的规律进而培养他们熟练地进行电冰箱故障分析与排除，是本项目学习的目的。

一、知识要求

1. 掌握电冰箱的分类、选购、使用与保养
2. 掌握电冰箱产生"冰堵、脏赌"故障的判断与排除
3. 掌握电冰箱制冷系统与电器系统的工作原理和工作过程及电冰箱压缩机的工作过程
4. 掌握电冰箱制冷系统检漏、抽真空、充注制冷剂的操作工艺过程
5. 掌握电冰箱电器系统和压缩机机械系统的故障维修

二、能力要求

1. 准确识读电冰箱电器原理图，能根据电路图进行故障维修
2. 能对电冰箱制冷系统与电器系统进行故障判断和维修

项目 3　电冰箱的使用与维修

3. 能使用检测工具对压缩机进行检测
4. 能对压缩机的机械故障进行排除

三、素质要求

1. 具有规范操作、安全操作及环保意识
2. 具有爱岗敬业、实事求是及团结协作的优秀品质
3. 具有分析及解决实际问题的能力
4. 具有创新意识及获取新知识、新技能的学习能力

任务 1　电冰箱的选购、使用与保养

学习任务单

学习领域	制冷设备安装调试与维修	
项目 3	电冰箱的使用与维修	学时
学习任务 1	电冰箱的选购、使用与保养	2
学习目标	1. 知识目标 （1）了解电冰箱的基础知识与分类； （2）掌握电冰箱的新技术和新工艺； （3）掌握电冰箱的型号与规格； （4）掌握电冰箱的使用规范。 2. 能力目标 （1）能根据不同要求正确选用电冰箱； （2）能正确使用电冰箱，并能对电冰箱进行定期保养。 3. 素质目标 （1）培养学生销售电冰箱的能力，并能给用户提出合理建议； （2）培养学生在电冰箱销售过程中具有团队协作意识和吃苦耐劳的精神； （3）培养学生将所学专业知识转化成实际工作的能力	

一、任务描述
根据用户的不同要求正确选用电冰箱，并对用户电冰箱的使用及保养做出正确指导。
二、任务实施
（1）按使用需要选购电冰箱；
（2）质量挑选；
（3）电冰箱的使用与养护。
三、相关资源
（1）教材；
（2）教学课件；
（3）图片；
（4）电冰箱销售资料；
（5）各种类型的电冰箱。
四、教学要求
（1）认真进行课前预习，充分利用教学资源；
（2）充分发挥团队合作精神，正确完成工作任务；
（3）团队之间相互学习、相互借鉴，提高学习效率

【背景知识】

电冰箱是用于冷藏或冷冻食品和其他需要低温储藏物品的制冷设备。根据用途的不同，电冰箱可分为很多种类，这里主要介绍家用和商用制冷设备。

一、电冰箱的分类

1. 按电冰箱门的数量分类

（1）单门电冰箱

只设一扇箱门，以冷藏保鲜为主。箱内上部的冷冻室由一个蒸发器围成，兼顾冷藏室，并利用自然对流方式对冷藏室进行冷却。采用单一温度控制器控温，在冷藏室下部设有果菜保鲜盒。其结构如图3-1所示。

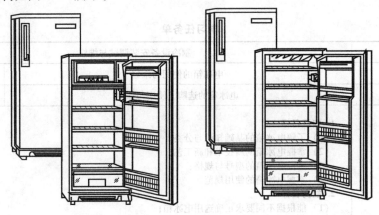

图3-1 单门电冰箱外形

（2）双门电冰箱

有两个可分别开启的箱门，其结构如图3-2所示。双门电冰箱有两个储藏室，分别为冷冻室（温度为-6℃~-24℃）和冷藏室（温度为0℃~10℃）。

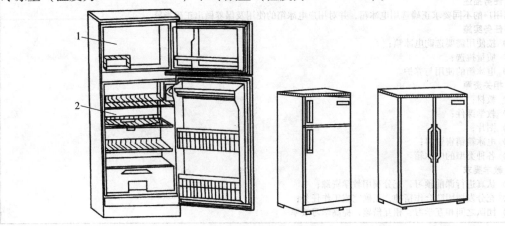

图3-2 双门电冰箱外形
1—冷冻室；2—冷藏室

(3) 三门电冰箱

有三个可分别开启的箱门。箱门的布置有多种形式，其结构如图3-3所示。该种电冰箱有三个不同温度的区域，适合储藏不同温度要求的各种食品，使各储藏室的功能分开，从而做到在存取食品时互不影响，保证了冷冻、冷藏质量，是近几年较流行的一种新产品。

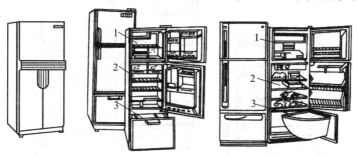

图3-3 三门电冰箱外形
1—冷冻室；2—冷藏室；3—果蔬室

(4) 四门电冰箱

此类电冰箱设有冷冻室、冷藏室、冰温室和果蔬室，通过设置不同的温度区以适应不同的功能要求，如图3-4所示。

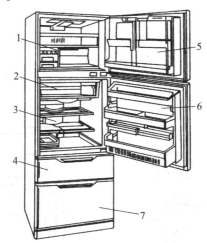

图3-4 四门电冰箱外形
1—冷冻室；2—高湿冰温盒（滑动式冰温室）；3—冷藏室；4—抽屉式冰温室；
5—冷冻室门搁架；6—冷藏室门搁架；7—果蔬室

近几年，国外市场上已出现了一种大容积多门电冰箱，采用间冷制冷方式，抽屉式结构，可使其设置为不同温度区，以实现不同的功能要求。尽管多门电冰箱功能多，储藏容积大，但结构复杂，成本高，耗电多。

2. 按冷却方式分类

(1) 直冷式电冰箱

直冷式电冰箱又称有霜电冰箱。蒸发器直接吸收食品热量。它是依靠冷热空气的密度不同，使空气在箱内形成自然对流而冷却降温的，其结构如图3-5所示。直冷式电冰箱的特点是：结构简单，冻结速度快，耗电少，但冷藏室降温慢，箱内温度不均匀，冷冻室蒸发器易结霜，除霜较麻烦。

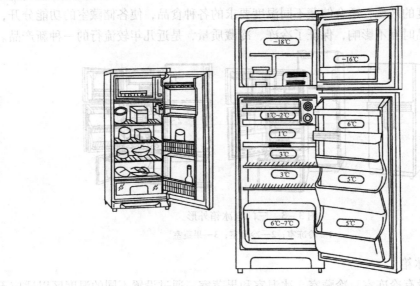

图 3-5 直冷式电冰箱

（2）间冷式电冰箱

间冷式电冰箱又称无霜电冰箱。它是依靠箱内风扇，强制空气对流循环使其与蒸发器进行热交换而实现对储藏食品的间接冷却，其结构如图 3-6 所示。间冷式电冰箱的优点是：冷冻室内不结霜，使用方便，冷藏室降温速度快，箱内温度均匀；由于无霜，故不会发生滴水现象，不污染食品；另外除霜时，食品温升小，保鲜性能好。其缺点是耗电量大，价格较高。

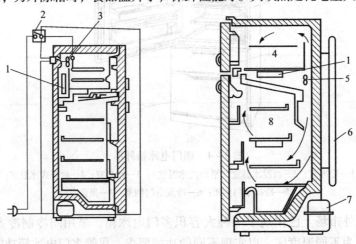

图 3-6 间冷式电冰箱

1—蒸发器；2—恒温器；3—风扇；4—冷冻室；5—冷却用扇；6—冷凝器；7—压缩机；8—冷藏室

3. 按使用功能分类

（1）冷藏箱

冷藏箱主要用于冷藏保鲜，如冷藏食品、饮料和药品等。冷藏箱常制作成单门直冷式电

项目 3 电冰箱的使用与维修

冰箱,冷藏室内温度一般保持在 0℃ ~ 10℃。单门冷藏箱内一般有一个由蒸发器围成的小容积冷冻室,温度在 -6℃ ~ -12℃,可短期储存少量冷冻食品或制作冰块。

(2) 冷冻箱

冷冻箱只设有温度在 -18℃ 以下的冷冻室,用以冻结食品和储存冷冻食物。箱体分为立式和卧式两种。

(3) 冷藏冷冻箱

冷藏冷冻箱兼有冷藏保鲜和冷冻功能,它设有两个或两个以上不同温度的储藏室。冷藏室和冷冻室之间彼此隔热且各自设置可开启的箱门。普通冷藏冷冻箱的冷藏室温度在 0℃ ~ 10℃,冷冻室温度在 -12℃ ~ -18℃。

以上形式的电冰箱外形如图 3-7 所示。

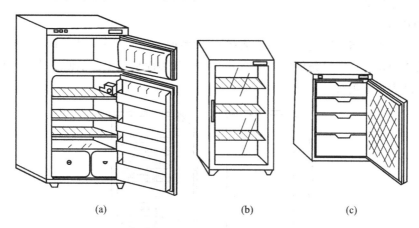

图 3-7 电冰箱按使用功能分类
(a) 冷藏冷冻箱;(b) 冷藏箱;(c) 冷冻箱

4. 按冷冻室温度分类

根据国家标准规定,电冰箱可按冷冻室所能达到的不同冷冻储存温度划分其等级(温度等级是指冷冻室内能保持温度的级别)。温度等级用星号"*"表示,电冰箱可分为一星级、二星级、高二星级(日本 JIS 标准)、三星级及四星级等。表 3-1 列出了电冰箱常用星级表示的温度等级。

5. 按气候类型分类

国家标准规定,电冰箱按使用地区气候温度可分为四种类型,即亚温带型(SN)、温带型(N)、亚热带型(ST)及热带型(T)。气候类型代号一般标志在产品铭牌上。各种气候类型代号及使用环境温度见表 3-2。

表 3-1 电冰箱冷冻室用星级表示的温度等级

星 级	符 号	冷冻室温度/℃	冷冻室食品储藏期
一星级	*	不高于 -6	1 星期
二星级	**	不高于 -12	1 个月
三星级	***	不高于 -18	3 个月
四星级	****	不高于 -24	6 ~ 8 个月

表3-2 电冰箱按气候类型进行分类的代号及温度范围　　℃

类　型	温　度
亚温带型（SN）	-1~10
温带型（N）	0~10
亚热带型（ST）	0~14
热带型（T）	0~14

6. 按箱体结构分类

（1）平背式电冰箱

该电冰箱的背部为平板，冷凝器藏于箱体的夹层内，如图3-8（a）所示。其优点是外壳平整美观，噪声低。

（2）凸背式电冰箱

此电冰箱采用外露式冷凝器，一般装在箱体背面外部，如图3-8（b）所示。其优点是单位尺寸散热面积大，通风条件好，维修方便。但其表面易积尘，不便于清洁，移动时冷凝器易损坏，外表不够美观。

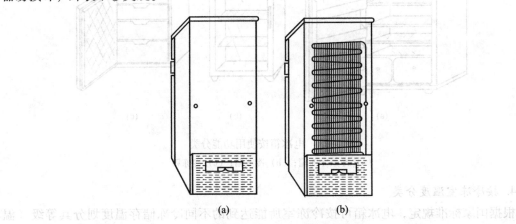

图3-8　电冰箱箱体外形结构
(a) 平背式电冰箱；(b) 凸背式电冰箱

二、电冰箱的型号与规格

1. 电冰箱的型号

家用电冰箱的型号表示方法和含义如下：

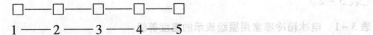

1——产品代号；

2——用途分类代号（冷藏箱C、冷藏冷冻箱CD、冷冻箱D）；

3——规格代号（指有效容积，以阿拉伯数字表示，单位用L表示）；

4——无霜冰箱用汉语拼音字母W表示，有霜冰箱不表示；

5——改进设计序号，用大写英文字母表示。

有些产品的第二位英文字母表示的是制冷形式，如电机压缩机用"Y"表示；也有的冷藏箱的分类代号"C"不加以标注。

例如 BC—150 表示家用冷藏箱,有效容积为 150L;BCD—180B 表示家用冷藏冷冻箱,有效容积为 180L,经过第二次改进设计;BCD—234WA 表示家用冷藏冷冻箱,间冷式无霜,有效容积为 234L,经过第一次改进设计。

2. 电冰箱规格

家用电冰箱的规格以有效容积表示,单位为 L(升)。电冰箱有效容积是指箱内的毛容积减去箱内部件占据的容积和一些不能用于储存食品的空间容积后所剩余的容积。

三、电冰箱箱体结构和材料

家用电冰箱的箱体主要由外箱、内箱、箱门、绝热层和附件等组成,其箱体结构如图 3-9 所示。外箱与内箱之间均匀充满硬质泡沫塑料,该泡沫塑料绝热性好、重量轻、粘结性强且不吸水。

1. 外箱

外箱一般有两种结构形式,其一是拼装式,即由左右侧板、后板、斜板等拼装成一个完整的箱体;其二是整体式,即将顶板与左右侧板按要求辊轧成一倒"U"字形,再与后板、斜板点焊成箱体,或将底板与左右侧板弯折成"U"字形,再与后板、斜板点焊成一体。国产和欧洲产电冰箱多为拼装式结构;而美、日产电冰箱多为整体式结构。外箱的门面板一般采用 0.6~1 mm 厚的冷轧钢板经裁切、冲压、焊接成形,外表面用磷化、涂漆或喷塑等工艺进行处理。近年来,已开发出各种彩板(包括在门面板上压膜各种大小不同彩色图画),其既改变和丰富了产品的外观,又免除了繁杂的涂覆等工序,保护了环境。

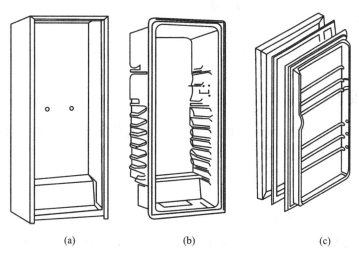

图 3-9 电冰箱箱体结构
(a)外箱;(b)内箱;(c)箱门

2. 内箱

电冰箱内箱与门内胆一般采用丙烯腈—丁二烯—苯乙烯(ABS)板或改性聚苯乙烯(PS)板加热至 60℃ 干燥后,采用凸膜或凹模真空成形。

塑料内胆由于可一次真空吸塑成型,生产效率高,成本低,而且光泽度好,耐酸碱,无毒无味，重量轻，因而在家用电冰箱中得到了广泛应用。其不足是硬度和强度较低，易划伤，耐热性较差，使用温度不允许超过70℃。因此，箱内若有电热器件，则必须加装防热和过热保护装置。目前，电冰箱内箱大多采用ABS材料，但ABS加工较困难，有气味，成本高。ABS相比于HIPS（耐高冲击聚苯乙烯）加工容易，耐腐蚀，且性质坚韧，故现在已有不少厂家采用HIPS材料作为内箱。

3. 箱门

电冰箱的箱门由门面板、门内衬和磁性门封条等组成。为了使外形更加美观，又在门周边加上了门框。箱门外壳与内衬间充有保温层，且门内衬镶嵌有瓶架和储物盒。

磁性门封由塑料门封条和磁条两部分组成。塑料门封条采用乙烯基塑料挤塑成型，具有良好的弹性和耐老化性。磁性胶条是在橡胶塑料的基料中渗入硬性磁粉挤塑成型，有足够的磁感应强度。可将磁性胶条穿入塑料门封条中，并根据门的尺寸将四角切口热粘合，制成各种形式的单气室、多气室等结构，如图3-10所示，其既起到隔热的作用，又能使门封保持良好的弹性。

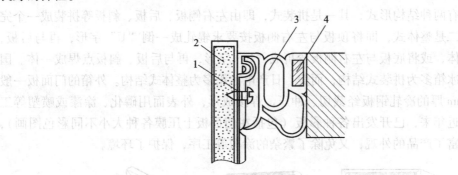

图3-10　门封条结构
1—螺钉；2—绝热层；3—气室；4—磁性胶条

【任务实施】

通过对本次任务的学习，能够为用户选购电冰箱提出合理建议，指导用户对电冰箱进行正确使用，并能够对冰箱进行养护。

一、正确选购电冰箱

1. 按使用需要选购电冰箱

目前市场上的电冰箱种类繁多，结构形式、容积大小各不相同，购买时应根据使用需要选择合适的机型。

单门电冰箱以功能单一的冷藏箱为主，其冷冻室空间较小，温度在-10℃左右。传统的单门家用电冰箱市场上已不多见。

双门电冰箱是被广泛使用的一种机型，选购时，应根据需要按星级标准选择合适的冷冻室温度。一般来说，星级越高，耗电量越大。

多门电冰箱以各间室温度不同、功能各异已越来越多地被人们所选用，但它结构复杂，价格较高。

电冰箱容积也是购买时要考虑的问题,应根据家中人口数、饮食习惯等选择合适的容积。一般容积大的电冰箱耗电量也要大一些。

2. 外在质量挑选

1) 箱体外壳要平整、无凹凸,烤漆均匀、无流痕,冰箱背后的冷凝器、过滤器、毛细管、压缩机无撞损,管路没有压扁及松脱情况。

2) 箱门箱门要平整,磁性胶条四周能贴严并有一定的吸力,对 100 L 以上的电冰箱,当磁性门封达到标准磁力时,开门的拉力应大于 49 N。

3) 内腔内胆多用 ABS 树脂制造,不应有裂纹,也不应有异味。

4) 箱内照明灯。开门时照明灯应能亮起,关门时应能熄灭,当箱门即将合上时,从门边缝可以看到里面的照明灯熄灭。

二、电冰箱的使用与养护

1. 电冰箱的安置

电冰箱应放在通风良好、远离热源、避免阳光直射或不会受到水浸、雨淋的地方。

电冰箱的四周应留有适当的空间,以利于空气的流通。箱体后面的冷凝器与墙壁之间的距离应不小于 100 mm,顶部的空间要求在 300 mm 以上,以利于冷凝器通风散热。

电冰箱放置要垂直平稳,若地面不平,有的冰箱可调整下底螺钉,否则会产生较大的噪声。要用三孔电源插座,接地线要良好。

2. 电冰箱的操作温度控制器

其常标以 0、1、2、3、…数字,它们并不代表某一特定温度值,但数字越大,温度越低,压缩机运行越长,耗电量越大。旋钮的终端位置为"不停",则表示压缩机将持续运转,以满足电冰箱内物品的急冻需要。一般温度控制器旋钮调节在数字盘的中间位置即可。

当蒸发器上结霜较厚时,应及时除霜。如果冰箱无除霜装置,则可拔下电源插头,让箱温回升将霜融化掉。如果冰箱为半自动除霜,按下除霜按钮,则压缩机停车当化霜完毕后,再自动开机;如果冰箱为自动除霜,则无须人工操作。

电冰箱在使用中如要临时停用,至少要等 5 min 后才能重新接通电源。如果停机后立即启动使用,则将有可能会造成因启动负载过大而使压缩机的电动机损坏。

3. 食品的储存

箱内储存食品不宜过多,食物之间要留有一定的空隙,以利于电冰箱内冷空气对流,使冰箱内温度均匀。对有异味的食品,应用塑料袋封好后再放进冰箱内,以防食品异味扩散,相互吸附而造成"串味"。

热的食物应冷却到室温后再放到电冰箱内,以免增加冰箱的负荷。不要把未加盖或潮湿的食物立即放入冰箱内,以免增加冰箱内的湿度而使结霜增加。

电冰箱冷藏室的温度分布规律是:上部最低,向下依次升高。要按照食物对冷藏温度的不同要求,将其放在不同的部位。玻璃瓶饮料应放在电冰箱门的格架上,不宜放在冷冻室内,否则饮料会冻结,瓶体会冻裂。

制冰时,应先将冰盒洗净,再注入冰盒容积 4/5 容量的凉开水,擦干冰盒底部,然后放入冷冻室,以防止冰盒与冷冻室底部冻结在一起。

食物宜集中存取,尽量减少电冰箱开门次数,开门时间要尽可能短,以节省电能。

三、电冰箱的养护

1. 电冰箱的清洗

当电冰箱使用一段时间后，要定期进行清洗，最好每月清洗一次。清洗前要拔掉电源插头；清洗时要用软布蘸着温水或中性洗涤液清洗，不可使用硬刷，也不可使用汽油、酒精等。

2. 电冰箱冷凝器和压缩机的保养

冷凝器和压缩机使用时间较长时会积满灰尘，造成散热不良而降低制冷效率，所以要定期清扫。

3. 电冰箱门的保养

电冰箱门的格架上不要存放过多的物品，重物要尽可能靠近箱门铰链处存放，以防箱门下垂；磁性门封易吸附脏物，应经常保持其清洁。

4. 电冰箱的搬移

移动电冰箱时，不要随意提拉或扳动冷凝器管道，以免焊接处发生裂纹而造成制冷剂泄漏。冰箱在搬运时倾斜角度不得大于45°。

5. 电冰箱外观的保养

电冰箱箱体的外壳要保持干燥。在潮湿季节，相对湿度较大，若电冰箱外壳产生"出汗"现象，则应及时用软布擦干。

6. 电冰箱停用时的保养

电冰箱长期不用时，应将电冰箱内、外擦洗干净，并在密封条上涂上少许滑石粉，然后在干燥通风处存放。

四、电冰箱的调试

电冰箱制冷系统或电气控制系统维修后，应对其主要性能及安全性能进行检测，以检验维修质量是否符合要求。

1. 测试基本条件

检测环境应符合规范的要求，温度应符合气候条件类型，相对湿度为45%~75%，空气流速不大于0.25 m/s，冷凝器距墙的距离大于100 mm，在上述条件下进行以下项目的检测。

2. 启动性能和运转电流的检测

1）启动性能的检测。人工操作开机和停机3次，每次开机3~5 min，停机5 min，要求每次启动应正常。

2）测量运转电流应稳定，且不应超过额定值（铭牌上标注值）。

3. 压缩机温升和绝缘性能检测

测量电源线与压缩机外壳的绝缘电阻，其阻值应大于2 MΩ；开机后用手背触及压缩机机壳，应无漏电感；当压缩机连续运转4 h后，其温升应不超过120℃。

4. 电冰箱降温和保温性能的检测

1）首先将温度控制器调节钮放在中间位置，使冷冻室从32℃降到-5℃、冷藏室从32℃降到10℃时，压缩机运转时间不应超过2 h；压缩机运行30 min后冷冻室四壁应结霜，且手指蘸水后，接触冷冻室四壁应有冻粘感觉。

2）将冰盒内装入冷冻有效容积5%的水，应在2～3 h内结成实冰。

3）在环境温度为32℃、相对湿度为70%～80%、电冰箱稳定运转的条件下，其表面不应出现凝露现象。

4）降温能力应满足原电冰箱星级所对应的温度要求。

5. 回气温度的检测

电冰箱开机和停机稳定后，在开、停机时，吸气管不应结霜，应无制冷剂蒸气流入压缩机。

6. 泄漏性能检测

各焊接点不应有任何泄漏现象（检查方法在前面已讲述）。

7. 振动噪声检测

电冰箱在运转状态下，其振幅应小于0.05，噪声应控制在40 dB以下。

注意：在测量电冰箱噪声时，其位置应在距电冰箱正面1m、距地面垂直高度1m处进行检测；首先应进行电气性能的检测，之后再进行其他方面性能的检测。当环境温度和测试条件无法满足要求时，可将当时的环境温度测试结果作为参考，并结合经验进行综合考察，从而对电冰箱的性能进行分析评价。

【拓展知识】

近年来国内外研究出许多新型家用电冰箱，其特点主要表现为以下几点：

1）对环境的污染小，采用R134a制冷剂替代R12传统制冷剂；

2）大容量，其有效容积可达400L；

3）多门或多抽屉式，其最多可有4门，抽屉式电冰箱应用方便且结构合理；

4）功能完善，新型电冰箱的功能包括无霜保湿、冰温保鲜、除臭、搁架可调、超温报警和深冷速冻等功能；

5）超智能化控制及先进的模糊控制。

一、采用模糊技术控制的电冰箱

采用模糊技术控制的电冰箱具有电子或电脑温度控制、智能除霜及故障自诊断等功能，同时还具有控制精度高、性能可靠、省电等优点，是电冰箱发展的主要方向。以通用单片机加模糊控制软件的方法可方便地开发模糊控制装置，即将用于模糊推理的程序写入单片机构成控制器，利用传感器及检测装置检测各种数据，送入控制器，经模糊推理输出控制信号，通过驱动电路控制各部件工作，其控制电路框图如图3－11所示。

该系统采用高性能的8位87C552单片机为控制器，传感器采用热敏电阻，主要有冷冻室、冷藏室、冰温室及环境温度等传感器。门状态检测电路采用多个状态开关共用一根输入线，通过输入线状态变化和箱内温度变化来确定是冷冻室门打开还是冷藏室门打开；显示电路由LED显示和数码两部分组成。LED显示电冰箱运行状态，数码显示则为维修人员全面检查电冰箱故障提供了有力的手段。

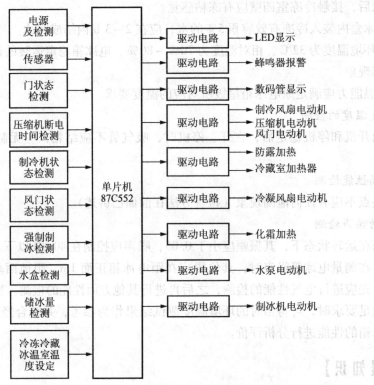

图 3-11 模糊控制系统控制电路框图

二、新型电冰箱介绍

1. 智能化电冰箱

该电冰箱采用神经元模糊技术进行控制,控制系统可以模拟人的思维方式进行宏观判断和决策;同时,在工作过程中还能像人一样去总结经验、探索规律、调节自身,即具有学习、记忆和寻优能力。具体功能的特点如下:

(1) 学习、记忆和寻优

神经元模糊控制器在电冰箱使用过程中,可不断学习和记忆用户的调节要求、环境温度及使用情况,然后自动地通过专家系统选择最佳控制方案,以适应用户的需要,保证电冰箱处于最佳的运转状态,使其内部食品的储存质量最高。

(2) 预制冷

在电冰箱中频繁取用食品会造成箱内温度产生较大的波动,将影响箱内食品的储存质量。神经元模糊控制器在学习和记忆了用户的这一习惯后,会自动地总结规律,控制电冰箱在使用频度最高的时间之前预先制冷,以减少开门频繁对食品的影响。

(3) 最佳化霜时间控制

为减少电冰箱化霜过程温度回升对食品的影响,神经元模糊控制器会依据学习和记忆获得的"知识",自动地选择在用户开门最少的时间段内(睡眠时)进行化霜。

(4) 高湿冰温

电冰箱的滑动式冰温室是一个高湿度的冰温室,其湿度由吸湿透湿板进行调节,而温度为 -2℃ ~2℃。不希望冻结的新鲜食品在低温高湿环境中不用保鲜袋便可保存相当长时间而不变色变味。

(5) 低湿鲜冻

滑动式冰温室设有控制机构,可对已冻结的食品进行解冻。在低温环境解冻,食品的细胞结构不会被破坏,细菌也不易侵入。

(6) 其他功能

速冷、自动除臭、弱运转、低声运转和门报警。

2. 新1、2、0控制电路介绍

新1、2、0制冷系统实际上是双门直冷式双温双控制制冷系统(见图3-12),其中,"1"是指一台压缩机,"2"是指两只蒸发器,"0"是指冷藏室内无霜。这种系统有两个温度控制器分别控制冷冻室和冷藏室温度。冷藏室温度控制器根据冷藏室温度变化来控制电磁阀。如当冷藏室蒸发器温度升到3.5℃时,冷藏室温度控制器使电磁阀通电而开启,制冷剂流入冷藏室蒸发器,继而进入冷冻室蒸发器,冷藏室产生制冷作用。当冷藏室温度达到设定值时,冷藏室温度控制器使电磁阀断电而关闭,制冷剂停止流入冷藏室蒸发器,而直接进入冷冻室蒸发器。冷冻室温度控制器根据冷冻要求来控制压缩机的开与停。

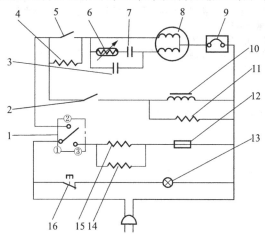

图3-12 新1、2、0电冰箱控制电路

1—除霜开关;2—冷藏室温度控制器;3—运行电容器;4—FCS加热器;5—冷冻室温度控制器;
6—PTC启动器;7—启动电容器;8—电动机;9—过载保护器;10—电磁阀;11—RP加热器;
12—过温保护器;13—照明灯;14—DS加热器;15—D加热器;16—灯开关

如图3-12所示中FCS加热器为冷冻室低温补偿加热器,它装在冷冻室温度控制器感温管的前部,在压缩机停机时工作。当环境温度较低时,压缩机难以启动运转,此时加热器将温度控制器前部微微加热,使压缩机能正常启动,保持冷冻室内温度恒定。

RP加热器是为防止冰冻所设的加热器,它设置在冷藏室蒸发器出口和冷冻室蒸发器进口间的连接管上。该连接管被微微加热而形成局部热区,使可能产生的结冰被融化,从而减少故障。DS加热器是冷冻室除霜加热器,它安装在冷冻室内壁上,并靠近冷冻室温度控制器感温管,除霜的同时保证除霜完毕后冷冻室温度控制器能处于接通状态。D加热器为冷藏室低温补偿加热器,安装于冷藏室内壁且靠近冷藏室温度控制器感温管部位,同样保证冷藏室温度控制在除霜完毕后可接通电磁阀,使制冷剂流入冷藏室蒸发器。

任务2 电冰箱制冷剂的充注

学习任务单

学习领域	制冷设备安装调试与维修	
项目3	电冰箱的使用与维修	学时
学习任务2	电冰箱制冷剂的充注	4
学习目标	**1. 知识目标** (1) 了解电冰箱抽真空的目的； (2) 掌握电冰箱低压单侧抽真空的操作； (3) 掌握电冰箱高、低压双侧抽真空的操作； (4) 掌握电冰箱自身抽真空的操作和制冷剂充注的操作。 **2. 能力目标** (1) 能够运用维修工具进行电冰箱维修；能对制冷系统是否抽真空或充氟做出判断； (2) 能读懂冰箱制冷系统工作原理图；能完成电冰箱抽真空与充注制冷剂的操作流程。 **3. 素质目标** (1) 培养学生熟练操作工具的能力； (2) 培养学生在制冷系统维修过程中对系统故障进行独立思考的能力； (3) 培养学生将所学专业知识转化成实际工作的能力	
一、任务描述 根据用户的不同要求对电冰箱进行制冷系统抽真空和充注制冷剂，对用户电冰箱的系统故障做出正确指导。 二、任务实施 (1) 电冰箱低压单侧抽真空； (2) 电冰箱高、低压双侧抽真空； (3) 电冰箱自身抽真空的操作和制冷剂充注的操作。 三、相关资源 (1) 教材； (2) 教学课件； (3) 图片； (4) 电冰箱一台； (5) 真空泵； (6) 复合修理阀； (7) 压力表； (8) 水杯； (9) 氮气瓶； (10) 尼龙管。 四、教学要求 (1) 认真进行课前预习，充分利用教学资源； (2) 充分发挥团队合作精神，正确完成工作任务； (3) 团队之间相互学习、相互借鉴，提高学习效率		

【背景知识】

电冰箱制冷系统通常情况下包括压缩机（机械部分）、冷凝器、蒸发器、毛细管（节流装置）和干燥过滤器等部件。

一、电冰箱制冷系统

1. 蒸气压缩式电冰箱制冷系统

压缩式制冷循环。

图3-13所示为蒸气压缩式电冰箱制冷系统,其由压缩机、冷凝器、干燥过滤器、毛细管和蒸发器等部件组成。

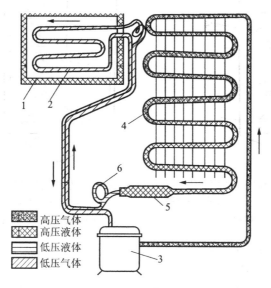

图3-13 蒸气压缩式电冰箱制冷系统
1—绝热箱体;2—蒸发器;3—压缩机;4—冷凝器;5—干燥过滤器;6—毛细管

工作原理:制冷压缩机吸入来自蒸发器的低温低压制冷剂气体,经压缩后成为高温高压的过热蒸气,排入冷凝器中并向周围的空气散热而成为高压过冷液体。高压过冷液体经干燥过滤器流入毛细管节流降压后,成为低温低压湿蒸气状态。进入蒸发器中使之气化并吸收周围被冷却物品的热量,从而将温度降低到所需值。气化后的制冷剂气体又被压缩机吸入,至此,完成一个制冷循环。压缩制冷循环周而复始地进行,保证了制冷过程的连续性。该系统的制冷循环是通过压缩机对低压制冷剂气进行压缩而实现的,因此,称其为蒸气压缩式制冷系统。实用电冰箱常将毛细管和低压回气管缠绕在一起,构成一个比较理想的热交换器,使得流过毛细管的制冷剂液体进一步降温,以提高制冷效果和改善压缩机的运行状态。

2. 直冷式电冰箱制冷系统

(1)单门直冷式电冰箱制冷系统

单门电冰箱制冷系统如图3-14所示,其由一个蒸发器围成小冷冻室,位于间室的上部,用以存储少量冷冻食品;冷藏室位于间室的下部,容积相对较大,其内温度完全依靠蒸发器周围的空气自然对流来达到冷却。当压缩机运转制冷时,制冷剂经冷凝器→干燥过滤器→毛细管→蒸发器→被压缩机吸回即完成一个单回路制冷循环。

还有一些单门直冷式电冰箱在制冷系统中利用冷凝器的一部分热管对门框周边加热,使之不结露;或在其管路系统中增加除霜水加热器(副冷凝器),如图3-15所示。当压缩机运转时,制冷剂经副冷凝器(除霜水加热器)→主冷凝器→箱门除露管→干燥过滤器→毛细管→蒸发器→被压缩机吸回。

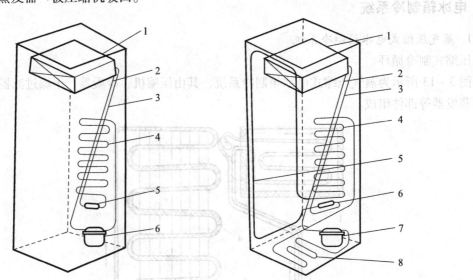

图 3-14 单门直冷式电冰箱制冷系统
1—蒸发器；2—回气管；3—毛细管；4—冷凝器；
5—干燥过滤器；6—压缩机

图 3-15 有防露加热管的单门直冷式电冰箱制冷系统
1—蒸发器；2—回气管；3—毛细管；4—冷凝器；5—防霜管；
6—干燥过滤器；7—压缩机；8—蒸发皿加热器

（2）双门直冷式电冰箱制冷系统

1）双门直冷式双温单控制冷系统。

双门直冷式双温单控制冷系统结构如图 3-16 所示。该系统在冷冻室和冷藏室中各设一个独立的蒸发器，两个蒸发器在制冷系统中是串联的。通过设在箱门框的防霜管用以对门框四周加热使之不结露，并设置了除霜水加热器。

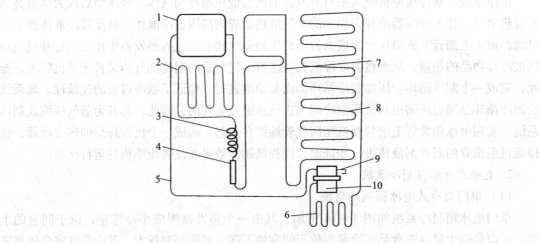

图 3-16 双门直冷式双温单控制冷系统
1—冷冻室蒸发器；2—冷藏室蒸发器；3—毛细管；4—干燥过滤器；5—低压吸气管；6—除霜水加热器；
7—防霜管；8—冷凝器；9—抽真空充注制冷剂管；10—压缩机

目前国内比较流行的冷冻室下置抽屉式电冰箱的制冷系统如图 3-17 所示。冷冻室采用搁架式蒸发器，生、熟或不同食品储存在不同抽屉中，相互不串味，冷冻室温度比较均匀，制冷速度快,结霜量较少,而且存取食品互不影响,既提高了食品的储存质量,又降低了能耗。

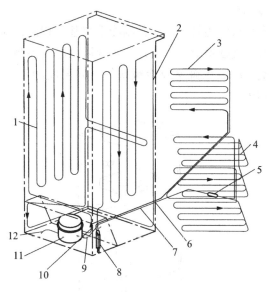

图 3-17 双门直冷抽屉式电冰箱制冷系统

1,2—冷凝管;3—冷藏室蒸发器;4—冷冻室蒸发器;5—储液器;6—吸回管;7—毛细管;
8—干燥过滤器;9—压缩机吸气管;10—压缩机排气管;11—压缩机;12—工艺管

2) 双门直冷式双温双控制冷系统。

该系统有两个温控器,分别控制冷冻室和冷藏室的温度。冷藏室温控器是根据冷藏室温度变化来控制电磁切换阀的,如图 3-18 所示。该电冰箱的制冷工作原理如下:

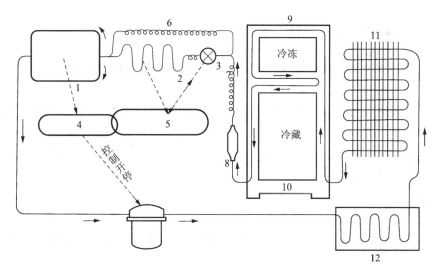

图 3-18 双门直冷式双温双控制冷系统

1—冷冻室蒸发器;2—冷藏室蒸发器;3—电磁阀;4—冷冻室温控器;5—冷藏室温控器;6—第二毛细管;
7—第一毛细管;8—干燥器;9—防霜管;10—箱体;11—冷凝器;12—蒸发器

**第一制冷回路:压缩机→冷凝器→第一毛细管→电磁阀→冷藏室蒸发器→冷冻室蒸发

器→压缩机；

第二制冷回路；压缩机→冷凝器→第一毛细管→第二毛细管→冷冻室蒸发器→压缩机。

3. 间冷式电冰箱制冷系统

间冷式电冰箱，不管是双门还是多门，其制冷系统基本相同，即采用一个翅片管式蒸发器，通过循环风扇使箱内空气强迫对流，通过风道及风门温度控制器对冷气进行合理分配和调节控制，以满足冷冻室、冰温保鲜室及冷藏室等不同温度的要求。各间室的温度均可调节，其制冷系统如图 3-19 所示。

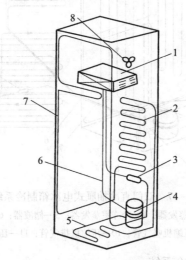

图 3-19 间冷式电冰箱制冷系统
1—蒸发器；2—冷凝器；3—干燥过滤器；4—压缩机；5—蒸发皿加热器；
6—防霜管；7—回气管；8—风扇

二、制冷系统检修及操作

制冷系统的检修主要包括制冷系统检漏、为系统充注制冷剂和电冰箱的开背修理等。

1. 制冷系统检漏

电冰箱制冷系统的泄漏是一种常见故障，只有正确的选择检漏方法和检漏工具才能准确地判断泄漏位置，并有效地对其进行修补。所谓泄漏是指电冰箱制冷系统（或其他制冷系统）内制冷剂减少，而使电冰箱的制冷能力下降甚至于失去制冷能力的现象。根据漏孔尺寸大小，泄漏有三种表现形式：

（1）大漏孔现象

这种漏孔的具体表现是：制冷剂泄漏量较多，其现象是压缩机运转不停，制冷效果明显变差，冷凝器不热或少部分微热；蒸发器大部分不凉；运转电流低于额定电流，并且运转噪声较低。

（2）小漏孔现象

当漏孔较小时，其制冷性能无明显变化，使用者在短时间内不易发现。其表现形式为制冷工作时间过长，停机时间较短，冷凝器的中部无温热感，蒸发器后半部分无结霜，吸气管不凉。随着时间的推移，泄漏量会越来越大，最后会出现大孔泄漏时的现象。

项目3　电冰箱的使用与维修

（3）微小漏孔现象

所谓微小性漏孔是指肉眼所不能观察到的漏孔。此时的泄漏仅为制冷剂分子穿过管壁向外渗漏或通过螺纹连接部分向外渗漏。这种渗漏现象在电冰箱中较为常见，一般电冰箱使用时间较长时可出现此种泄漏现象。这种现象不必检修，只需重新充注制冷剂即可。

通过上述分析可知，在对制冷系统进行维修时，应根据电冰箱制冷性能的变化，初步判断制冷系统是否有泄漏。一般来讲，压缩机长时间运转不停机并无制冷现象，基本可肯定是制冷剂泄漏；如果只是压缩机运转时间过长、停机时间短、制冷效率低，则应综合分析各种因素，比如热负荷是否过大、冷凝器积垢是否过多等，最终做出准确的判断。

制冷系统检漏的方法很多，一般应遵循由简单到复杂的检修原则进行。

（1）系统外漏的检查

首先用目测方法检查暴露在外的制冷系统的管路。应重点检查焊口处、管路弯曲部位以及外露易碰的地方是否有折纹、开裂、微孔和油污等。重点观察可疑点处是否有残存的油渍，因为氟利昂与冷冻油可相互溶解，而这两种制冷剂的渗透性又很强。因此，即使管道有微小的漏孔也会有油渍出现。若油渍不明显，则可用一张白纸或白布轻轻按压在可疑点处，然后将其取下观察；若油渍明显，则说明该点确有渗孔。目测检查毕竟有限，而要准确无误地将漏点查出，则应借助其他辅助工具配合进行操作。

1）肥皂水检漏。此方法简单易行，适用于制冷系统内的制冷剂没有完全泄漏的情况。具体方法是：用刀片切削肥皂，使之成为卷曲的薄片状，放在温水中浸泡，待其溶化成肥皂液后，用毛刷涂抹在管路有可能泄漏的地方，若有气泡出现，则说明该处是泄漏点。根据气泡的大小可判断泄漏程度。

2）卤素灯检漏。首先把调节手轮紧固，然后将灯头倒置，旋下座盘后，将纯度为99.5%的无水酒精倒入燃料筒内，旋紧底座盘直立放于平坦处，右旋调节手轮，关紧阀芯，然后向黄铜烧杯中注入酒精，将其点燃以加热灯体和喷嘴。加热后即可调节手轮，使阀芯开启。此时燃料筒内酒精受热气化，从吸风罩内灯头的小孔喷出燃烧，并调节手轮以控制其燃烧程度，然后使吸气软管沿被测管路慢慢移动。若无泄漏，则火焰呈淡蓝色；若有泄漏，则火焰为绿色或紫色。根据火焰颜色的变化可判断出泄漏量的多少。该种检漏方法不适宜电冰箱或房间空调器的检漏，只适用于大、中型制冷设备的检漏。

卤素灯价格便宜，其检漏方法操作简单，但准确性差，其主要原因是容易受周围气体的影响，如果空气中含有制冷剂蒸气则很容易造成误判断。

3）电子检漏仪检漏。将仪器探头沿被测管路慢慢移动，如遇有泄漏点，则仪器会发出警报。探头移动速度应为50 mm/s左右；探头距被测管路的距离应为3~5 mm。由于该仪器的灵敏度很高，故检漏时室内必须通风良好，不能在有卤素物质或其他烟雾污染的环境中使用。

（2）系统内漏的检查

所谓内漏，一般是指电冰箱蒸发器出现漏孔而使制冷剂泄漏的现象。由于蒸发器在电冰箱内部，故不易用目测的方法直接检查泄漏，一般应采用压力检漏法或抽真空检漏法。

1）压力检漏是在制冷系统内充注一定压力的干燥纯净氮气，然后观察压力表变化情况，根据其具体变化，判断制冷系统的泄漏情况。具体步骤如下：

①割开压缩机修理管，焊接带处有真空压力表的修理阀，将阀关闭。

②将氮气瓶的高压输气管与修理阀的进气口虚接（连接螺母松接）。

③打开氮气瓶阀门,调整减压阀手柄,待听到氮气输气管与修理阀进气口虚接处有氮气排出的声音时,迅速拧紧虚接螺母。这一步骤是将氮气输气管内的空气排出。

④打开修理阀,使氮气充入系统内,然后调整减压阀,当压力达到 0.8 MPa 时,关闭氮气瓶和修理阀阀门。

⑤用肥皂水对露在外面制冷系统上所有的焊口和管路进行检漏,同时也要对压缩机焊缝进行检漏,并观察修理阀压力表的变化。

⑥如上述检查完成后无漏孔出现,则可对系统进行 24 h 保压试漏。保压后,若压力无下降变化,则说明系统没有泄漏点;如果压力有下降,则说明系统有漏点。为了确定具体位置,需采取分段检漏逐步排除的方法进行操作。

a. 检测高压段,将压缩机高压排气管切开,在冷凝器的进气端焊接上修理阀,然后将干燥过滤器出口端的毛细管剪断并焊死,接着采用压力检漏的方法,向冷凝器内充注 1 MPa 的高压氮气,用肥皂水对冷凝器进行检漏。对内藏式冷凝器可暂时不剖开保温层,待确定有泄漏点后再进一步维修。

b. 检测低压段,将压缩机的低压回气管切开,焊接修理阀,然后将毛细管切断并封死,从修理阀的进气口充入 0.8 MPa 的氮气,观察压力表指针的变化,同时,用肥皂水对蒸发器进行检漏,特别是对那些因酸、碱腐蚀而产生的斑点应仔细检查。

c. 检测压缩机,首先将高、低压气管切开,然后再封死。从修理管充入高压氮气,同样用肥皂水或将压缩机浸入水中进行检漏。一般压缩机泄漏的可疑点是焊缝和接线端子,采用压力检漏的基本操作工艺如图 3-20 所示。

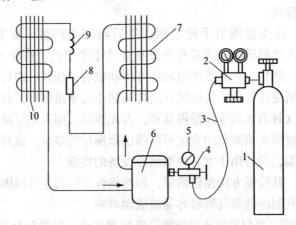

图 3-20 压力检漏示意图

1—氮气瓶;2—减压器;3—输气管;4—修理阀;5—压力表;6—压缩机;7—冷凝器;
8—干燥过滤器;9—毛细管;10—蒸发器

在无氮气的情况下,可采用制冷剂蒸气代替,进行压力检漏操作,但绝不允许用高压氧气进行压力检漏的操作,以免造成燃爆事故;也不允许采用高压空气进行检漏,因空气中存有水蒸气,它会在系统中残留并和制冷剂相溶,最终形成冰堵。若确实无高压氮气,则用高压空气进行检漏,但必须进行干燥处理,并且在充注制冷剂之前进行严格的抽真空操作,确保系统内无凝结性气体。

2)抽真空检漏是用真空泵对制冷系统抽真空,随着制冷系统真空度的下降,真空泵发出的排气声也会随之降低。根据这一原理可判断管路是否有漏点,即当抽真空一段时间后其排气声若无明显降低,则说明系统内有漏点而使空气渗入。一般抽真空时连接管路中要串接一个真空压力表。当系统被抽真空至负压以下时,关闭真空压力表阀,保持真空度 12 h,同时观察真空压力表指针的上升情况,若上升到 0 MPa,则说明系统有泄漏之处,然后再用压力检漏的方法继续查找泄漏点。

2. 制冷系统抽真空操作

当漏点确定以后,一般要经过补粘或焊补的方法来处理,之后还要用压力实验检漏,确认无泄漏后方可进行抽真空操作。

在充注制冷剂之前,也必须进行抽真空处理。如处理不彻底,则有可能在系统中形成冰堵。抽真空的操作方法如下:

(1) 低压侧抽真空

首先将系统内的制冷剂放掉,然后进行管路连接,即在压缩机的维修管上焊接修理阀(带真空压力表),并将其与真空泵的抽气口用一根耐压软管相连接,如图 3-21 所示。具体操作是:先关闭修理阀的开关,再启动真空泵,同时缓慢打开修理阀的开关开始抽真空。持续 30 min 后关闭修理阀,观察压力表的变化,若压力有回升,则说明系统有渗漏,须处理后再重新进行抽真空的操作;若压力无变化,则可继续抽真空 1~2 h,直至表压为 -0.1 MPa 并且压力长时间无变化为止。在停止抽真空之前应先关闭三通修理阀,然后再切断真空泵电源,到此抽真空完毕。

低压侧抽真空在电冰箱的维修中普遍被采用,适用于补充制冷剂之前的抽真空操作。其特点是工艺简单,操作方便;但高压侧的气体受毛细管流阻的影响,使高压侧的真空度低于低压侧,因此,整个系统的真空度达到要求的压力所需时间较长。

(2) 双侧抽真空

所谓双侧抽真空就是在高、低压侧同时进行抽真空操作,主要是为了克服低压侧抽真空对高压侧真空度的影响,其管道的连接如图 3-22 所示。在双尾干燥过滤器的工艺管上焊接带有真空压力表的修理阀,让其与压缩机壳上的工艺管并连在同一台真空泵上,同时进行抽真空,当表压降至 -0.1 MPa 时,先用封口钳将干燥过滤器上的工艺管封死,再关闭修理阀,然后继续抽真空,30~60 min 后,即可结束抽真空操作。双侧抽真空缩短了操作时间且提高了系统的真空度,但焊点增多,工艺要求高,操作也比较复杂。

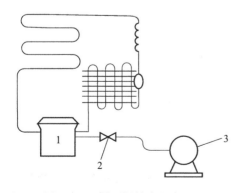

图 3-21 低压侧抽真空
1—压缩机;2—修理阀;3—真空泵

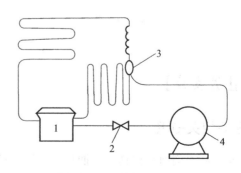

图 3-22 双侧抽真空
1—压缩机;2—修理阀;3—干燥过滤器;4—真空泵

(3) 二次抽真空

二次抽真空基本原理是将制冷系统抽真空到一定程度后，再充入少量的制冷剂，使系统内的压力恢复到大气压力，这时系统内气体已成为制冷剂与空气的混合气。而第二次抽真空的目的是减少残留空气。具体操作方法是：采用低压单侧抽真空的连接方法，对系统进行第一次抽真空，使其保持一定真空度后，拧下真空泵抽气口上的胶管管帽，接在制冷剂钢瓶的阀口上，如果使用三通修理阀，则可先关闭抽真空的手轮，再打开充注制冷剂手轮，使制冷剂充入系统中，然后启动压缩机运转数分钟，使充入的制冷剂把残存在高压侧的空气挤入蒸发器中，同时也降低了空气在系统中的比例，此时可启动真空泵进行第二次抽真空，其时间为 30 min 以上。该方法可使系统获得更高的真空度。

(4) 压缩机自身抽真空

当没有真空泵时，为应急可采用该方法进行抽真空操作。其基本原理是：利用压缩机自身运转，吸收制冷系统中的气体，然后再压缩排到外界，如图 3-23 所示。将压缩机高压排气管与冷凝器隔开，并在排气管上接一根橡胶软管，使其与水杯 9 相连，把冷凝器入口端再套上一根橡胶管（封口用）。关闭修理阀，启动压缩机，则系统内的气体从排气管中便被排出。刚被排出的气体在水杯中会冲出水泡，但随着压缩机运转时间加长，系统内的气体会逐渐减少，当水杯中无气泡时，把制冷剂钢瓶与修理阀连接起立，再微开修理阀，向制冷系统内充入少量制冷剂。当水杯中又一次出现气泡时，可封闭排气口软管，同时停止压缩机的运行。全部打开制冷剂钢瓶和修理阀门，继续向系统内充注制冷剂，观察冷凝器管口橡胶管的变化，若开始慢慢膨胀，则应立即停止充气，随即迅速拆下冷凝器和压缩机管口上的橡胶管，并立刻将其焊接好。

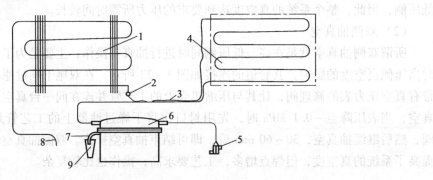

图 3-23　压缩机的自身抽真空

1—冷凝器；2—干燥过滤器；3—毛细管；4—蒸发器；5—修理阀；6—压缩机；
7—排气管；8—橡胶管；9—水杯

【任务实施】

一、任务相关知识

在充注制冷剂前需抽真空。抽真空一般有两个目的：其一是对制冷系统进行检漏；其二是在充注制冷剂之前，对系统内部进行清理，以防水气或其他污物混入制冷剂。在电冰箱制冷系统抽真空的操作中，一般采用的是真空泵。

二、任务实施步骤

1. 低压单侧抽真空的操作

1）检查并确定制冷系统内的制冷剂基本排空。

2）在压缩机的维修工艺管上焊接带有真空表的修理阀。

3）用一根胶管将真空泵的抽气口与带有真空压力表的修理阀连接起来，如图3-24所示。

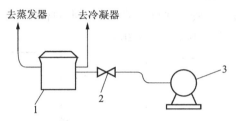

图3-24　低压单侧抽真空示意图
1—压缩机；2—修理阀；3—真空泵

4）关闭修理阀开关，启动真空泵，然后再缓慢打开修理阀的开关进行抽真空。

5）30 min后，关闭修理阀，并观察真空压力表指针变化。若压力回升，则说明系统有渗漏；若压力无回升，则表明系统无渗漏。此时可继续抽真空使系统内压力为 -0.1 MPa，并保持该压力 1~2 h 不变。

6）关闭修理阀开关，然后再切断真空泵电源。

2. 高低压双侧抽真空的操作

1）检查并确定制冷系统内的制冷剂基本排空。

2）在压缩机的维修工艺管上焊接带有真空表的修理阀。

3）在双尾干燥过滤器的工艺管上焊接带有真空压力表的修理阀。

4）用软管将压缩机、干燥过滤器修理阀与真空泵并联在一起，其连接方法如图3-25所示。

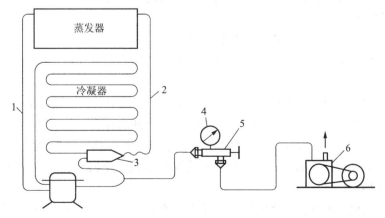

图3-25　高低压双侧抽真空
1—回气管；2—毛细管；3—过滤器；4—压力表；5—修理阀；6—真空泵

5) 启动真空泵，同时进行抽真空操作，使表压降至 -0.1 MPa。

6) 用封口钳将干燥过滤器上的工艺管封死后，关闭修理阀，继续抽真空 30~60 min。

7) 关闭修理阀开关，然后再切断真空泵电源。

3. 自身抽真空的操作

1) 检查并确定制冷系统内的制冷剂基本排空。

2) 在压缩机的维修工艺管上焊接修理阀。

3) 用钢锯将压缩机高压排气管与冷凝器割开分离。

4) 在高压管上套一段软橡胶管并将其伸进装有水的杯子中，把冷凝器入口端套一封口的软橡胶管，关闭修理阀，其连接如图 3-26 所示。

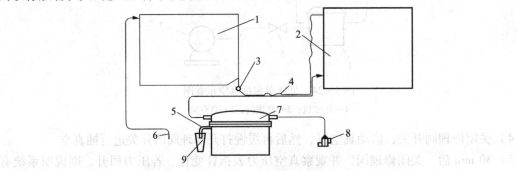

图 3-26 压缩机自身抽真空
1—冷凝器；2—蒸发器；3—干燥过滤器；4—毛细管；5—排气管；
6—橡胶管；7—压缩机；8—修理阀；9—水杯

5) 启动压缩机，水杯中开始出现气泡，压缩机继续工作直至水杯中无气泡为止。

6) 将制冷剂钢瓶与修理阀连接起来，微开修理阀，向制冷系统内充注少量制冷剂。当水杯中再次出现气泡时马上封闭排气口软管，同时使压缩机停止运行。

7) 打开制冷剂钢瓶和修理阀门，继续充注制冷剂，直到冷凝器管口橡胶管开始膨胀，此时立即停止充气。

8) 迅速拆下橡胶软管，并马上将冷凝器与压缩机焊接成一体。

4. 制冷剂的充注

1) 对制冷系统进行抽真空操作（操作方法前面已叙述）。

2) 根据电冰箱制冷剂的需求量，用计量加液器从制冷剂钢瓶取出所需的制冷剂量（取出方法前已叙述）。

3) 将加液阀接头上的输液胶管接到制冷系统的工艺管上，其连接方法如图 3-27 所示。

4) 如图 3-27 所示，根据当时的环境温度、制冷剂的种类，将转动标尺上对应的刻线旋转到与液面计相应的位置，这时液面所对应的刻度即该制冷剂在此温度下的容重。

5) 打开阀 4 进行制冷剂的充注，同时观察加液器液面下降的刻度（注入量），达到规定量以后，立即关闭阀 4。

6) 启动压缩机并观察制冷系统的压力是否正常，如正常则充注完毕，否则还应调整充注量。

7) 在压缩机工作状态下，对工艺管进行分离操作。首先在工艺管尾端用封口钳将其夹扁剪断向下弯曲，然后将断口焊接封死。

项目3 电冰箱的使用与维修

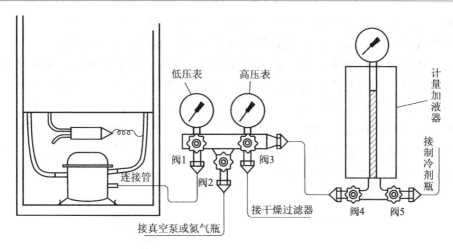

图 3-27 电冰箱制冷剂计量充注的连接

三、制冷剂充注操作技能

家用电冰箱一般采用"气体充注法",以避免造成"液击"事故的发生。操作顺序及方法如下:

1. 连接阀门

切开工艺管,将系统内残存的制冷剂气体从工艺管中放出。如系统内仍有较高压力的制冷剂,则割管放气要缓慢小心,以防止工艺管突然断裂,造成制冷剂猛然喷出,使过多的冷冻油被夹带而出或被制冷剂将手冻伤。待制冷系统内制冷剂全部放净后,在工艺管断口处焊接上一段直径为 3~6 mm 的铜管,铜管的另一端制成喇叭口状并套入螺母(称纳子),将螺母拧在修理阀的接口上;如果使用三通组合阀与工艺管口连接,则可在工艺管上焊接带有螺母的铜管,并通过连接软管与三通组合阀上的中间接口相连,其余两个接口分别连接真空泵和制冷剂钢瓶,如图 3-28 所示。

2. 系统抽真空

将检修阀接好后,为使制冷系统形成一个干燥的真空状态,应对其进行抽真空操作。用修理阀抽真空时,先用软管把修理阀与真空泵连接起来,将修理阀关闭,开启真空泵,然后再打开修理阀,开始抽真空,在这一过程中应观察压力表指针的变化。采用三通组合阀抽真空时(见图 3-28),关闭阀1和阀4,开启真空泵,再打开阀4,观察组合阀上真空表的指针变化。当表针指示 -0.1 MPa 时,需再持续一段时间,若表针无变化,则可关闭修理阀或组合阀,然后再关闭真空泵。

3. 排除连接管道内的空气

当采用修理阀操作时,可将与真空泵一端连接的软管旋下,然后与制冷剂钢瓶连接后,再把与修理阀接口连接的软管另一端螺母旋松,微微开启制冷剂钢瓶,使制冷剂蒸气从修理阀螺母处喷出,用气压将软管内的空气冲排出去,待手感到冷意时,迅速旋紧螺母,此时不要打开修理阀开关,同时也不要关闭制冷剂钢瓶阀门。

4. 充注制冷剂

缓缓打开修理阀三通组合阀的阀1,这时制冷剂会通过工艺管进入压缩机壳内,同时观察阀上的压力表,当阀被关闭而指针在 0.2~0.3 MPa 时,启动压缩机,此时可看到随着压缩机的运转,压力表上的指针在缓慢下降,说明充注进的制冷剂蒸气已被压缩机吸入,并已排至制冷循环中。观察几分钟后,若表压低于 0 MPa,则应打开修理阀或组合阀的阀门,继续充注制冷剂,同时用手触摸冷凝器感觉其温度的变化,并观察蒸发器的结霜情况及回气管的吸气温度。当关闭修理阀或组合阀,压力表的指示压力稳定在 0.06~0.08 MPa 时,则制冷剂的充注暂时结束。这时应将制冷剂钢瓶阀门关闭,待制冷系统运行一段时间后,根据冷凝器、蒸发器和回气管路的温度,再判断制冷剂的多少,最后调整出最佳的制冷剂充注量。

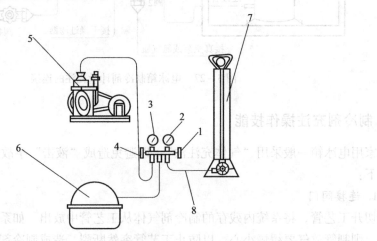

图 3-28 三通组合阀连接示意图
1,4—阀;2—压力表;3—真空表;5—真空泵;6—压缩机;
7—制冷剂钢瓶或加液器;8—连接软管

5. 工艺管的封离

当充注量确定后,用专用封口钳将工艺管夹扁两处,并将尾端一处用钢钳夹断,使之与修理阀分离。拆下修理阀后,将工艺管向下弯曲,用钎焊的方法把工艺管的末端焊成一个光滑的水滴状焊点,然后把其放入水中或用肥皂水检漏。初步确认无泄漏后可停止压缩机的运行,待制冷系统内高、低压平衡后,再检查一次焊珠是否有泄漏,若无泄漏,则可确定封离获得成功。

在充注制冷剂时,充注量的控制方法十分重要。一般电冰箱的铭牌上都标注有制冷剂的种类和注入量值。如 R12 的充注量应在 (100~200) g±5 g;R134a 的充注量应为 100 g 左右。所以应严格控制充注量,否则会引起压缩机损坏或制冷系统工作异常。常用充注制冷剂的控制方法有:

1) 低压充注法,它是电冰箱充注过程的计量方法,其原理是根据低压压力值控制制冷剂的多少,并参照其他参数而最终确定最佳充注量。

2) 称重充注法,此方法适用于大、中型制冷设备,由于电冰箱充注量小,加之该方法属于液体充注法,又有连接管等问题,使之称重不够准确,故一般很少使用。

3) 计量充注法,此方法属于液体充注法,利用带有刻度值的定量加液器,根据电冰箱铭牌上所规定的充注量,进行充注。具体步骤是:将加液器的充注阀与压缩机上修理阀用软管连接好，然后从加液器中放出微量制冷剂以排出软管中的空气，再旋紧螺母，此时可打开修理阀，制冷剂即进入系统中。充注过程中应密切观察加液器的液位变化量，达到所需充注量时，马上关闭加液器阀门，并用热毛巾加热充注管，其目的是使管内残留制冷剂全部进入系统中。

四、电冰箱开背修理技能

当电冰箱确认出现内漏时，为焊补其内部漏点，应先将电冰箱外壳打开，然后取出有漏点的制冷部件后再进行焊补。开背修理会给电冰箱的外观造成不同程度的损坏，并且使保温材料的性能降低。因此，在开背之前，必须正确判断故障点，充分了解所修冰箱内部管路的走向和接头焊点位置，以免做无用功。开背维修时应注意以下几点：

1）切开电冰箱后板所用工具最好是锋利的斧头。将斧头放在预先画好的轮廓线上，用小锤打击斧背面，这种操作既规则又可使外伤减小到最低限度。操作时以切开后板为准，切忌过深，以免对埋设在内部的导线、电热丝和制冷管路造成损伤。

2）开挖绝热材料时，也应注意保护夹在内部的导线和制冷管路。

3）对制冷管道漏点焊修时，必须注意箱体各部位的防护，可用湿毛巾、铁板等物遮挡，以免烧损箱体。

4）将故障修复后，必须经过压力检漏、抽真空、充注制冷剂及试运转，确认无误后，方可补发泡、安装后板及顶板。

5）恢复发泡绝热层。不能简单地将挖出的绝热泡沫回填，否则不能有效地防止空气进入保温层内而形成"冷桥"（空气中的水气会因绝热材料缝隙内部温度低而凝结成冷桥），严重破坏保温性能。正确的方法是：以 PUF 为发泡材料，采用现场发泡填满缺少部分。如果利用原绝热材料或聚苯板，则需要用万能胶与碎绝热材料的混合物填满缝隙，阻止湿空气进入内部，以满足绝热保温的要求。

6）修复后，电冰箱后板可使用厚 0.75 mm、尺寸大于切割范围 10 mm 左右的镀锌板代替原石板。铁皮重叠和钻口处用玻璃胶密封并用自攻螺钉连接固定。

注意：有些电冰箱的后板与顶板采用螺钉和箱体连接固定，此时应先将固定顶板的螺钉拆下，再拆下后板。挖开泄漏部位的泡沫，进行补漏、检漏、补泡，然后再装上后板，最后装顶板即可。

五、注意事项及要求

1）采用压缩机自身抽真空时，应提前将冷凝器和压缩机的焊口准备好，以确保充注制冷剂后保质保量地将其焊接。

2）采用压缩机自身抽真空是一种应急措施；在充注制冷剂时其压力要稍高于大气压力，封口时应在此压力下进行，所以要求焊接操作者技术要熟练。

3）采用压缩机自身抽真空时，要求室内通风良好，应尽量减少制冷剂与明火接触时产生的有毒气体对人身健康的危害。

【任务测试】

项目评价见表3-3。

表3-3 项目评价

工作台编号		操作时间	40	姓名		总分		
序号	考核项目	考核内容及要求		评分标准	配分	检测结果	互评	自评
1	职业技能	1. 遵守安全操作规程。 2. 阅读制冷维修工具使用说明书,做到规范操作。 3. 工作台现场整洁		酌情扣1~10分	20			
2	工艺流程	1. 选择工具合理。 2. 制冷剂抽真空及检漏。 3. 制冷剂充注		酌情扣1~20分	30			
3	运行	电冰箱能正常运行		酌情扣1~20分	30			
4	协作能力	同组间协作性、团结性			20			
5	备注							
小组成员						指导教师		

任务3 电冰箱蒸发器与冷凝器的维修

学习任务单

学习领域	制冷设备安装调试与维修	
项目3	电冰箱的使用与维修	学时
学习任务3	电冰箱蒸发器与冷凝器的维修	4
学习目标	**1. 知识目标** (1)了解电冰箱制冷系统工作原理; (2)掌握电冰箱蒸发器、冷凝器的修复与更换; (3)掌握电冰箱制冷管路漏点的修复; (4)掌握电冰箱开背修理的具体过程和注意事项。 **2. 能力目标** (1)能够运用维修工具进行电冰箱维修;能对制冷系统蒸发器故障做出正确判断; (2)能读懂电冰箱制冷系统工作原理图;能完成电冰箱蒸发器与冷凝器快速更换的操作流程。 **3. 素质目标** (1)培养学生熟练操作工具的能力; (2)培养学生在制冷系统维修过程中对系统故障进行独立思考的能力; (3)培养学生将所学专业知识转化成实际工作的能力	

续表

> **一、任务描述**
> 当电冰箱内部的管路或内藏式蒸发器、冷凝器出现泄漏时，需要对其进行修复或更换。在开背修理之前必须正确判断是否泄漏，同时充分了解所修电冰箱内部管路的走向和管路接头位置，避免开背后无法找到故障点引起误判断。
> **二、任务实施**
> （1）电冰箱开背的操作；
> （2）电冰箱蒸发器的更换；
> （3）电冰箱更换蒸发器的注意事项及要求。
> **三、相关资源**
> （1）教材；
> （2）教学课件；
> （3）图片；
> （4）电冰箱一台；
> （5）真空泵；
> （6）复合修理阀；
> （7）压力表；
> （8）水杯；
> （9）氮气瓶；
> （10）尼龙管。
> **四、教学要求**
> （1）认真进行课前预习，充分利用教学资源；
> （2）充分发挥团队合作精神，正确完成工作任务；
> （3）团队之间相互学习、相互借鉴，提高学习效率。

【背景知识】

一、蒸发器与冷凝器的维修

1. 冷凝器种类及结构特点

冷凝器是使制冷剂放出热量变成液体的热交换装置。按冷凝器的冷却方式可分为水冷却方式和空气冷却方式两类。大型制冷设备一般采用水冷却方式，小型制冷与空调装置所用冷凝器都是空气冷却方式。空气冷却方式又分为空气自然对流冷却和风扇强制对流冷却两种形式。空气自然对流冷却方式的特点是结构简单，无风机噪声，不易发生故障；不足之处是传热效率较低，一般中小型电冰箱（小于 300 L）和冷冻箱多采用此种冷却方式。

风扇强制对流冷却方式的传热效率较高，使用方便，结构紧凑，不需要水泵，但风机有一定噪声。大型电冰箱（大于 400 L）和小型家用空调器等多采用此种冷却方式。

空气冷却方式冷凝器按其形状结构可分为百叶窗式、钢丝盘管式、内藏式和翅片盘管式四种类型。

（1）百叶窗式冷凝器

将冷凝盘管紧卡或点焊在冲成百叶窗状的散热片上。盘管走向有水平和垂直两种，如图 3-29 所示。盘管与散热板之间应接触良好，以利于散热。当电冰箱工作时，由于压缩机与冷凝器放热，在箱背形成上升的气流，从而形成了空气的自然对流。

（2）钢丝盘管式冷凝器

如图 3-30 所示，盘管由镀铜钢板经卷管机卷制成圆管，再由焊缝机将缝焊好，然后弯制而成。钢丝盘管式冷凝器又称邦迪管，盘管两侧均匀地点焊许多钢丝，然后喷涂成黑色，被安装在电冰箱背面。

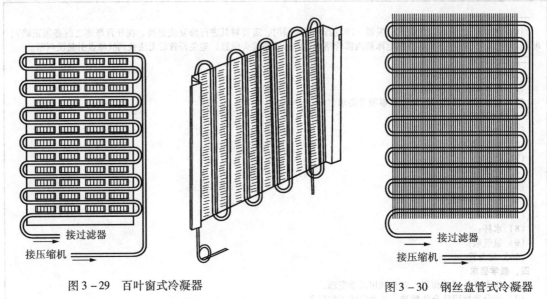

图 3-29 百叶窗式冷凝器　　　　图 3-30 钢丝盘管式冷凝器

与百叶窗式相比，钢丝盘管式冷凝器具有单位面积散热量大、通风条件好等优点，所以被我国不少电冰箱厂家广为采用。

（3）内藏式冷凝器

内藏式冷凝器又称为箱壁式冷凝器，其结构如图 3-31 所示。它将冷凝盘管挤压或用铝胶带粘接在箱背或两侧薄钢板的内侧，利用电冰箱外壳作散热板。平背式电冰箱采用的就是内藏式冷凝器，其箱体显得简洁、明快，但散热效果较差，故需适当加长冷凝管道以改善散热条件。采用内藏式冷凝器后，电冰箱隔热层厚度也要相应增加。

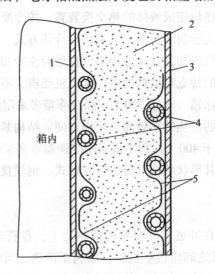

图 3-31 内藏式冷凝器
1—箱内胆；2—聚氨酯绝热泡沫；3—外箱（钢板）；
4—冷凝管；5—铝箔胶带

(4) 翅片盘管式冷凝器

如图 3-32 所示,它利用风扇强制通风,对制冷剂进行冷却。盘管由铝管或铜管制成,即将其穿套在一组铝片或铜片上,经胀管或焊接而成。其结构紧凑,冷却能力强,适用于功率在 200 W 以上的大型电冰箱或空调器。

2. 蒸发器的种类及结构特点

蒸发器是使制冷剂液体吸收热量而气化的热交换设备。在蒸发器内,低温低压的液态制冷剂吸收被冷却食品的热量,使食品制冷降温,制冷剂则吸热蒸发为气体。直冷式电冰箱采用的自然对流式蒸发器,包括管板式、铝复合板式、钢丝管式、单脊翅片管式和层架盘管式蒸发器等几种形式。间冷式电冰箱和空调器采用强制对流的蒸发器,即翅片盘管式蒸发器。

(1) 铝复合板式蒸发器

铝复合板式蒸发器结构如图 3-33 所示,它分为铝锌铝复合板吹胀型与铝板印刷管道型两种类型。铝锌铝复合板裁好后,装到刻有制冷剂管道的模具上,经加压、加热,使复合板中间的锌熔化,同时用高压氮气将刻有管道的部分吹胀成管形。然后进行抽真空,无管道处的锌层重新与铝板粘合,即形成蒸发器板坯。板坯焊上制冷剂进、出管,并弯成"口"字形,最后经铝阳极氧化处理,就制成铝锌铝复合板吹胀形蒸发器。这种蒸发器由于锌的存在,易产生腐蚀穿孔,维修率较高。

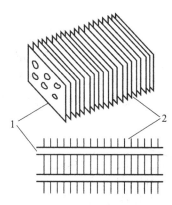

图 3-32 翅片盘管式冷凝器
1—冷凝管;2—散热翅片

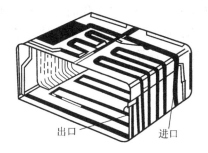

图 3-33 铝复合板式蒸发器

铝板印刷管道形蒸发器是用丝网将焊剂石墨按蒸发器管路的设计印在一块铝板上,与另一块无印刷管路的铝板碾压成复合板。然后用高压氮气将印刷管路吹胀,再将吹胀后的复合板弯曲成形,即成为铝板印刷管道吹胀形蒸发器。这种蒸发器耐腐蚀,制冷效果好,结构为单一的整体,广泛应用于直冷式单门电冰箱中。

(2) 管板式蒸发器

管板式蒸发器结构如图 3-34 所示,将铜板或铝板弯成"口"字形,再将蛇形的铜管或铝管焊接或粘结在其表面上。该蒸发器的特点是制冷剂在管内通过不会泄漏,盘管不与箱内空气、水分接触,因而不易腐蚀,可靠性高,寿命长,广泛应用于直冷式双门电冰箱的冷冻室中。

(3) 单脊翅片管式蒸发器

该蒸发器的翅片和管子材料采用铜材或铝材经特殊加工制成,结构如图 3-35 所示。其优点是传热效果好,制冷速度快,广泛应用于双门直冷式电冰箱的冷藏室中。

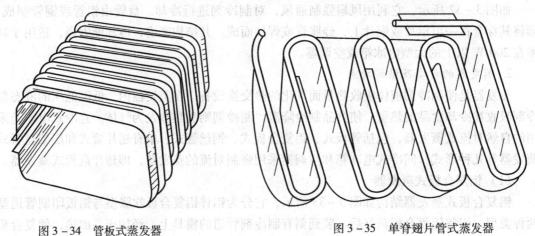

图3-34　管板式蒸发器　　　　　图3-35　单脊翅片管式蒸发器

（4）钢丝盘管式蒸发器

此蒸发器是将钢丝点焊在铜管或钢管上,其结构如图3-36所示。目前广泛流行的大容积电冰箱经常采用这种蒸发器。

（5）翅片盘管式蒸发器

翅片盘管式蒸发器结构如图3-37所示,与翅片盘管式冷凝器结构相似,盘管出口处接有一段粗圆管（积液器）,其作用是让蒸发器出口处未完全气化的液态制冷剂留在此处,以免压缩机产生液击事故。其工作时用风扇强制空气在管外翅片中通过,并向盘管内流过的液体制冷剂放热,使制冷剂被蒸发成气体。该蒸发器的特点是换热效果好、结构紧凑,广泛应用于双门间冷式电冰箱。

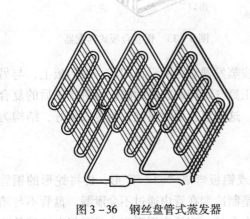

图3-36　钢丝盘管式蒸发器

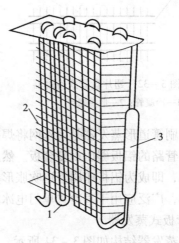

图3-37　翅片盘管式蒸发器
1—盘管；2—翅片；3—积液器

（6）层架盘管式蒸发器

目前较流行的冷冻室下置内抽屉式直冷式冰箱,普遍采用层架盘管式蒸发器,其结构如图3-38所示。盘管既是蒸发器又是抽屉搁架,这种蒸发器制造工艺简单,便于检修,成本

项目3 电冰箱的使用与维修

较低(可用铝管或邦迪管),而且有利于温度的均匀分布,冷却速度快。

3. 毛细管

毛细管属节流元件,从冷凝器输出的液态制冷剂流过节流元件后减压降温供给蒸发器。节流元件的功能如下:

1)把高温、高压的制冷剂液体节流降压成低温、低压的气液两相混合的制冷剂,为在蒸发器中蒸发吸热创造条件。

2)根据热负荷的变化,调节供给蒸发器的制冷剂流量。

3)控制蒸发器出口处制冷剂蒸气的过热度,充分发挥蒸发器的换热效率并防止对压缩机产生"液击"现象。

在制冷设备中,通常以节流元件和压缩机为界,把制冷装置划分为高压侧和低压侧两大部分。

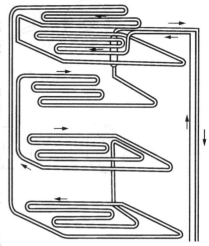

图 3-38 层架盘管式蒸发器

毛细管用于控制蒸发器的供液量。毛细管是一根内径为 0.5~2 mm、长度为 1~4.5 m 的等截面紫铜管,其长度和内径视设备的制冷量大小而定,应使毛细管的阻力能满足从冷凝器来的高压液体制冷剂流经毛细管时,不断克服阻力而使自身压力下降,到毛细管出口处其压力与蒸发压力相等,并使通过毛细管的制冷剂流量与电冰箱制冷量相匹配的要求。

毛细管安装在制冷系统干燥过滤器与蒸发器之间。为了提高制冷系统的制冷效率,可将制冷系统的低压回气管与毛细管用锡焊或穿过的方法,使两管紧密接触以充分地进行热交换,两管间至少应保证有 0.7m 的接触长度,其余部分的毛细管应卷起来,绑扎固定好。

由于毛细管具有结构简单、无运动零件、制造成本低、加工方便、不易产生故障等优点,所以在电冰箱制冷系统中得到了广泛应用。

在制冷系统中,毛细管只能在一定范围内控制制冷剂液体流量,而不能随着箱内食品热负荷变化自动地调节流量大小,所以要求制冷系统内充注的制冷剂用量必须准确,否则将影响电冰箱的制冷效果。

4. 干燥过滤器

由于电冰箱制冷系统中含有微量的空气和水分,再加上制冷剂和冷冻润滑油中含有的少量水分,若其总含水量超过系统的极限含水量,则当制冷剂通过毛细管节流降压时,制冷剂中含有的水分就可能在毛细管出口处结成小冰块,堵塞毛细管,使电冰箱制冷系统不能正常工作。另外,电冰箱制冷系统中还可能含有一些脏物和其他杂质,若不将其过滤掉,也可能堵塞毛细管。所以电冰箱制冷系统都要安装干燥过滤器。其结构如图 3-39 所示。

家用电冰箱使用的干燥过滤器可分为两种,一种是单孔进口干燥过滤器,两端收缩为单管;另一种是双孔进口干燥过滤器,它是由铜管制成的壳体,末端设置过滤网,中间装入干燥剂分子筛。干燥过滤器采用硬钎焊与管道连接,干燥剂不能更换,若其出现故障应整体更换。

二、蒸发器的维修

电冰箱蒸发器是其制冷系统中的主要部件之一。蒸发器一般出现的主要故障是泄漏。

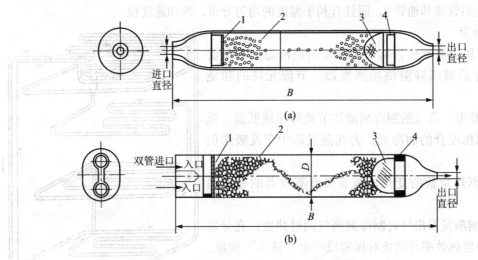

图 3-39 电冰箱干燥过滤器结构
(a) 单孔进口干燥过滤器;(b) 双孔进口干燥过滤器
1—挡板;2—分子筛;3—过滤网;4—网支承架

蒸发器泄漏主要有三个原因:一是制造蒸发器的材料质量有缺陷,局部有微小的金属残渣,使用中受到制冷剂压力和液体的冲刷后,容易出现微小的泄漏;二是由于电冰箱长期使用,储存的物品含有碱性物质,又不经常清洗,造成蒸发器表面因被腐蚀而泄漏;三是蒸发器长期不除霜,使其表面结成较厚的霜层,将被冷冻的物品与蒸发器牢固地冻结在一起,为取下食品,用尖锐或较锋利的金属物撬动,导致蒸发器表面被扎破,造成蒸发器泄漏。

1. 蒸发器泄漏的维修

由于蒸发器是采用不同的材料制造的,故对不同的部位造成的泄漏可采用不同的维修方法。

(1) 铜管铜板式蒸发器泄漏的维修方法

铜管铜板式蒸发器泄漏的故障相对来说较少,若发生泄漏,一般多在焊口处。对于单门直冷式电冰箱,可将蒸发器从悬挂部位摘下,找到焊口直接进行补焊。补焊最好使用铜银焊条,操作时间要短,动作要快而准确,以免系统中产生过多的氧化物,造成制冷系统产生脏堵故障。

(2) 铝管铝板蒸发器泄漏的维修方法

铝蒸发器发现泄漏后,在没有条件更换新的蒸发器时,可采用下述方法进行修补。

1) 锡铝焊补法。锡铝焊补法又称摩擦焊接法。铝质蒸发器进行焊接修补困难的主要原因是铝质材料极易氧化,旧的氧化层刚被除掉,新的氧化层又迅速产生,使铝质蒸发器修补困难。采用锡铝焊补法可以克服铝质材料氧化迅速的问题。

操作时,先用细砂纸将蒸发器漏孔周围的氧化层打磨干净,随即将配制好的助焊粉(配方是:松香粉 50%,石英粉 20%,耐火砖粉 30%,三者均用 80 目铜网过筛,然后进行均匀混合)放置到漏孔周围,然后一手拿电烙铁(150~200 W),一手拿锡条,用电烙铁在漏孔周围用力摩擦,摩擦的目的是除去新的氧化层。由于松香的保护作用,搪锡时漏孔周围很难再形成新的氧化层,故使锡牢固地附着在铝板上,将漏孔补好。漏孔补好后要趁热用干布将多余的锡料和助焊粉擦干净。此种方法适合焊补直径为 0.1~0.5 mm 的小漏孔。

2) 酸洗焊接法。先将蒸发器漏孔周围用布擦干净,用火柴梗将小孔塞住,然后用滴管在漏孔周围滴几滴稀盐酸溶液,用以除去铝表面的氧化膜,稍等片刻后再加入几滴高浓度的硫酸铜溶液,待到漏孔周围有铜覆盖时,用湿布擦去多余的硫酸钢和盐酸溶液,然后用100～150 W电烙铁进行锡焊修补。

3) 气焊补漏法。操作时用铝焊粉加蒸馏水调成糊状的焊药,然后将蒸发器从系统上拆下,用细砂纸把漏孔周围清理干净,使其露出清洁的铝表面,涂上调好的焊药,在铝焊条上也应醮上焊药。选用小号焊炬,将火焰调整为中性焰,用外焰预热补焊部位和铝焊条,温度控制在70℃～80℃;然后用内焰加热补焊处(焊炬嘴倾斜45°),同时将焊条靠近火焰,保持焊条的温度。当发现加热处有微小细泡出现时,迅速将焊条移向补焊处,焊条向补焊处轻轻一触,火焰马上离开焊接处即可。焊接完毕,用水把熔渣清洗干净。

4) 粘接修补法。铝质蒸发器出现泄漏孔后,还可用环氧树脂黏合剂进行粘接修补。操作时,可选用如JC—311型通用双组分胶黏剂,把其A、B两种胶液以1:1的比例混合均匀。使用时要用细砂纸将要修补处打磨干净,并用丙酮溶液将修补处的污垢清除干净,待干燥后,将混合均匀的JC—311型双组分胶黏剂涂到漏孔上。若漏孔直径大于1.5 mm,则可选用一块软铝片,用同样的方法处理干净并涂上胶黏剂后,与漏孔处叠合加压,在室温下固化24 h即可。

粘接修补法还可以采用自凝牙托粉和自凝牙托水配合进行修补漏孔。其操作方法是先将漏孔周围用细砂纸打磨干净,并用丙酮溶液在其周围均匀涂抹,然后用自凝牙托粉和自凝牙托水按10:6的比例调合,混合好的自牙托粉和自牙托水能拉起丝时即可涂于漏孔处,一般覆盖厚度以2～3 mm为宜。

铝质蒸发器进、回气管断裂后,一般也采用粘接的方法进行修理。其操作方法是:在断裂处测出断裂铝管的外径,取一根内径与铝管外径相同的纯铜管,用细砂纸将铝管的外表面打磨光亮,随即用丙酮溶液涂擦后,涂上混合均匀的JC—311型通用双组分胶黏剂;之后用细砂纸将纯铜管的内径表面打磨干净,用丙酮溶液涂擦,涂以胶黏剂,然后将断裂并已涂好胶黏剂的铝管插入纯铜管内,在室温条件下固化24～48 h,即可粘牢。无论采用何种方法,修补后的蒸发器都要进行打压试漏,可充入压力为0.6～1 MPa的高压氮气,然后用肥皂进行试漏,确认无泄漏后即可装入系统中使用。

2. 蒸发器结霜的修理

电冰箱蒸发器除因有漏孔使制冷剂泄漏,造成不能制冷的故障外,还会出现结霜厚薄不均等故障,也应在蒸发器维修时予以重视。

(1) 电冰箱冷冻室上部结霜过厚

电冰箱冷冻室上部靠前侧中央部位的结霜往往会比其他地方厚,这一现象一般情况下不属于故障。这是因为电冰箱中食品蒸发产生的水蒸气和开门时热空气带进的水蒸气由于对流作用而在箱内上升,遇到蒸发器上部后结成霜,于是使冷冻室上部结霜较厚。但有时也会因箱门门封不严而造成热空气大量侵入,产生冷冻室上部结霜过厚的故障,维修时应注意区别。

(2) 电冰箱蒸发器结霜不满

电冰箱蒸发器结霜不满的原因有:制冷剂不足(出厂时充氟量不足或系统出现微漏),制冷系统有轻微脏堵,压缩机效率降低。出现这种现象后要具体问题具体分析,并采用针对性的方法予以修复。

(3) 电冰箱蒸发器只结冰而不结霜

造成蒸发器只结冰而不结霜的主要原因是:温控器控温点在弱冷位置,停机后造成蒸发器表面温升过高,使电冰箱制冷循环再开始时,蒸发器表面温度可能在0℃以上,导致表面上的霜融化成水,继而水被冷却结成冰。只要将温控器旋钮调至正常位置,即可排除此种故障。

【任务实施】

一、任务相关知识

当电冰箱内部的管路或内藏式蒸发器、冷凝器出现泄漏时,需要对其进行修复或更换。在开背修理之前必须正确判断是否泄漏,同时充分了解所修电冰箱内部管路的走向和管路接头位置,避免开背后无法找到故障点引起误判断。下面列举常见电冰箱内部管道的连接情况,以便在开背维修时加以参考。

1. BCD-165W、180W、216W系列电冰箱制冷管道的连接

此三种电冰箱内部配管无焊接点,而且材质较好,因此,一般不会出现泄漏故障。但如果冷藏冷冻室隔板内的防霜管整形较差,则可能会出现螺钉顶破防霜管而造成泄漏现象,在排查时应特别注意该位置的特殊情况。

2. BCD-177、GR-204E、BCD-220、BCD-201等系列电冰箱制冷管道的连接

图3-40所示为BCD-177电冰箱制冷系统连接示意图,其中箭头表示制冷剂流向,1、2、3、4、5、6及7表示外部焊接点,8、9、10及11为内部焊接点;图3-41所示为GR-204E制冷系统连接示意图;图3-42所示为BCD-220电冰箱制冷系统连接示意图;图3-43所示为BCD-201电冰箱制冷系统连接示意图,其中符号"×"表示铜管与铜管的接头处,符号"∥"表示铜管与铝管接头处。

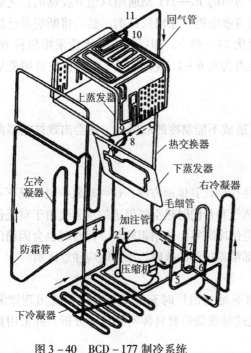

图3-40 BCD-177制冷系统
1,2,3,4,5,6,7—外部焊接点;
8,9,10,11—内部焊接点

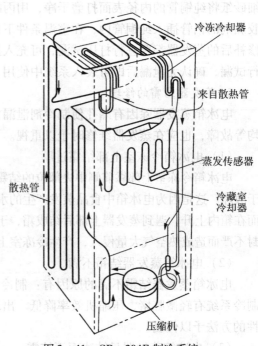

图3-41 GR-204E制冷系统

项目 3　电冰箱的使用与维修

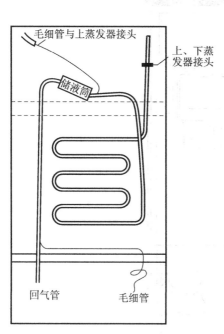

图 3-42　BCD-220 制冷系统

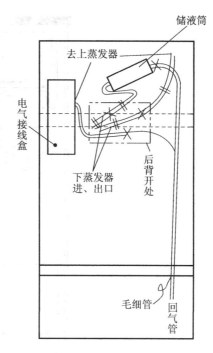

图 3-43　BCD-201 制冷系统

正确地判断制冷管路的漏点十分重要。制冷系统检漏的方法比较多，对压缩机、蒸发器、冷凝器等部件单独进行检漏时，一般采用水中检漏，即在被测部件内充入 0.8～1.0 MPa 的氮气，将被测件浸入温水（降低水的表面张力）中并观察（30 s 以上）是否有气泡出现，若有气泡则说明有漏点；对于系统外部可采用卤素灯或电子卤素仪进行检漏。

对电冰箱进行检漏时，通常的步骤是先对电冰箱整体进行检漏，当发现有泄漏点又无法确定具体位置时，再采用分段检查以确定漏点位置。所谓分段检查是指对高压部分的冷凝器充以压力为 1 MPa 的氮气进行检漏；低压检漏是将压力为 0.6 MPa 的氮气充入蒸发器（直冷式电冰箱包括上蒸发器、下蒸发器）、毛细管和低压回气管进行检漏。

二、任务实施步骤

1. 电冰箱开背的操作

当确认电冰箱内漏后，可按下列步骤进行操作：

（1）确认内部管道接头分布范围

一些电冰箱为维修方便，常在平背上刻有凹形标记，其分布范围为 135×350（mm^2），如图 3-44 所示；另有一些电冰箱将接头置于后背中部，且用一块活动铁板盖住，维修时将固定螺钉旋下，挖掉隔热层即可对管道进行维修；对于既无标记又无活动板的电冰箱，则应对其内部管路的走向深入了解（参考本课题相关知识内容）。

（2）切开电冰箱后背板（无活动盖板的电冰箱）

将锋利的斧头放在标记或预先划好的轮廓线上，用小锤打击斧背面，以切开为准，不可过深。

（3）挖取泡沫绝热材料

在挖取时注意不要碰伤绝热材料内部的导线和制冷管路。

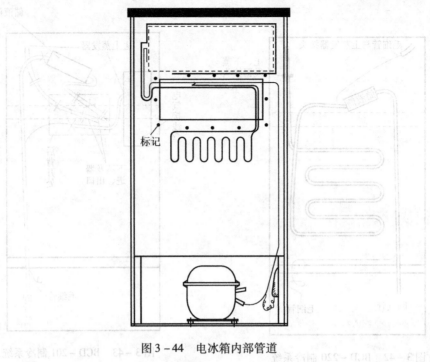

图3-44 电冰箱内部管道

（4）确认漏点

再次充注氮气，按检漏方法确认漏点位置。

（5）修补漏点

确定漏点位置并进行修补。修补时应对箱体采取保护措施，即用湿毛巾或铁板将箱体遮挡，以避免烧损箱体。

（6）充压检漏

抽真空，充注制冷剂并开机运行，应确认无泄漏。

（7）恢复发泡绝热层

使用PUF发泡原料，现场进行发泡，将缺少部分填满。

（8）封离

用厚0.75 mm且比被切割范围大10 mm的镀锌板，与原铁皮重叠并在接缝处涂抹玻璃胶后，用自攻螺丝紧固即可。

2. 电冰箱蒸发器的更换

（1）检漏

向新换蒸发器中充入氮气，并将其密封后放入水槽中进行检漏，确认无泄漏后方可安装使用。

（2）拆卸蒸发器

1）拆下蒸发器的固定螺栓，使其成为可活动状态。

2）将蒸发器入口与毛细管连接部位及蒸发器与回气管连接部位露在明处。

3）用火焰烧熔蒸发器入口与毛细管连接部位及蒸发器与回气管连接部位，使蒸发器与制冷管路完全脱离。

4) 将蒸发器从箱体内取出。

(3) 安装新蒸发器

1) 试装新蒸发器,观察固定是否可靠、位置是否恰当、箱门关闭是否严紧。

2) 焊接毛细管与蒸发器入口的连接端、蒸发器出口与回气管之间的连接端。

(4) 焊接带表的修理阀

断开压缩机上的修理工艺管,将直径为 6 mm、带喇叭口的紫铜管焊接其上,并连接表阀。

(5) 焊口的检漏

对焊接完毕的系统充以定压氮气,用肥皂水对焊点进行检漏,各焊接处不应有气泡出现。

(6) 正式安装

将蒸发器按试装时的步骤进行安装并固定。

(7) 抽真空

在表阀处连接真空泵,按照前面所述的方法进行抽真空操作。

(8) 充注制冷剂

按照充注制冷剂的方法进行操作。

(9) 调整制冷剂充注量

启动压缩机,观察表压力并通过调整制冷剂量使压力值达到标准要求。

(10) 封离工艺管

按照制冷剂充注操作的方法进行(前面已经讲述)。

三、注意事项及要求

1) 开背修理之前一定要慎重,要重复进行 2~3 次的检漏操作,特别是对下蒸发器外露的双门电冰箱,除保证表阀、连接管、回气管之间的接头不泄漏外,还应仔细检查下蒸发器及各个外露接头,在排除上述各种泄漏的可能而表压仍然有下降时才可确认为内漏。

2) 在开背修理之前一定要征求用户意见,向用户说明开背修理的必要性和大致的费用及有可能出现的一些问题,以免出现不必要的纠纷。

3) 在恢复泡沫绝热层时,不可将挖出的泡沫回填,以防止水气从缝隙中渗透形成"冷桥",使绝热性能下降。

【任务测试】

任务评价见表 3-4。

表 3-4 任务评价

工作台编号		操作时间	40	姓名		总分	
序号	考核项目	考核内容及要求		评分标准	配分	检测结果	互评	自评
1	职业技能	1. 遵守安全操作规程。 2. 阅读电冰箱使用说明书,做到规范操作。 3. 工作台现场整洁		酌情扣 1~10 分	20			

续表

工作台编号		操作时间	40	姓名		总分		
序号	考核项目	考核内容及要求		评分标准	配分	检测结果	互评	自评
2	工艺流程	1. 检查电冰箱漏点。 2. 电冰箱开背操作。 3. 更换蒸发器		酌情扣1~20分	30			
3	蒸发器更换	1. 氮气捡漏及抽真空与充注制冷剂。 2. 电冰箱蒸发器焊接良好。 3. 规范操作制冷维修工具		酌情扣1~20分	30			
4	协作能力	同组间协作性、团结性			20			
5				备注:				
小组成员						指导教师		

任务4 电冰箱压缩机的维修

学习任务单

学习领域	制冷设备安装调试与维修	
项目3	电冰箱的使用与维修	学时
学习任务4	电冰箱压缩机的维修	4
学习目标	1. 知识目标 （1）了解全封闭压缩机的结构与工作原理； （2）掌握电冰箱压缩机的启动电路； （3）掌握电冰箱压缩机的拆装； （4）掌握电冰箱压缩机的更换步骤与技能。 2. 能力目标 （1）能够运用维修工具进行压缩机的拆装；能对电冰箱压缩机的故障做出正确判断； （2）能读懂冰箱制冷系统工作原理图；能识别压缩机结构图；能完成压缩机快速更换的操作流程。 3. 素质目标 （1）培养学生熟练操作工具的能力； （2）培养学生在制冷系统维修过程中对系统故障进行独立思考的能力； （3）培养学生将所学专业知识转化成实际工作的能力	

一、任务描述
　　在目前的维修过程中，全封闭式压缩机一旦出现机械故障基本上只能更换新品，但为了了解其基本构造、组成特性及相关配件，有必要对其进行拆装训练。
二、任务实施
　　（1）压缩机拆装；
　　（2）压缩机启动电路连接的更换；
　　（3）对电冰箱压缩机进行更换。
三、相关资源
　　（1）教材；
　　（2）教学课件；
　　（3）图片；
　　（4）电冰箱一台；
　　（5）压缩机一台；
　　（6）复合修理阀；
　　（7）压力表；

(8) 水杯;
(9) 氮气瓶;
(10) 尼龙管。

四、教学要求
(1) 认真进行课前预习,充分利用教学资源;
(2) 充分发挥团队合作精神,正确完成工作任务;
(3) 团队之间相互学习、相互借鉴,提高学习效率。

【任务实施】

一、任务实践相关知识

全封闭式压缩机的特点是电动机与压缩机共用一根主轴(往复活塞式),利用弹簧将压缩机组悬挂在壳体内。机壳分上、下两部分,内部组件装配后,用焊接方法将上、下接口密封。封闭机壳的外部引出吸气管、排气管及工艺管;电动机的电源线通过接线端子经烧结工艺后固定在机壳壁上;机壳底设有弹性垫片,通过内部机组减振弹簧和外部减振胶垫配合,大大降低了压缩机的振动和噪声。封闭压缩机主要由机壳、活塞连杆组、曲轴、气缸、气阀及润滑机构等组成。

更换压缩机时,应对新压缩机质量进行检验,所选用新压缩机的长、宽、高度尺寸应保证能装在原压缩机位置上。当压缩机底座上的固定孔与电冰箱底盘固定孔间的孔距不符时,可重新在底盘上钻孔使其与压缩机孔距相一致。新压缩机的功率不能小于原压缩机的功率,避免因排气量小而不能满足电冰箱的原排气量;功率也不可过大,虽然功率大则排气量大,但由于电冰箱蒸发器及冷凝器的面积已定,即换热能力已定,故使排气量得不到充分利用,反而使耗电量增加。

各种压缩机的吸、排气管及电动机接线端子的位置是不统一的,有在机壳左侧也有在右侧的,但电冰箱上冷凝器入口和蒸发器末端口位置已定,所以新压缩机排气管方向应尽量与原压缩机相一致,以免给维修带来更多麻烦。

压缩机的启动与热保护器功率应与之匹配,一般新购置的压缩机都配有这两个元件,但在连接时往往需要做一些改动,改动时应参考图 3 - 45 所示的原理进行操作。

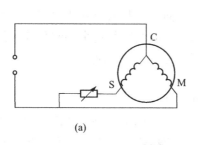 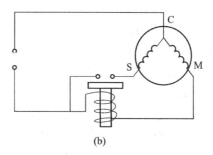

(a) (b)

图 3 - 45 压缩机启动电路
(a) PTC 启动器电路;(b) 重锤启动器电路

二、任务实施步骤

1. 全封闭式压缩机的拆装

（1）压缩机的拆卸

1）用台钳将压缩机固定，用钢锯在压缩机上、下壳结合处将其锯开。

2）用冲头将固定弹簧三个挂钩的压点冲开，用尖嘴钳摘脱挂钩使弹簧与压缩机挂钩脱开。

3）松开高压缓冲管的固定螺钉，取下卡子和压缩机电动机引线插头，将高压缓冲管轻弯至机壳一侧，然后从压缩机壳内取出压缩机组。

4）拆下固定气缸盖和阀座的螺钉并取下气缸盖和阀座，然后拆开阀片定位销并取下阀片。

5）将固定电动机定子的螺钉旋下并取出电动机定子。

6）旋下固定气缸体的螺钉并将气缸取出。

7）用铁锤把曲轴下端的吸油嘴轻轻敲下，然后在曲轴小头一端套上一根粗铁管（连同平衡块一同套入），在曲轴的下端垫橡胶垫。此时将曲轴夹在台钳上，使台钳钳口夹住套在曲轴上铁管的一头和垫有橡胶垫的另一头。夹紧后转动台钳手柄，将转子顶下，随即转子、曲轴和机座便被拆开。

8）清洗、烘干各零部件。

（2）压缩机的组装

1）将曲轴涂少许润滑油后插入机座孔内，然后将转子套入曲轴下端，在轴的下端再套上一根较粗的铁管，在曲轴的上端垫橡胶垫。

2）用台钳将转子压套在曲轴上，应使转子在轴向有 0.2~0.4 mm 的窜动量。曲轴装好后再将油嘴装到曲轴下端。

3）将电动机定子安装在机座下面，对角拧紧固定螺钉且边拧紧边转动曲轴，同时应确保定子与转子的间隙为 0.3~0.4 mm。

4）在活塞、气缸及机座上涂少量润滑油，先将活塞组件插入气缸内（滑管较长的一端靠近低压腔，较短的一端靠近高压腔），然后将滑块推入滑管中，再将滑块孔套进曲轴小轴，最后用螺钉重新按原样将气缸固定在机座上。

5）安装高压输出缓冲管。

6）在气缸垫和低压阀片上涂少量润滑油，轻轻向外抬起低压阀片顶端（使阀片与阀座的间隙控制在 0.2~0.3 mm），然后将装好的低压阀片的阀座翻过来→装配高压阀片、限位板及阀垫→检查高压阀片与阀口的密封程度→合上气缸盖→拧紧螺钉。

2. 全封闭式压缩机的更换

1）切开压缩机的工艺管，放空系统内部的制冷剂。

2）拆卸旧压缩机。将旧压缩机从电冰箱上卸下，具体步骤是：卸启动器、热保护器→拆下压缩机底座与电冰箱底盘上的紧固螺钉和减振线圈→用割管器或钎焊炬断开压缩机排气管与冷凝器的接口及压缩机吸气管与回气管的接口→将压缩机取下。

3）新压缩机定位。将新压缩机放在电冰箱的底盘上并加减振胶垫→用紧固螺钉将其固定（除四点接触外不得有其他接触点）。

项目3 电冰箱的使用与维修

4)焊接管路。将压缩机排气管与冷凝器实施焊接→焊接吸气管与回气管(长度允许时可在管口处直接扩口使另一管头直接插入其中;如果不够长,可选一定长度和一定直径的一段铜管并做成杯形口,与两管头连接)→点燃焊炬实施焊接。

5)检漏。在压缩机的工艺管上焊接一带表阀的修理管→该阀的进口接氮气瓶、出口接低压管→开启氮气瓶高压阀,打开修理表阀门→缓慢打开氮气瓶上的减压阀阀门→当表压指示在 0.4~0.6 MPa 时关闭表阀门和氮气瓶减压阀阀门→用肥皂水对焊口进行检漏(如有泄漏,应补焊;如没有,则检漏完毕)。

6)放净氮气。

7)接线。将启动器、热保护器安装在压缩机的接线盒内→按原理图连接电源线、温度控制器及照明灯等电路→检查电路连接是否有误→通电,启动压缩机→用钳形电流表检测启动和运行电流(各项指标应符合要求)。

8)充注制冷剂抽真空→充注制冷剂。

9)试运转,使压缩机连续运行并调整制冷剂的充注量。

10)封离工艺管。先将修理阀取下,然后进行封离操作。

11)工艺管的检漏。将工艺管口的焊接点放在水中观察是否有气泡,如果没有,则说明合格;否则应重新焊接。

三、注意事项及要求

1)在装配压缩机的气缸盖时,其上、下位置不要装反。

2)清洗零部件时要用中性清洗剂,不可用强碱性清洗剂。

3)活塞端面与阀的间隙即上止点间隙应控制在 0.05~0.09 mm。

4)新压缩机安装、焊接及检漏后,一定要在压缩机启动及试运转正常后,方可进行抽真空和充注制冷剂的操作。

5)如果选用的压缩机不是新购置的,则需进行吹扫和干燥处理,以避免在使用过程中制冷系统出现冰堵及脏堵。

6)维修用表阀应关闭严紧,且应选用刻度为 1.6 MPa、标准大气压时指针指为零的真空表。

【任务测试】

任务测试见表 3-5。

表 3-5 任务测试

序号	评分要素	配分	评分标准
1	对小型制冷系统的一般故障做概括分析		正确对故障进行概括分析,内容完整得 5 分;不完整得 2~4 分;回答内容有错误得 1 分;不回答 0 分
2	叙述电冰箱压缩机的故障现象和产生原因		正确叙述故障产生的部位、现象和原因,论点正确、举例恰当、条例清楚得 10 分;基本正确得 8 分;不完整得 3~6 分;回答内容有错误得 1 分;不回答 0 分

续表

序号	评分要素	配分	评分标准
3	检测压缩机所用的仪器、工具和设备		正确叙述所需仪器、工具和设备,内容完整得5分;不完整得2~4分;回答内容有错误得1分;不回答0分
4	压缩机拆装的操作		正确叙述拆装的一般操作方法,论点正确、举例恰当、条例清楚得10分;基本正确得8分;不完整得3~6分;内容有错得1~2分;不回答0分
5	对压缩机有关零部件的基本修复方法		基本修复方法,内容规范、完整得3分;不完整得2分;回答内容有错误得1分;不回答0分
6	对电冰箱压缩机进行修复		正确叙述系统恢复方法,内容规范、完整得5分;不完整得2~4分;回答内容有错误得1分;不回答0分
7	电冰箱运转调试		正确叙述运转调试,内容完整、条例清楚得5分;不完整得2~4分;回答内容有错误得1分;不回答0分
8	对善后工作的说明		正确说明善后工作得分;否则0分
9	检修报告		正确叙述两种操作步骤,内容完整、条理清楚得5分;不完整得2~4分;回答内容有错误得1分;不回答0分

【任务评价】

任务评价见表3-6。

表3-6 任务评价

工作台编号		操作时间	40	姓名		总分			
序号	考核项目	考核内容及要求		评分标准		配分	检测结果	互评	自评
1	职业技能	1. 遵守安全操作规程。 2. 熟读压缩机使用说明,做到规范操作。 3. 工作台现场整洁		酌情扣1~10分		20			
2	工艺流程	1. 拆卸旧压缩机及新压缩机定位。 2. 焊接管路→检漏→放净氮气。 3. 接线。将启动器、热保护器安装在压缩机的接线盒内→充注制冷剂抽真空→充注制冷剂		酌情扣1~20分		30			
3	压缩机维修与更换	1. 全封闭式压缩机的拆装。 2. 压缩机的组装。 3. 压缩机更换。 4. 规范操作制冷维修工具		酌情扣1~20分		30			
4	协作能力	同组间协作性、团结性				20			
5				备注:					
小组成员							指导教师		

项目 3　电冰箱的使用与维修

任务 5　电冰箱电器系统的故障排除

学习任务单

学习领域	制冷设备安装调试与维修	
项目 3	电冰箱的使用与维修	学时
学习任务 5	电冰箱电器系统的故障排除	4
学习目标	1. 知识目标 （1）掌握启动元件、热保护元件、温度控制器、除霜控制机构的结构与工作原理； （2）掌握电冰箱压缩机启动元件的更换； （3）掌握电冰箱压缩机电路故障维修； （4）掌握电冰箱温控器的更换与维修技能。 2. 能力目标 （1）能够运用维修工具进行电冰箱控制部件的检测；能对电冰箱控制部件做出正确判断； （2）能读懂电器部件的原理图；能判断部件的常见故障；能完成部件快速更换的操作流程。 3. 素质目标 （1）培养学生熟练操作工具的能力； （2）培养学生在电冰箱维修过程中对系统故障进行独立思考的能力； （3）培养学生将所学专业知识转化成实际工作的能力	
一、任务描述 电冰箱控制电路包括启动元件、热保护元件、温度控制器、除霜控制机构（间冷电冰箱）等，有必要对以上部件进行快速检测、排除故障。 二、任务实施 （1）温度控制器常出现的故障； （2）温度控制器的更换； （3）对电冰箱除霜定时器电路的检查。 三、相关资源 （1）教材； （2）教学课件； （3）图片； （4）电冰箱一台； （5）启动元件； （6）热保护元件； （7）温度控制器； （8）除霜控制机构（间冷电冰箱）。 四、教学要求 （1）认真进行课前预习，充分利用教学资源； （2）充分发挥团队合作精神，正确完成工作任务； （3）团队之间相互学习、相互借鉴，提高学习效率		

【背景知识】

电冰箱电器控制系统包括压缩机启动器、过载保护器、温度控制器、除霜温度控制器（自动除霜电冰箱）等。

一、压缩机启动与保护装置

由于电冰箱中使用的全封闭压缩机均采用自动控制运行方式，为保证压缩机的正常启动与安全运行，均需设置启动与保护装置。在家用电冰箱中，一般采用电流控制方式的继电器来实现压缩机的启动，而采用过载保护器则作为压缩机的保护装置。

1. 启动继电器

启动继电器的作用是在压缩机启动时，电动机启动绕组也通电，使电动机形成旋转磁场，且具有足够的转矩，让电动机能正常启动；而当电动机转速达到额定转速的70%～80%时，又自动将电动机的启动绕组从电路中断开。在压缩机电动机的下一次启动时，又重复上述动作。启动继电器可分为重锤式启动继电器、弹力式启动继电器和PTC启动继电器等。

（1）重锤式启动继电器

其主要由电流线圈电触点、衔铁和绝缘壳体等组成，结构如图3-46所示，工作原理如图3-47所示。

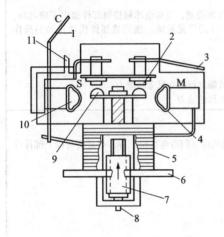

图3-46 重锤式启动继电器结构示意图
1—电源接线柱；2—启动静触点；3—启动电容器接线柱；
4—运行绕组接线柱；5—电流线圈；6—复位弹簧；
7—衔铁；8—调整螺钉；9—动触点；10—启动绕组
接线柱；11—电源静触点

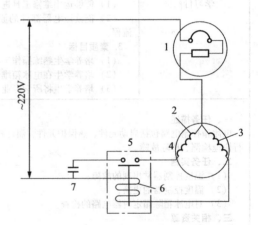

图3-47 重锤式启动继电器工作原理
1—过载保护器；2—启动绕组；3—运行绕组；
4—压缩机；5—启动继电器；6—电磁线圈；
7—启动电容器

工作过程：当压缩机电动机通电瞬间，运行绕组得电并流过很大的启动电流，当启动继电器电流线圈中通过的电流达到吸合电流值时，衔铁被吸上，带动动触点向上运动，与静触点闭合，接通启动绕组电源，电动机随即启动运转。正常启动后，当运行电流下降到电流线圈的释放值后，衔铁下落，触点离开，启动绕组断电，这就完成了一次压缩机的正常启动过程。

重锤式启动继电器的优点是结构紧凑、体积较小、可靠性强；其不足是可调性差，若电源电压波动较大，则会出现触点不能释放的现象或因触点接触不良而导致故障。该启动继电器在使用时一定要使其直立安装，以保证工作可靠。

（2）弹力式启动继电器

该继电器是将启动继电器和过电流保护器制成一体，主要由电流线圈、衔铁、启动触头、弹簧片、电热元件、双金属片和永久磁铁组成，其结构如图3-48所示。

项目3 电冰箱的使用与维修

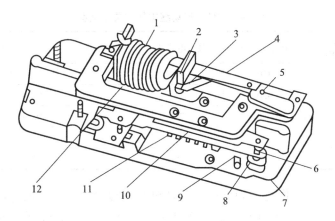

图3-48 弹力式启动继电器结构示意图

1—电流线圈；2—衔铁；3—启动触点；4—弹簧片；5—调节螺钉；6—过载保护触头；7—胶木底座；
8—永久磁铁；9—调节螺钉；10—双金属片；11—电热元件；12—电工纯铁架板

弹力式启动继电器是一种老式启动继电器，其优点是便于调整，适用于电压波动较大的地区。但它的构造比较复杂，启动噪声较大，尤其是在长途运输受到振动后，易造成整定值改变。这种启动器与其他形式的启动器相比，弊多利少，现已被淘汰，但在老式电冰箱上仍用得较多，故在维修中要注意区别。

（3）PTC启动继电器

PTC启动继电器的适应电压范围宽，能提高压缩机电动机的启动转矩，被广泛用于电阻分相式启动继电器和电容启动、电容运转启动继电器的压缩机。

PTC启动继电器是一种新型启动继电器，它具有独特的温度电阻特性，即当温度达到某一特定范围（居里点）时，其阻值会发生突变，称为PTC特性。

电冰箱PTC启动继电器的外形、特性及其电路如图3-49所示，主要性能参数见表3-7。

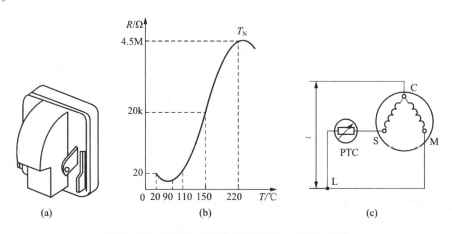

图3-49 PTC启动继电器的外形、特性与电路
(a) PTC启动继电器外形；(b) PTC启动继电器内电阻的温度特性；(c) PTC启动继电器电路

表 3-7 PTC 启动继电器主要性能参数

型号	常温电阻/Ω (±30%)	最大电压/V	最大电流 A	功耗/W	动作时间/s	恢复时间/s
PL 系列	22	450	10	<3	0.14~0.56	≤90
	22	450	8	<2	0.14~0.56	≤90
	33	450	7	<2	0.14~0.56	≤90
	47	450	6	<2	0.14~1.56	≤90
	100	450	3.5	<2	1.2~2.8	≤90

PTC 启动继电器的工作过程如下：在电动机刚接通交流电源瞬间，PTC 元件的温度较低、电阻值较小（仅几十个欧姆），启动绕组的电路处于接通状态，它与运行绕组一起在电动机中产生旋转磁场，使电动机转子启动运转。

由于启动过程中的电流是正常运行时的 4~6 倍，故 PTC 元件在启动过程中迅速发热升温，当温度升高到居里点温度（T_N）时，PTC 元件的电阻突然增大，达到数万欧姆。此时，启动绕组可近似视为断路，而电动机已正常运行。半导体 PTC 启动继电器由于无触点和运动部件，因此，工作时无电弧放电现象，无噪声，可靠性好，使用寿命长，对电压波动的适应性强，与压缩机匹配范围广，因此在电冰箱中被广泛应用，并且有可能逐步代替重锤式启动继电器。选择 PTC 启动继电器时，耐压压力要大于 320 V，且应根据压缩机在工作电压下的最大电流来选择 PTC 的电阻值。其动作时间也要与压缩机启动时间相对应，以保证压缩机有足够的加速时间。一般冷态启动压缩机所选 PTC 的启动时间要大于 0.15 s，因它无吸合与释放电流要求，故能适应较大功率范围的压缩机。但又由于 PTC 的热惯性，故其停机后必须间隔 3~5 min 后才能再次启动，否则将导致压缩机绕组发热（在 20 kΩ 的高电阻时启动压缩机，启动绕组相当于开路不能启动，但运行绕组则已通过大电流），甚至烧毁压缩机。

2. 过载保护器

过载保护器是一种过电流和过热保护继电器，其作用是保护压缩机电动机不会因压缩机的负载过重而发热烧毁。电冰箱压缩机过载保护器分为外置式、组合式和内藏式。外置式或组合式碟形保护器紧压在压缩机外壳与接线盒上，便于拆卸检修；内藏式保护器固定在压缩机绕组内，直接感受绕组的温度，灵敏度较高，但检修困难。

（1）外置式碟形过载保护器

外置式碟形过载保护器主要由碟形双金属片、触点、电阻丝加热器、胶木外壳等部件组成，其结构如图 3-50 所示。当电路工作正常时，触点处于常闭状态，当电路中的电流过大时，通过电阻丝的电流增加，温度升高，烘烤上部的碟形双金属片，使它膨胀变形而反向弯曲，导致常闭触点断开，使电动机绕组断电，起到保护作用。

碟形过载保护器通常是与重锤式启动继电器一起接在压缩机电动机电路中相互配合使用的。它被装在压缩机的接线盒内，开口紧贴在机体外壳的侧壁上，当电流正常但因散热不良或长时间连续运转导致机内温度超过 90℃时，碟形双金属片受热也会发生弯曲，使常闭触点断开，切断电源。所以这种过载保护器有过电流、过温升两种保护作用，其工作原理如图 3-51 所示。

项目 3 电冰箱的使用与维修

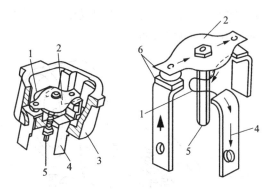

图 3-50 碟形过载保护器结构示意图
1—电热丝；2—碟形双金属片；3—壳体；4—接线柱；5—调整螺钉；6—触点

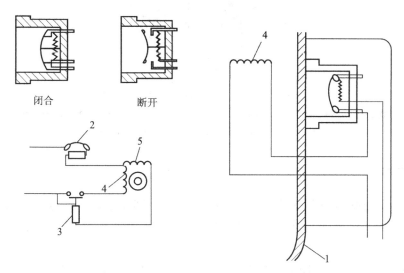

图 3-51 碟形过载保护器工作原理
1—压缩机；2—过载保护器；3—启动器；4—启动绕组；5—运行绕组

选择碟形保护器时，既要注意保护器功率与压缩机功率相匹配，又要兼顾到保护器的动作电流及回复时间，若回复时间不匹配，造成动作次数频繁、对压缩机绕组绝缘的冲击次数过多，不但会使保护器寿命缩短，而且会烧坏压缩机。

（2）内藏式过载保护器

在压缩机制造过程中将保护器直接埋在绕组内并串接在绕组公共端中固定，其结构如图 3-52 所示。当绕组由于某种故障使温度升高而超过允许范围时，过载保

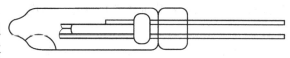

图 3-52 内藏式过载保护器

护器内的双金属片将发生弯曲变形，断开触点，切断电动机电源，从而起到保护电动机的作用。内藏式过载保护器灵敏度高、可靠性强，但发生故障时不便更换。

（3）组合式启动保护器

此保护器是将启动继电器和过载保护器独立装配好后组装在一个金属架上，再将整个架子安装在压缩机壳体的外壁上，其结构如图 3-53 所示。组合式启动保护器中的过载保护器

都采用碟形过载保护器；启动继电器可采用重锤式启动继电器或 PTC 启动继电器。这种组合式启动保护器不能卧放或倒放，应直立放置。

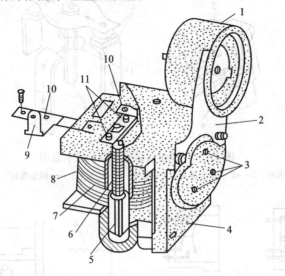

图 3-53　组合式启动保护器结构示意图

1—过载保护器；2—金属架；3—插座孔；4—胶木壳；5—衔铁；6—复位弹簧；7—固定铁芯；
8—电流线圈；9—启动绕组接头；10—静触点；11—动触点

二、温度控制器

电冰箱温度控制器是电冰箱的调温、控温装置，其作用是根据电冰箱的使用温度要求，对压缩机的开、停或对冷风量进行自动控制，使电冰箱内的温度保持在设定值范围内。

目前使用的温度控制器按采用的感温元件不同可分为压力式温度控制器和电子式温度控制器。压力式温度控制器一般固定在专用的塑料盒内，外面用旋钮调节；电子式温度控制器一般采用滑键来调节。

压力式温度控制器的感温元件——感温管，因感受不同的温度而伸长或收缩，并通过一套机械机构控制压缩机电路开关的通、断或风门的开度。

电子式温控器则是通过电子感温元件，将箱内温度的变化转换为电信号，由继电器控制压缩机电路。大规模集成电路的使用，使电子式温度控制器无触点，从而提高了控制的可靠性。

按温度控制方式，温度控制器可分为温差复位型与定温复位型。前者指温控调节旋钮在调节范围的任一位置上控制压缩机开、停机时，箱内温度差是定值，一般为 4℃；后者指压缩机的箱温随温控调节旋钮的位置变化，但开机时的温度是固定的。

1. 压力式温度控制器

压力式温度控制器是目前电冰箱中使用最多的一种温度控制器，从结构上可分为普通型、半自动除霜型和风门型三种。

(1) 普通型温度控制器

普通型温度控制器又称一般型或标准型温度控制器，其结构如图 3-54 所示，主要用于人工除霜的普通单门直冷式电冰箱或全自动除霜控制的间冷式双门电冰箱。它根据温度的变化控制压缩机的开与停,主要由温压转换部件和触点式微型开关组成。温压转换部件由感温管和感压腔组成一个相通的密闭系统。感压腔也称感温腔,又分为波纹管和膜盒两种结构,其内部充入的感温剂一般为氯甲烷R40（CH_3Cl）或氟利昂R12（CF_2Cl_2）。

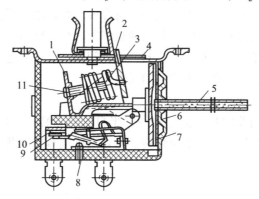

图3-54 普通型温度控制器结构示意图

1—主架板；2—温度控制板；3—主弹簧；4—调温凸轮；5—感温管；6—感压腔；7—传动膜片；
8—温差调节螺钉；9—快跳活动触点；10—固定触点；11—温度范围调节螺钉

普通型温控器工作原理如图3-55所示。普通型温度控制器的感温管一般固定在靠近蒸发器的内胆上,当蒸发器表面的温度低于预定值时,传动膜片向右移动,使动、静点迅速断开,切断压缩机电动机的电源,使压缩机停转。停机一段时间后,电冰箱内及蒸发器表面温度回升,并超过设定值,传动膜片向左移动,顶住触点杠杆,导致动、静触点闭合,电路系统接通,压缩机运转,制冷系统恢复工作。

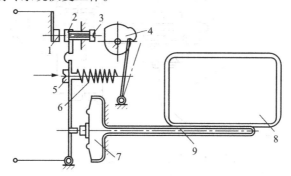

图3-55 普通型温度控制器结构

1—静触点；2—动触点；3—温差调节螺钉；4—调温凸轮（外部旋钮）；
5—温度范围调节螺钉；6—主弹簧；7—感压腔；8—蒸发器；9—感温管

调节凸轮与外部旋钮是同轴的。改变凸轮的旋转角度就可以改变平衡弹簧对杠杆的拉力,相应地,改变传动膜片的推力才能使触点产生动作,以达到改变电冰箱内温度的目的。

普通型温控器可以根据需要进行温度控制范围调节和温差的调节。

电冰箱内的温度是有一定范围的,如直冷式电冰箱,在环境温度为32℃的条件下,任意转动温度控制器的旋钮,冷藏室内温度应保持在0℃~10℃。若更换新温控器,则当温控范围不符合要求时,可通过调节温度范围的调节螺钉进行调整,改变主弹簧的平衡状态,即改变平衡弹簧对杠杆的起始力矩,从而改变感压腔膜片的起始压力。如温控器的温控范围偏高(开机温度 -6℃、停机温度 -14℃),则需逆时针方向旋转调节温度范围的调节螺钉,以减少主弹簧的作用力,从而使箱内温度下降(开机温度 -8℃、停机温度 -16℃)。若需上调为 -4℃和 -12℃,则可顺时针方向旋动温度范围调节螺钉,使弹簧平衡力增加。

当电冰箱内所控制的开机、停机温差不符合要求时,则可旋转温差调节螺钉,以改变两触点的间距,达到改变温差的目的。若两触点间距减少,则箱内开停机时的温差变小,箱内温度波动幅度小,但压缩机启动频繁;若两触点间距过大,则电冰箱内温度波动幅度大,但压缩机启动次数减少,故可降低电冰箱的耗电量。

(2) 半自动除霜温度控制器

在普通型温度控制器的基础上增加一套半自动除霜装置,即构成半自动除霜温度控制器,其主要包括除霜按钮、除霜平衡弹簧、除霜温度调节螺钉及温度控制板等,其结构如图 3-56 所示。

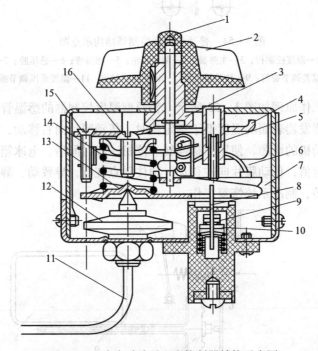

图 3-56 半自动除霜温度控制器结构示意图

1—除霜按钮;2—面板温度调节旋钮;3—温度调节凸轮;4—温度控制板;5—温差调节螺钉;6—弓形弹簧;7—跳动板;8—触点推动杆;9—静触点;10—动触点;11—感温管;12—膜盒;13—平衡杠杆;14—除霜平衡弹簧;15—除霜温度调节螺钉;16—温度范围调节螺钉

半自动除霜温控器主要用在各种直冷式电冰箱中,一方面可以像普通型温控器那样对箱内温度进行调节和控制;另一方面当电冰箱蒸发器表面霜层过厚时,可用其进行除霜。使用时只要将除霜按钮按下,压缩机就会立即停止工作而除霜,待箱内温度达到预定的除霜终了温度(即蒸发器表面温度为 5℃左右,箱内中部温度为 10℃左右)时,除霜按钮就会自动跳起接通电源,压缩机便恢复工作。

图 3-57 所示为半自动除霜温度控制器的工作原理。当除霜按钮没有按下时,除霜弹簧未对除霜平衡弹簧施加作用力,则半自动除霜温度控制器相当于普通型温度控制器。当需要

除霜时,将除霜按钮压下,则动、静触点分开,切断压缩机电路,压缩机停转,制冷停止。这时除霜控制板除受主弹簧的作用力外,还受除霜弹簧的作用。当箱温升到一定温度值(除霜终了温度),感温腔体积膨胀伸长至足以推动杠杆时,动、静触点闭合,压缩机运转,又开始制冷,同时除霜按钮自动弹起复位,使半自动除霜温度控制器进入正常的温控工作状态。

除霜终点温度是通过除霜温度调节螺钉来调节的,顺时针拧转除霜温度调节螺钉,除霜弹簧被压缩,除霜弹簧对除霜控制板的预力矩增大,除霜温度升高;逆时针拧转除霜温度调节螺钉,则除霜温度降低。

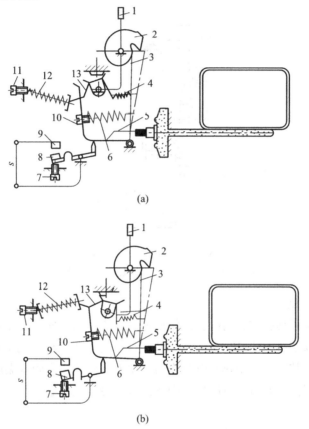

图 3-57 半自动除霜温控器工作原理
(a) 温度控制位;(b) 除霜位置
1—除霜按钮;2—凸轮;3—温度控制板;4—除霜平衡弹簧;5—杠杆;6—主弹簧;
7—温差调节螺钉;8—动触点;9—静触点;10—温度范围调节螺钉;
11—除霜温度调节螺钉;12—除霜弹簧;13—除霜控制板

(3) 风门温度控制器

间冷式电冰箱采用风门温度控制器控制冷冻室流向冷藏室的冷空气量,以控制冷冻室和冷藏室的温度(主要对冷藏室温度进行控制),并根据箱内的温度控制风门的开度,以调节箱内的冷气流量,从而达到调节箱内温度的目的,其结构如图 3-58 所示。

风门温度控制器由感温系统(感温包、波纹管)、机械传动装置和风门组成。感温系统和机械传动装置的功能与前述温控器相同。风门的尺寸能完全遮盖风道口;感温系统的动作传递到风门并转变成风门的旋转运动，风门的旋转角度随波纹管内工质压力的大小而变化。波纹管的作用力甚至可使风门处在全开或全闭状态；通过风门旋转角度的变化，可以改变风道口的开启度，从而控制冷风的通过量，使箱内温度得以调节；当冷藏室温度下降时，感温管温度也下降，则波纹管的压力下降以使风门关闭。

由于调节风门设在从冷冻室引来的风道入口处，冷冻室的冷气通过风道口进入冷藏室，感温管装在冷藏室的回风口处，因此，当冷藏室内的温度升高到8℃时，风门便处于全开状态。这时冷冻室降温速度减慢，而冷藏室降温加快，当冷藏室温度降到低于0℃时，波纹管内制冷剂的压力下降，使风门关闭。

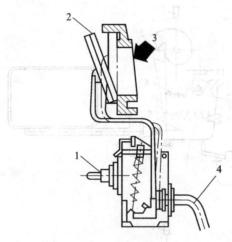

图3-58　感温风门温控器结构示意图
1—调节杆；2—风门；3—冷风流向；4—感温管

2. 电子式温度控制器

电子式温度控制器具有控温精确、工作稳定、可靠性高及使用寿命长等优点，目前应用十分广泛。电子式温度控制器可分为两种类型，其一是采用二极管的PN结作为感温元件的半导体温度控制器；其二是采用热敏电阻作为感温元件的热敏电阻式温度控制器。

电子式温度控制器一般由主电路板、操作面板、冷藏室传感器和冷冻室传感器等四部分组成。

主电路板放置在电冰箱后部的台板上，电子式温度控制器的主要控制元件都安置在主电路板上。操作面板放置在电冰箱前面的台板上，该面板上装有除霜控制按钮和箱内温度调节钮。冷藏室传感器安置在电冰箱冷藏室内，用于感应冷藏室内的温度。当冷藏室蒸发器表面温度上升到3.5℃以上时，温度传感器就会发出指令，使压缩机开机制冷；当冷藏室蒸发器表面温度降到-19℃~-25℃时，压缩机则停机。冷冻室传感器安置在电冰箱的冷冻室内，用于感应控制冷冻室除霜。当冷冻室内蒸发器表面结霜过厚需除霜时，按下除霜按钮，缠绕在冷冻室蒸发器外表面的电热丝通电发热，蒸发器表面的霜层便随温度升高而融化。当冷冻室温度升到8.5℃时，冷冻室温度传感器就发出指令使加热丝断电，同时压缩机启动制冷。

（1）热敏电阻式温度控制器

该温度控制器的热敏电阻直接放在箱内空间的适当位置，当箱内温度发生较小变化（一般为1℃~2℃）时，其热敏电阻值也会发生相应变化，并经电子电路放大，带动继电器

项目3 电冰箱的使用与维修

动作,以控制压缩机的启、停机,实现电冰箱温度的自动控制。移动滑杆变阻器可以改变箱内的调控温度。图 3-59 所示为热敏电阻式温度控制器的电路图,它由感温元件(负温度系数的热敏电阻)、平衡电桥、电压放大器、继电器及稳压电源等组成。当电冰箱内温度升高时,由 $R_1 \sim R_4$ 及 R_P 组成的平衡电桥中的热敏电阻 R_1 阻值变小,A 点电位升高。当 A 点电位高于 B 点时,三极管 VD1 集电极输出的电流使继电器 K 工作,接通压缩机电路,电冰箱开始制冷降温。随着箱温的降低,R_1 阻值增大,当 A 点电位低于 B 点时,三极管 VD1 集电极的电流不足以维持 K 工作,于是压缩机电路被切断,从而使电冰箱内温度保持在一定的范围。电路中的 R_P 是温度控制调节电位器,调大 R_P 则 B 点电位升高,只有当 R_1 阻值更小时,A 点的电位才能高于 B 点的电位值,从而 VD1 集电极的电流才足以使继电器 K 动作,接通压缩机电路。该电路采用了稳压电源,不受电压波动的影响,有较高的工作灵敏度与可靠性。

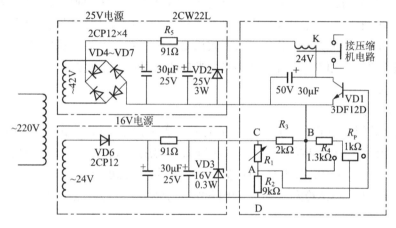

图 3-59 热敏电阻式温度控制器电路

近年来,随着大规模集成电路的普及,电冰箱温度控制器已开始采用数字显示装置,大大提高了温度控制器的可靠性。

(2)半导体式温度控制器

此温度控制器的感温元件由多个二极管串接并封闭在玻璃管内而成。由于半导体管的 PN 结对温度变化敏感,正向压降具有线性的温度特性,因此它有较宽的测温范围。其控制电路如图 3-60 所示,R_5、VD2 ~ VD11、R_7、R_8、R_3 和电流表组成模拟温度计;R_5、VD2 ~ VD11、R_2、R_6、R_4 组成测温电桥。当电冰箱内温度升高时,VD2 ~ VD11 正向压降减小,D 点电位升高,VT4 发射极电位也升高。随着温度的继续升高,当 VT4 发射极电位升高至足以使继电器动作时,接通压缩机电路,于是压缩机运转制冷。当电冰箱内温度降低时,D 点电位下降,VT4 发射极电位也随之下降。当 VT4 发射极电位降至继电器释放电压时,继电器复位,切断压缩机电路,则电冰箱停止工作。

三、化霜原理及电路组成

由于电冰箱箱内空气是含有水分的,故电冰箱运行一段时间后,就会在蒸发器表面凝结出一层霜。霜是热的不良导体,霜层过厚,就会极大地降低蒸发器的热交换性能,导致电冰箱长时间运转,使箱内温度不能正常降低。当霜层达到 5 mm 左右时,就要及时除霜,以确保电冰

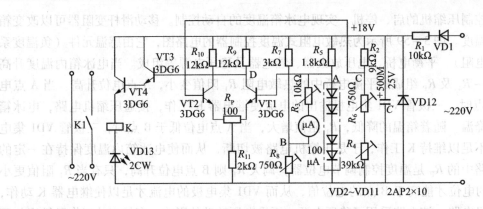

图 3-60 半导体式温度控制器电路

箱的正常制冷。除霜方式有人工除霜、半自动除霜和全自动除霜三种形式。其中人工除霜最简单，即将电源插头拔下，让电冰箱内温度自然回升到 0℃ 以上，使霜层逐步融化，待全部融化后再接通电源制冷。但此方法操作时间长，效果差，易影响储存食物的新鲜度，因此，目前生产的电冰箱几乎都不采用人工除霜，而多采用半自动除霜或全自动除霜。

1. 化霜原理

（1）半自动除霜

此除霜方式广泛应用于单、双门直冷式电冰箱。实际上它与停机除霜原理是一样的，只是在温度控制器上附设了一个除霜按钮，在需要除霜时，只需按下此按钮，压缩机便会停止运转，使箱内温度逐渐回升。当箱内温度升到 10℃ 左右、蒸发器表面温度升到 6℃ 左右时，除霜便结束，温度控制器自动弹起，电冰箱恢复制冷。由于除霜开始需人工操作，故称为半自动除霜。

（2）全自动除霜

此除霜操作无须人工参与，能按一定的时间间隔自动完成除霜工作。全自动除霜不但能自动定时除霜，而且还能自动停止压缩机工作，同时接通除霜加热器，待除霜达到要求后继续恢复压缩机的制冷工作。

全自动除霜装置的工作原理如图 3-61 所示。图 3-61 中所示为除霜定时器的活动触点与压缩机接通时的状态。当压缩机运转并进行制冷循环时，设定的除霜定时器与压缩机同步开始计时。当同步运转达到设定的除霜间隔时间 8 h 时，除霜计时器的活动触点切换，将压

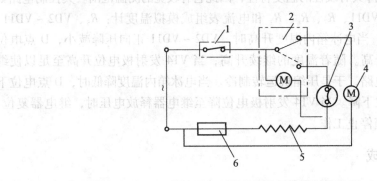

图 3-61 全自动除霜控制电路原理

1—温控器；2—除霜计时器；3—除霜温控器；4—压缩机电动机；5—除霜加热器；6—除霜超热保护器

缩机电动机电路断开,并接通由双金属除霜温度控制器、除霜加热器和除霜超热保护器所组成的电路,对蒸发器加热除霜,这时除霜定时器不工作。霜层全部融化完后,蒸发器表面温度还会继续升高,当温度达到双金属除霜温控器跳开温度(一般为13℃±3℃)时,触点跳开,切断除霜加热器电路,停止加热,除霜定时器又开始工作,经约2 min后定时器触点切换,将压缩机电路接通,压缩机又开始下一周期的运转。当蒸发器表面温度降低到双金属除霜温控器复位温度(一般设定最低温度为-5℃)时,触点复位,并接通除霜加热器电路,为下一次除霜做准备,从而实现了对电冰箱的周期性全自动除霜控制。

除霜超热保护器被串联在蒸发器除霜加热电路中,同时又被卡装在蒸发器上,直接感应蒸发器的温度。当出现某些故障,如除霜结束双金属除霜温控器的触点发生粘连时,除霜加热器就继续通电对蒸发器进行加热;当蒸发器表面温度达到65℃~70℃时,超热保护器动作,断开加热电路,可防止因温度继续升高蒸发器管内压力随之上升而超过允许压力,造成管路爆裂,从而起到保护作用。

2. 全自动除霜控制元件

(1)除霜定时器

除霜定时器由时钟电动机驱动,通过齿轮箱减速并传动到凸轮机构和一组触点,A、B、C、D为定时器的接线端子,其结构如图3-62所示。

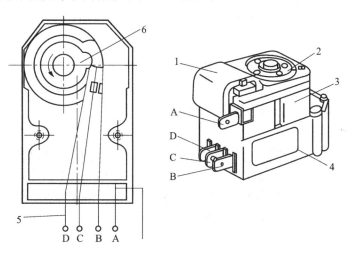

图3-62 除霜定时器结构示意图
1—定子绕组;2—定子;3—变速机构;4—开关箱;5—端子板;6—凸轮

除霜定时器的动作原理如图3-63所示。图3-63(a)表示除霜结束时定时器的状态,双金属片除霜温控器的触点断开,切断除霜加热器的电路,此时压缩机电动机的电路还未接通。当定时器的凸轮再逆时针旋转一个很小的角度时(时间约为2 min),就可到达到如图3-63(b)所示的位置,此时压缩机电动机电路接通,即蒸发器除霜加热器停止工作约2 min后,压缩机又开始了下一个周期的运转。

(2)除霜温度控制器

该温度控制器卡装在翅片管式蒸发器上,直接感受蒸发器表面温度,当双金属片温度为13℃±3℃时,由于变形而使触点跳开;当温度降至-5℃左右时,双金属片复位使触点接触,接通除霜加热器的电路。其结构如图3-64所示。

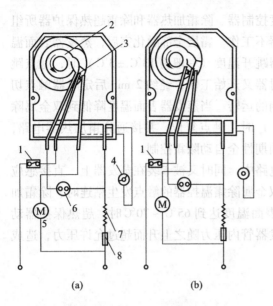
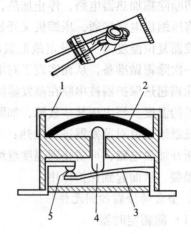

图 3-63 除霜定时器动作原理
1—温度控制器；2—凸轮；3—活动触点；4—继电器电钟；
5—压缩机电动机；6—双金属除霜温度控制器；
7—除霜加热器；8—加热除霜超热保护器

图 3-64 双金属片除霜温度控制器结构示意图
1—热敏部；2—双金属片；3—触点弹簧；4—销钉；
5—触点

（3）除霜加热器

该加热器为管状电热器件，加热元件是封装在镀镍铜管中的电热丝，铜管与电热丝之间填充绝缘粉。加热器功率一般为 124～134 W，它安装在翅片管蒸发器的翅片下边或直接插入翅片中，用以对蒸发器表面霜层进行加热而除霜。

（4）除霜超温保护器

它由封装在塑料外壳中的超热熔断合金构成，串联在蒸发器加热电路中，可直接感受蒸发器表面的温度变化。一般设定的断开温度为 65℃～70℃，用于当除霜温度控制器失灵时断开除霜加热器电路，以防止蒸发器表面温度连续升高。该保护器为一次性使用装置，一旦出现故障应更换新品，其结构如图 3-65 所示。

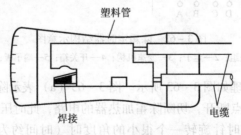

图 3-65 除霜超温保护器

四、电冰箱典型电路组成与控制原理

1. 直冷式电冰箱控制

此电路的组成包括：启动保护及控制电路，由温度控制器、启动电容器、重锤式启动继电器、压缩机电动机和过流过热保护继电器组成；照明电路，由灯开关与灯构成。当箱内温度高于温度控制器调定的温度时,温度控制器接通,压缩机电动机启动运转。启动电容器的作用是对压缩机电动机启动绕组电流移相,增大启动转矩,改善启动性能。当冰箱内温度下降到用户所设定的温度时,温度控制器断开而使电冰箱停止工作,直冷式电冰箱控制电路如图 3-66 所示。

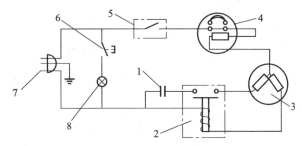

图 3-66 直冷式电冰箱控制电路
1—启动电容器;2—重锤式启动继电器;3—压缩机;4—过载保护器;
5—温控器;6—门开关;7—插头;8—照明灯

为避免由于环境温度过低(放置电冰箱的房间无取暖设备或在我国黄河与长江之间的地域)而使压缩机长时间不启动运行,造成冷冻室冻结食品解冻而影响食品新鲜度的情况,可在原电路中设电加热回路给冷藏室蒸发器加热。该回路是利用温度控制开关来控制其通断的,如图 3-67 所示。其工作原理是:在温度控制器的温控开关 L 与 C 两触点之间并联一个箱内加热丝,当压缩机运转时,虽然 L 与 C 接通,但由于加热丝被触点短路,故无法通电发热,只有当冷藏室温度达到温度控制器设定值,L 与 C 断开停机,电源经 L 点→加热丝开关(应在闭合状态)→箱内加热丝→过载保护器→压缩机运行绕组构成回路时,加热丝才通电发热。此时,由于加热丝电阻远大于运行绕组阻值,故压缩机不运转。

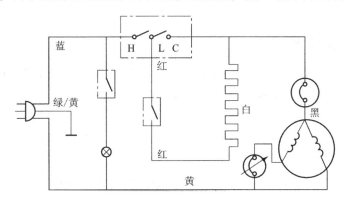

图 3-67 带电加热回路的直冷式电冰箱控制电路

2. 间冷式电冰箱控制电路

与直冷式电冰箱相比,间冷式电冰箱多了冷风循环电路和全自动除霜电路,如图 3-68 所示。该电路包括:由温度控制器、压缩机电动机、PTC 启动继电器和过载保护器构成的启动保护与控制电路;由除霜定时器、除霜温度控制器、除霜加热器和除霜超热保护器构成的全自动除霜控制电路;由排水加热器构成的加热防冻电路;由风扇电动机、照明灯和两个门开关组成的通风照明电路等四部分。

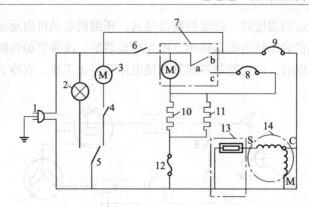

图 3-68 间冷式电冰箱控制电路
1—插头；2—照明灯；3—风扇电动机；4—冷冻室门开关；5—冷藏室门开关；6—温度控制器；
7—除霜定时器；8—除霜温度控制器；9—过载保护器；10—除霜加热器；11—排水加热器；
12—除霜超热保护器；13—PTC 启动继电器；14—压缩机电动机

电路中接入排水加热器的目的是保证融化的霜水能顺利地导出箱外，不致因排水管冰堵而损坏电冰箱或污染食品。

在冷藏室箱门关闭后，电冰箱的风扇电动机电路接通，若此时再接通冷冻室门开关，则风扇电动机通电运转，使箱内冷气开始强制对流。当打开冷藏室箱门时，一方面风扇电动机断电，冷风停止循环；另一方面冷藏室内的照明灯被接通。由于该电路采用 PTC 启动继电器，故该电冰箱在断开电源后至少间隔 5 min 以上方可重新将电源接通，以防止压缩机电动机产生过电流而被烧毁。

【任务实施】

一、任务实施相关知识

电冰箱控制电路包括启动元件、热保护元件、温度控制器、除霜控制机构（间冷电冰箱）等。重锤式启动器容易出现的故障是：触点粘连造成活动触点常闭；触点烧损或重锤卡死，造成活动触点常开。

温度控制器常出现的故障是：触点粘连、机械机构失灵而使温度范围漂移；感温包中感温剂泄漏和酸碱物质腐蚀使其损坏等。

温度控制器控温的范围是通过调节温度范围调整螺钉来实现的，顺时针旋拧可使电冰箱内温度整体范围偏高；逆时针旋拧可使电冰箱内温度整体范围偏低。

压缩机启动次数的多少是靠调节温差螺钉实现的，顺时针旋拧则压缩机启停频繁；逆时针旋拧则压缩机启停间隔变长。

二、任务实施步骤

1. 温度控制器

（1）检测各接线端子的性质

1）将温度控制器旋钮逆时针旋至最低挡。

2）根据接线端子分布情况（见图3-69），用万用表的电阻挡分别测量端子1与端子2及端子1与端子3之间的电阻值，阻值为∞时的另一端（即3）应与压缩机相连；阻值为零时的另一端（即2）应与电冰箱照明灯相连接；1端接电源进线。

(2) 温度控制器质量的判断

1）电冰箱在制冷状态下，温度控制器各接线端子之间是导通的，可用万用表的电阻挡对其进行测量，如果电阻均为零，则说明该温度控制器内部连接质量良好。

2）将温度控制器的旋钮调至中间位置，然后将感温管（感温包）的一半放在 -18℃的冷冻室内 10 min 左右，温度控制器应动作，即端子1与端子2及端子1与端子3形成断路。

3）用万用表的电阻挡测量端子1与端子2及端1与端子3各端的电压均应是∞。

4）将感温管从冷冻室中取出 1~2 min 后，端子1与2及端子1与端子3应恢复通路状态，用万用表检测其电阻值应为零。

经过上述检查并符合要求，则说明温度控制器的质量良好。

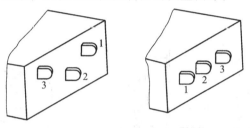

图 3-69　温度控制器接线端子分布示意图

2. 热保护器

1）常温下用万用表的电阻挡测量热保护器两端的电压，其阻值应为零。

2）将热保护器放在 150℃~200℃的物体上（或用电烙铁局部加热），然后用万用表测量热保护器两端电阻，其值应为∞。

经上述检查并符合要求，说明热保护器质量良好，否则说明热保护器失效。

3. 启动器

(1) 重锤式启动器的检查

1）将重锤启动器按重锤的直立方向（如图3-70所示位置）上下摇动，应能听到撞击声。

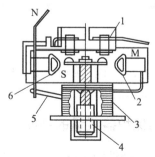

图 3-70　重锤启动器

1—静触点；2—运行端插孔；3—继电器线圈；4—重力衔铁；5—动触点；6—启动端插孔

2）用万用表测量 M 与 S 接线端子之间的电阻，其值应为∞（断路）；M 与 N 接线端子之间的电阻应为零（导通）。

3）将启动器翻转 180°即倒立，此时检测 M 与 S 之间的电阻，其值应为零。

经上述检查并符合要求，则说明启动器质量完好。

(2) PTC 启动器的检查

1）用手上下摇动启动器应无任何声音。

2）常温下用万用表测量 PTC 启动器的接线端子，其阻值应符合启动器标注的电阻值（10～50 Ω）。

经上述检查并符合要求，则说明 PTC 启动器质量完好。

4．除霜定时器

(1) 电路连接的检查

1）按照如图 3-71 所示的接线端子，用万用表的电阻挡测量端子 A 与端子 C 之间的电阻，其阻值应为 7 kΩ 左右。

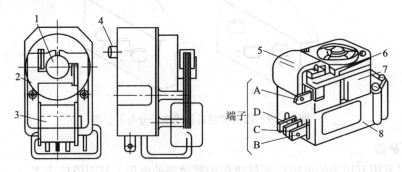

图 3-71 除霜定时器外观与结构

1—电钟电动机转子；2，6—定子；3，5—定子绕组；4—手控旋轴；7—齿轮箱；8—开关箱

2）测量端子 C 与端子 D 之间的电阻，其值应为∞。

3）测量端子 C 与端子 B 之间的电阻，其值应为零。

4）顺时针旋转手控旋轴并听到"喀"一声响后，立刻停止旋转（此时为除霜位置）。

5）用万用表测量端子 C 与端子 B 之间的电阻，其值应为∞；测 C、D 端子之间的电阻，其值应为零。

6）继续顺时针旋转手控旋轴，当又听到"喀"一声响后，再重复 2）、3）的测量过程。

(2) 齿轮传动部分的检查

1）将除霜定时器接到电冰箱上，在手控旋轴上做一标记。

2）启动电冰箱 1～2h 后，所做标记应顺时针旋转一角度，否则说明除霜定时器有故障。

三、压缩机温度控制器及启动保护器质量的判断

在其维修过程中，电冰箱主要零部件的质量分析对提高维修效率及保证维修质量十分重要，而快速更换故障部件也是电冰箱维修的重要技能之一。

1．压缩机电动机质量的判断

判断压缩机电动机质量好坏的方法有以下两种：

(1) 直流电阻测量法

压缩机机壳接线柱分别为运行绕组一端 M、启动绕组一端 S 及它们的公共端 C，三个接线柱为等边三角形，如图 3-72 所示。用万用表的电阻挡分别测量每两个接线柱之间的直流电阻，可得三个电阻值，最大阻值应等于其余两个阻值之和，且最大阻值的两端为运转绕组端和启动绕组端，另一端为它们的公共端。若上述电阻值不符合其和或差值关系，则电动机必有故障；若符合差或和值关系，则应再测量接线柱与压缩机外壳的绝缘电阻（应大于 2 MΩ）是否满足要求。

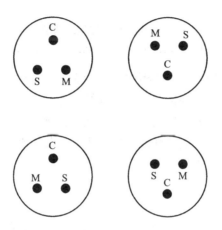

图 3-72 压缩机电动机接线布置

(2) 测量运转电流

用钳形电流表测量运转电流，测得的电流值与该压缩机的额定电流值加以比较，其值不应超过额定值。

2. 温度控制器质量的判断

对于压力式机械温度控制器，一般的故障现象为触点粘连、机械结构失灵而使温控范围漂移；另外，感温剂泄漏也会使其失灵。在检查时，可用万用表通过接线端子间的通断关系，检测出温度控制器的性能和质量。温度控制器接线端子的通断关系可反映出温度控制器内部机械放大机构的动作状态。温度控制器接线端子分布形式如图 3-73 所示，不论是哪一种形式，其外壳均有一个接地端子。主电路中连接电源与压缩机的接线端子是 1 和 3，它们之间受温度变化而产生通断关系，同时也受到温度控制器旋钮的控制，即逆时针拨至最低挡位时，1 和 3 两个接线端子间呈断开状态，此时用万用表的电阻挡测量其值应为∞；当顺时针旋至任何位置时，电阻应为零。反之，则说明温度控制器出现故障。温度控制器的 1、2 接线端子则在任何状态下永远处于开通状态，它实际上是供照明灯电路而设置的，此处应接电源进线，即电源进线应接在 1 处，照明电路接在 2 处，与压缩机相连的电源接头应接在 3 处。如果将 3 接在电源进线、1 与压缩机相连接，则会出现当压缩机停转时，电冰箱内照明灯不亮的故障。

常温下测量各接线端子间应是常通状态，把温度调节钮逆时针方向旋至终点后，再稍用力旋转时会有机械动作声响，即把 1、3 两端断开。此时用万用表测量 1 和 3 之间的电阻值应为∞，测量 2 和 3 之间的电阻应为零。通过这些测量可区分各接线端子的用途。

低温下温度控制器质量的判断方法：将温度控制器调节旋钮旋至中间位置，把感温管近

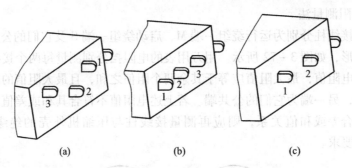

图 3-73 温度控制器接线端子分布

(a) 三角形接法；(b) 一字形接法；(c) 两个接线端子

一半的长度置于 -15℃ ~ -20℃ 的电冰柜中，保持 5~10 min 后，可听到温度控制器机械动作的声音，这时可用万用表测量各接线端子，其结果应是 1 与 3 断开，2 与 3 仍为接通。由此可断定温度控制器具有在低温下切断电路的功能。把感温管从冰柜中取出 1~2 min 后，1 与 3 应能接通，此时说明温度控制器性能良好；否则，如果在低温下长时间不能使 1 与 3 断开，则说明温度控制器粘连或失灵。

3. 启动保护器质量的判断

(1) 启动器的检查

启动器是确保压缩机启动的重要元件，其经常出现的故障是：触点粘连，活动触点常闭；触点烧损或重锤卡住，造成活动触点常开。在检查时，应首先按重锤的直立方向，用手上下摇动并听到内部的撞击声，以初步判断其质量状态；然后用万用表测量 M 与 S 之间的电阻值，如图 3-74 所示。在测量启动器直立位 M、S 间的阻值时，如图 3-74 (a) 所示，其阻值应为∞；如果电阻值较小，则说明触点粘连。M、N 之间的电阻应很小，即通路状态；若电阻值为∞，则说明线圈烧损。再将启动器转 180°，如图 3-74 (b) 所示，此时 M、S 之间应为导通状态。如果电阻值很大，则说明其接触不良；若电阻为∞，则说明触点烧损或重锤卡死使触点不能下落闭合。

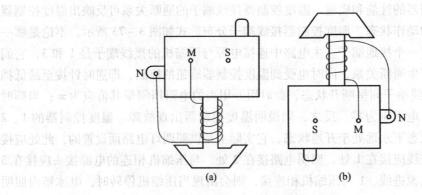

图 3-74 启动器的检查

(2) 检查过载过热保护器

测量保护器接线端子两端阻值，若正常，则其值为零；如果内部加热丝烧毁而断路，则电阻为∞。把保护器放在 150℃ 以上的热物体上时，触点应能跳开，阻值变为∞；若不能跳

项目3 电冰箱的使用与维修

开,则触点粘连,保护器损坏。

四、注意事项及要求

1)在检查除霜定时器的齿轮传动机构时,等待时间应足够长,否则手控旋轴旋转的角度不明显,容易造成错误判断。

2)温度控制器的两个调整螺钉在出厂前均已调整好,并用红漆密封,一般不允许再做调整,特殊需要可视具体情况进行调整。

3)在检查过程中应注意用电安全,从电冰箱上拆或装电器零件时一定要切断电源。

4)当测量元件的电阻或导通情况时,应排除相关的串联、并联元件的影响。如果有可能应将电器元件脱离电路进行测量。

5)将检查后的电器元件安装到电冰箱上,应检查电路对机壳的绝缘性能,以防由于连接不当造成漏电。

6)必须正确使用测量仪表,避免出现不必要的误判。

【任务测试】

项目评价见表3-8。

表3-8 项目评价

工作台编号		操作时间	40	姓名		总分	
序号	考核项目	考核内容及要求		评分标准	配分	检测结果	互评	自评
1	温度控制器	检测的正确操作		酌情扣1~20分	20			
2	热保护器	检测的正确操作		酌情扣1~30分	30			
3	启动器	检测的正确操作		酌情扣1~30分	30			
4	除霜定时器	检测的正确操作		酌情扣1~30分	20			
5			备注:					
小组成员						指导教师		

【实训项目及要求】

1. 实训项目

(1)参观电冰箱生产厂家,主要观察电冰箱的生产过程及各种部件的结构、作用和装配。

(2)到电冰箱销售部门体验销售过程。

(3)电冰箱制冷系统脏(冰)堵的排除操作。

(4)对冰箱各种故障的排除操作。

2. 要求(写参观调研报告)

(1)最好用具有实际故障的电冰箱进行操作练习。

(2)电冰箱各种故障的排除,应到各品牌厂家的维修部进行操作。

3. 习题

(1)试述电冰箱的分类方法及种类。

(2) 说明下列电冰箱型号的含义：
BCD—320W；BCD—182；BCD—201E。
(3) 压缩机可分为几类？各自的特性及应用场合如何？
(4) 说明各种冷凝器及蒸发器的特点。
(5) 说明毛细管和干燥过滤器的作用。
(6) 总结直冷式与间冷式电冰箱制冷系统和电气控制系统的相同点及不同点。
(7) 说明压缩机的启动方式和过程。
(8) 电冰箱有几种除霜方式？各自的工作原理如何？
(9) 分析压力式温度控制器的作用和工作原理。
(10) 和家用电冰箱相比，冷藏室和陈列柜有什么不同之处？
(11) 分析新型电冰箱的各种特点。
(12) 根据家庭情况，选择一款家用电冰箱，要求说明选择的各种依据和理由。
(13) 简述电冰箱制冷系统冰堵与脏堵故障的排除方法和操作要求。
(14) 启动继电器、温度控制器和除霜定时器常出现的故障形式是什么？
(15) 总结直冷式电冰箱和间冷式电冰箱各种故障判断方法的相同点和不同点。
(16) 电冰箱从接活到维修结束全过程都包括哪些内容？
(17) 电冰箱制冷系统或电气控制系统维修后为什么要进行性能测试？

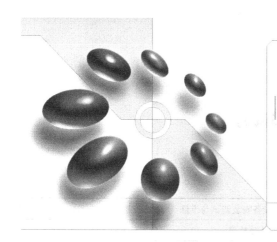

项目4 商业用冷柜的故障检修

【项目描述】

商业用冷柜是指采用单级蒸汽压缩式制冷系统实现制冷的冷柜，它适用于商业食品零售、饮食服务、团体食堂、宾馆、饭店及大、中、小型超市的食品冷冻、冷藏、销售和陈列展示。商业用冷柜的结构形式很多，应用广泛，近年来得到了迅速发展。

本项目通过对学生安排实训环节演练，让学生对商业用冷柜的构造与检修有初步了解。此外，冷柜的维修工具还具有一定的特殊性，与广泛应用的家用电冰箱相比，它在结构上既有相类似的地方，而在实际操作当中又有所不同，所以在实训环节当中要加以区别和重视。本项目的学习从商业用冷柜的原理与结构学起，最后形成多个故障维修工作任务，让学生在完成学习任务的同时，完成对商业用冷柜故障检修任务的学习，为下一步的维修工作及接下来的学习打下基础。

一、知识要求

1. 掌握商业用冷柜维修的基本操作要领
2. 掌握商业用冷柜的基本构造
3. 掌握商业用冷柜制冷系统的维修要点
4. 掌握商业用冷柜电器系统的维修要点

二、能力要求

1. 利用检修工具对商业用冷柜进行故障检修；通过项目的学习，能基本掌握商业用冷柜制冷系统故障维修要点
2. 利用检修工具对商业用冷柜进行故障检修；通过项目的学习，能基本掌握商业用冷柜电器系统故障维修要点

三、素质要求

1. 具有规范操作、安全操作及环保意识
2. 具有爱岗敬业、实事求是、团结协作的优秀品质
3. 具有分析及解决实际问题的能力
4. 具有创新意识及获取新知识、新技能的学习能力

任务 商业用冷柜的故障检修

学习任务单

学习领域	制冷设备安装调试与维修	
项目 4	商业用冷柜的故障检修	学时
学习任务	商业用冷柜的故障检修	8
学习目标	1. 知识目标 （1）了解商业用冷柜的结构和工作原理； （2）掌握商业用冷柜制冷系统维修故障的基本操作方法； （3）掌握商业用冷柜电器系统维修故障的基本操作方法； （4）掌握商业用冷柜其他故障的分析和操作方法。 2. 能力目标 （1）根据现场情况会对出现的故障做出基本分析； （2）能正确按照分析出的故障原因找到解决的办法。 3. 素质目标 （1）培养学生在冷柜维修过程中具有安全操作及规范操作的意识； （2）培养学生在冷柜维修过程中具有团队协作意识和吃苦耐劳的精神	

一、任务描述
接受冷柜维修的任务工单，熟悉工具使用方法，按照任务单要求进行冷柜故障检修。
二、任务实施
（1）了解冷柜出现的故障及现象；
（2）检查整个冷柜的电器接线是否有脱落、断线及短路之处，遇这类情况应先行排除。
（3）检查冷柜整机的绝缘情况；
（4）若上述检查结束后没有发现什么问题，或虽有问题，但已排除，则可进一步检查冷柜整机的阻值情况。上述检查结束后，确信冷柜电器方面已无问题时，就可以接通电源，全面检查维修。
三、将相关资源
（1）教材；
（2）教学课件；
（3）图片；
（4）制作图纸；
（5）制冷设备维修相关工具。
四、教学要求
（1）认真进行课前预习，充分利用教学资源；
（2）充分发挥团队合作精神，正确完成工作任务；
（3）团队之间相互学习、相互借鉴，提高学习效率。

项目4　商业用冷柜的故障检修

【背景知识】

一、商业用冷柜

商业用冷柜是指采用单级蒸汽压缩式制冷系统实现制冷的冷柜,它适用于商业食品零售、饮食服务、团体食堂、宾馆、饭店及大、中、小型超市的食品冷冻、冷藏、销售和陈列展示。商业用冷柜的结构形式很多,应用广泛,近年来得到了迅速发展。

商业用冷柜的分类、基本形式和参数。

1. 商业用冷柜的分类

商业用冷柜是具有适当容积和制冷装置的隔热柜体,其可通过制冷的作用降低柜内的温度,并能对其进行温度控制的设备。商业用冷柜按其用途分为冷藏柜、冷冻柜、冷藏冷冻柜、冷藏陈列柜和冷冻陈列柜5类,如图4-1所示。

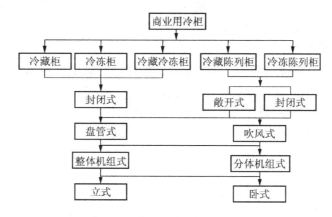

图4-1　商业用冷柜的基本分类

商业用冷柜一般设有冷藏室和冷冻室,冷藏室用以储藏非冻结食品,一般冷藏温度保持在0℃以上,最低不低于-6℃,较大体积的冷藏柜还可分成多个小间;冷冻室用以冷冻或储藏冻结食品,通常冷冻室温度可分为"一星""二星"和"三星"级室,其室内温度分别不高于-6℃、-12℃和-18℃,某些特殊用途的冷冻柜柜内温度可达-25℃或更低。

1) 冷藏柜:主要由制冷机组及冷藏室组成,仅用于储藏不需要冻结的食品,其温度应保持在0℃上下,最低不低于-6℃。

2) 冷冻柜:主要由制冷机组和冷冻室组成,用于冷冻或储藏冻结食品,其温度视冷冻室"星"级而定。

3) 冷藏冷冻柜:主要由制冷机组和冷藏室及冷冻室组成,分别用于储藏和冻结食品,其温度按要求而定。冷藏室一般在0℃上下,最低不低于-6℃;冷冻室则按"星级"要求分-6℃、-12℃和-18℃三级,特殊冷藏冷冻柜冷冻室温度可达-25℃或更低。

4) 冷藏陈列柜:又称冷藏展示柜,主要由制冷机组和冷藏室组成,用于储藏、销售和陈列展示非冻结食品,其温度一般在0℃上下,最低不低于-6℃。它可以是敞开式冷柜,也可以是带有透明围护结构的封闭式冷柜。

5) 冷冻陈列柜:又称冷冻展示柜,由制冷机组和冷冻室组成,用于储藏、销售和陈列展示冻结食品，兼有食品冻结功能，室内温度按星级要求而定。这类冷柜的冷冻室可以是敞开式，也可以是封闭式。

冷藏和冷冻陈列柜为方便食品存放、取出，柜体设有开口。在开口面上设有密封用门盖的冷柜称为封闭式冷柜；在开口面上无密封用门盖的冷柜称为敞开式冷柜。

整体式冷柜的制冷机组与冷柜柜体以固定方式连成一体；分体式冷柜的制冷机组与柜体是分开连接的。

另外，冷柜按其冷却方式又分为盘管式冷却和吹风式冷却，吹风式冷却装置中设有自动融霜及排除融霜水的装置。

盘管冷却是以空气自然对流直接与冷却盘管或冷却平面换热，实现冷室的冷却，这种冷柜也可称作直接盘管冷却式冷柜。吹风冷却式冷柜是以空气强迫对流直接与冷却盘管组进行换热，实现冷室的冷却，这种冷柜亦称无霜冷柜（因为在空气强迫对流循环下，冷却室的表面无冰和霜层的积聚）。无霜冷柜设有自动或手动融霜和排除融霜水的装置。

冷柜用的制冷装置均为蒸气压缩式制冷，采用 R134a 或 R22 等制冷剂，其制冷系统由压缩机、冷凝器、节流元件和蒸发器等组成。

2. 商业用冷柜的形式

冷柜按其使用特点或特殊结构，用国家统一的汉语拼音字母表示：C—冷藏柜，D—冷冻柜，CD—冷藏冷冻柜，CZ—冷藏陈列（展示）柜，DZ—冷冻陈列（展示）柜，K—敞开式冷柜，W—无霜冷柜，F—分体式冷柜，S—带水冷机组的冷柜。

冷柜产品型号及含义如下：

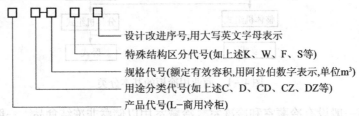

示例1：LD-0.8A，表示第一次改型设计的商用冷冻柜，有效容积为 $0.8\ m^3$。

示例2：LCZ-2.5KWFS，表示商用冷藏敞开式无霜带水冷机组分体式陈列（展示）柜，有效容积为 $2.5\ m^3$。

按冷柜使用的气候环境一般分为四种类型：

1）亚温带型（SN），气候环境温度为 10℃~25℃；

2）温带型（N），气候环境温度为 16℃~32℃；

3）亚热带型（ST），气候环境温度为 18℃~38℃；

4）热带型（T），气候环境温度为 18℃~43℃。

国内冷柜可参用亚热带型（ST）。

3. 冷柜的基本参数

1）冷柜额定有效容积是指冷柜冷室的毛容积减去冷室内各部件所占据的容积和那些认定不能用于储藏食品的空间后所余的容积。国家标准推荐的规格系列为：$0.3\ m^3$、$0.4\ m^3$、$0.5\ m^3$、$0.6\ m^3$、$0.8\ m^3$、$1.0\ m^3$、$1.2\ m^3$、$1.5\ m^3$、$1.8\ m^3$、$2.0\ m^3$、$2.5\ m^3$、$3.0\ m^3$。

项目 4 商业用冷柜的故障检修

2) 冷柜的工作温度。

①冷藏室：亚温带型（SN）和温带型（N），温度最低不低于 -6℃，可调温度范围可取 -1℃~10℃；亚热带型（ST）和热带型（T），最低温度为 -6℃，可调温度范围可取 0℃~12℃。

②冷冻室：一、二、三星级的冷冻室温度，分别不高于 -6℃、-12℃和 -18℃；特殊用途的冷柜，按使用温度设计。

③冷柜制冷装置电源：单相，交流额定电压为 220 V，额定频率为 50 Hz；三相，交流额定电压为 380 V，额定频率为 50 Hz。

二、冷藏柜与冷冻柜

1. 冷藏柜、冷冻柜的结构

冷藏柜、冷冻柜和冷藏冷冻柜，其基本结构有立式、卧式两大类，均属于封闭成型冷柜。立式冷柜有双门、三门、四门、五门和六门等，外形结构如图 4-2 所示，公称内容积有 0.5 m³、0.6 m³、1 m³、1.5 m³、2 m³、2.5 m³、3 m³、4 m³、5 m³ 和 6 m³ 等规格，多为整体机组式。特殊情况可以采用拼装方式将冷藏、冷冻柜做得更大，最大可以做到 10 m³ 以上。传统式冷藏、冷冻柜机组均置于柜体下部，采用开启式或半封闭式制冷压缩机风冷机组，方便安装与维护。新型冷柜多把机组置于柜体上部，并采用全封闭式或半封闭式制冷压缩机，其柜内冷却方式分吹风冷却（无霜型）和盘管冷却。上置机组式冷柜能更充分利用柜内空间，有效容积较大。六门以上的封闭式冷柜可作为组装式冷库使用，采用分体式机组，柜内可分割形成多个小冷间，通过制冷管系的不同组合，控制实现冷藏、冷冻或冷藏冷冻。

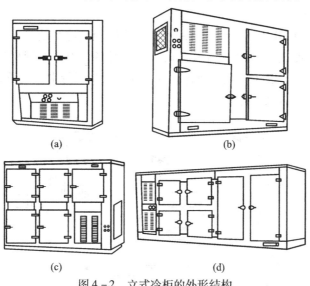

图 4-2 立式冷柜的外形结构
(a) 双门；(b) 三门；(c) 五门；(d) 六门

新型多门冷柜（封闭式）冷间内设有间格可调式栅条形搁板，方便存放食品。冷间冷却用蒸发器多为自然对流的盘管冷却，其冷却盘管可采用连续弯曲式结构或内藏式、铝复合板式，布置在柜内四周，柜内温度可控为 -6℃、-12℃、-18℃等。

卧式封闭式冷柜采用上开门或左右拉门式（滑动门式）整体结构，全封闭压缩机风冷机组,柜内温度可控,用于饮品储藏控制温度为0℃~5℃;若储藏冰激凌等食品,则可控温度为-12℃~-18℃;也可根据气候及使用要求,控制温度升高或降低。卧式上开门冷柜典型外形如图4-3所示。

家庭用新型卧式上开门小型冷柜,以实现食品的冻结储藏。商业用卧式上开门冷柜,更多地选用透明式滑动玻璃门,具有金属边框的滑动门又多采用双层玻璃或在玻璃夹层内设电热结膜的防结露措施,具有更好的储藏展示效果。

图4-3 卧式上开门冷柜典型外形

新型冷柜均采用聚氨酯整体发泡隔热结构,保温性能更好;内藏式蒸发器为花纹防锈铝内胆,换热面积大,制冷效果好。这类冷柜各种控制、指示装置均装在柜体外面的控制板上,方便使用和调节,具有冷冻、冷藏两种功能。也有新型卧式冷柜采用折门箱盖,端挡上直接带手把,铰链为子母式结构的塑料铰链,并带有限位上挡,折门开启、关闭结构合理。有的采用双层门结构的门盖,上层采用PVC复合钢板,聚氨酯发泡,内层采用钢化玻璃拉门,保温性能好,开启门盖时,箱内冷量损失少,操作也方便。

新设计冷柜多属亚热带型产品,保温层采用高压发泡成型,密度大,隔热保温性能好;门盖密封条采用多腔式结构,与箱体的接触面积大,密封性能好;底部安装万向脚轮,移动方便。

2. 冷藏、冷冻柜的制冷系统

冷藏箱的制冷系统主要由压缩机、冷凝器、蒸发器、储液器、干燥过滤器和膨胀阀(毛细管)等组成。冷藏、冷冻柜的制冷系统以前多采用开启式氟利昂压缩机组,近年更多采用半封闭机组或全封闭机组。

(1) 开启式机组

图4-4所示为采用开启式压缩机组的冷藏、冷冻柜制冷系统。压缩机由电动机通过三角皮带传动。机组的冷凝器一般采用风冷式;蒸发器多采用纯铜管材料,加工成蛇形盘管状,为了防腐,蒸发器一般还要经过镀镍处理。为了减少运行中蒸发压力的降低,不同蒸发温度的蒸发器之间的连接采用并联方式。

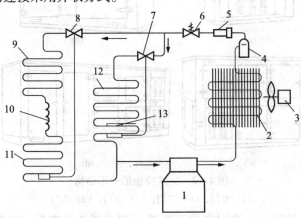

图4-4 开启式压缩机冷藏、冷冻柜制冷系统
1—压缩机;2—冷凝器;3—风扇电动机;4—储液器;5—过滤器;6—电磁阀;7,8—膨胀阀;
9—冷冻室蒸发器;10—细连接管;11—冷藏室蒸发器;12—低温室蒸发器;13—温度控制器感温管

在机组制冷系统中,为满足不同蒸发温度的需求,安装了两只膨胀阀,分别用于控制低温室蒸发器和冷冻室、冷藏室蒸发器。为防止停机后储液器中的高压制冷剂进入蒸发器,令再次开机时出现"液击"故障,在制冷系统中还安装了电磁阀。

工作时,来自储液器中的高压制冷剂分成两组向三个蒸发器供液,一组通过膨胀阀节流后,进入低温室蒸发器进行制冷;另一组通过膨胀阀节流后,先进入冷冻室汽化制冷,然后再经过细连接管节流后进入冷藏室汽化制冷,之后三个蒸发器的制冷剂蒸汽汇入回气管,被压缩机吸回,完成制冷循环。

(2) 封闭式机组

开启式压缩机的制造和检修比较简单,但比较笨重,材料消耗多,密封性能差,制冷剂易泄漏,因此逐渐被半封闭式或全封闭式压缩机所替代。

图4-5所示为采用全封闭式压缩机的冷藏、冷冻柜制冷系统,其机组由全封闭式压缩机、冷凝器、电磁阀、干燥过滤器、毛细管、蒸发器和分液筒等组成。

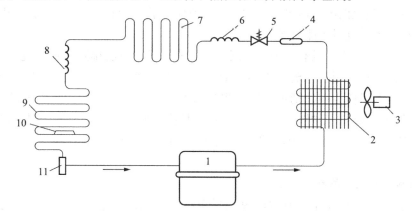

图4-5 全封闭式压缩机冷藏、冷冻柜制冷系统
1—压缩机;2—冷凝器;3—风扇电动机;4—干燥过滤器;5—电磁阀;6—毛细管;7—冷冻室蒸发器;8—细连接管;9—冷藏室蒸发器;10—温度控制器感温管;11—分液筒

机组设有两个蒸发器,一个为冷冻室蒸发器,一个为冷藏室蒸发器,两者之间为串联关系,通过细连接管连接。

为防止停机后储液器中的高压制冷剂进入蒸发器,令再次开机时出现"液击"故障,在制冷系统中安有电磁阀。

工作时,来自冷凝器中的高压液态制冷剂通过干燥过滤器过滤,被毛细管节流后,进入冷冻室蒸发器进行汽化制冷,然后再经过细连接管节流后进入冷藏室汽化制冷,之后制冷剂蒸汽经集气筒进入回气管,被压缩机吸回,完成制冷循环。

【任务实施】

一、工作项目

商业用冷柜的故障维修。

二、训练意义和要求

冷柜的故障检修工作分为制冷系统故障和电器系统故障，通过本项目的任务训练，要求能对冷柜出现的两大类故障做基本的检修工作。

三、任务实施过程

1. 准备工作

在冷柜维修之前做好必要的准备工作，对快速、顺利地发现并排除故障是很有益的。一般的准备工作如下：

1) 首先了解冷柜出现的故障及现象。

2) 检查整个冷柜的电器接线是否有脱落、断线及短路之处，遇有这类情况应先行排除。

3) 检查冷柜整机的绝缘情况，正常时电阻值应大于 2 MΩ；如阻值小于 2 MΩ，则应进一步检查冷柜的各种电器元件及接线。

4) 若上述检查结束后没有发现什么问题或虽有问题，但已排除，则可进一步检查冷柜整机的阻值情况。将万用表调至"$R \times 1$"挡，观察万用表指示情况，正常时应为数欧姆至数十欧姆之间。若阻值为零，则说明冷柜电器接线处短路或压缩机、风机等已烧毁造成短路，应查明原因并排除；若阻值很大，甚至电路不通，则说明有断路处，应检查排除。

上述检查结束后，确信冷柜电器方面已无问题时，即可接通电源，进行全面检查和维修。

2. 冷柜制冷系统故障判断流程

商用冷柜虽然功能各异，但常用氟利昂单级制冷系统是它们的共性。对于较小的系统，其所用设备为全封闭式压缩机、毛细管、回热器及压差控制器等，可省掉电磁阀；对于较大的系统，其所用设备为开启式或半封闭式压缩机及热力膨胀阀等。小型氟利昂系统主要用风冷式冷凝器。由此可见，商用冷柜制冷系统有许多共性故障，这与其他氟利昂单级制冷系统常见故障基本相同，主要有四种，分别是泄漏、堵塞、压缩机故障与热力膨胀阀故障。

无论哪一种商用冷柜系统控制，其主要设备均为压缩机电动机、冷凝器风扇电动机、电磁阀和箱内风机等；所使用的电源为 220 V 单相电和 380 V 三相电两种，如果需要较低的电压，则必须经过变压器降压。

四、制冷系统维修任务实例

1. 任务实例 1

（1）任务描述

对蒸发器内漏造成冷柜不制冷的故障进行检修。

（2）故障现象

卧式冷冻柜内胆四壁不结霜、不粘手、无冷感。

（3）故障分析判断

让同学们分组检查，经检查，压缩机不停机，内胆四壁不结霜，分析判断故障可能出在制冷系统上，一般应为制冷剂泄漏或系统堵塞。用手感觉排气管无温热感，由此可初步判断为系统出现泄漏。

切断电源，割断毛细管，系统内没有制冷剂喷出，说明故障确为制冷剂泄漏。下一步应该对系统管路分段加压检漏，以确定泄漏的部位。若对外部系统管路各焊点检查时没有明显的泄漏迹象，则应对冷柜的内部管路（蒸发器、内冷凝器）进行检查。

将压缩机高低压管打开，去掉过滤器，分别对蒸发器和冷凝器进行压力试验。将蒸发器毛细管一端封口，在另一端焊接一个三通阀，接压力表（1.6 MPa）一只，用干燥氮气进行加压至 1.0 MPa（一般不超过 1.2 MPa），加压 24 h，加压后要检查各焊点和三通阀的连接处是否有泄漏现象。若蒸发器压力落至 0.7 MPa，则说明蒸发器内漏，而冷凝器压力无变化（通常随着温度的变化，加压后压力都有微小变化，一般不超过 0.02 MPa）。

（4）维修措施

由于蒸发器盘在内胆壁上，发泡后固定在冷柜内胆上，因此出现内漏后必须更换箱体。将压缩机换到新箱体上，抽真空灌注制冷剂后，试机正常。

2. 任务实例 2

（1）任务描述

对压缩机排油过多造成油堵而不制冷进行维修。

（2）故障现象

卧式冷冻柜不制冷、压缩机不停机。

（3）故障分析判断

让同学们分组检查，经检查，冷柜不制冷且压缩机不停机，一般情况是由制冷剂泄漏引起的，需对制冷系统进行全面检查。打开机舱逐一检查各焊点，无泄漏现象。手摸冷凝器感觉温度很高，再摸干燥过滤器也很热，超出正常温度，初步判断是制冷系统堵塞引起的故障。用割刀将过滤器一端的毛细管割断，有大量制冷剂以较大压力喷出，说明是系统堵塞故障而非泄漏。待制冷剂喷完后，冷凝器和毛细管内有油流出，将压缩机的高压和低压端打开，分别对蒸发器和冷凝器进行清洗，都有油状物流出，此时应使用四氯化碳对其反复清洗，直到用白纸检查时喷出的气体无脏物和油迹为止。然后再对压缩机通电检查，如果排气管无油流出，则说明压缩机供油系统正常，可以继续使用。如果排气管不断有油流出，则说明压缩机内供油系统损坏，一般是由于压缩机长期使用或制造原因而使气缸缸体与活塞的配合间隙过大，或者是压缩机吸气消声室吸入孔的止油管掉下，油泵甩至气缸体上的冷冻油被吸入气缸造成的。不管是哪种原因都应更换压缩机，否则制冷系统又会被污染，压缩机也会因缺油而造成抱轴或卡缸，最终烧毁压缩机。

（4）维修措施

对系统管路进行全面清洗，更换新的过滤器，如有必要也应更换新的压缩机。将管路焊接好，重新抽真空、灌注制冷剂、对各焊点检漏后，试机正常。

五、电器系统维修任务实例

1. 任务实例 1

（1）任务描述

压缩机绕组断路故障造成冷柜不制冷。

(2) 故障现象

卧式冷冻柜不制冷,电源指示灯亮,压缩机不运转。

(3) 故障分析判断

让同学们分组检查,经检查,电源指示灯亮,说明电源有电。检查温控器已打开,挡位在 3~4 挡之间。切断电源,用万用表测量温控器工作触点阻值,阻值几乎为零,说明温控器导通,没有问题。检查压缩机的启动部件及热保护器,均正常。用万用表的 $R \times 1$ 挡测量压缩机三个接线端子之间的阻值,发现工作绕组的阻值为无穷大,说明冷柜故障是由于压缩机工作绕组断路造成的。

(4) 维修措施

更换新压缩机,重新焊接好管路,抽真空、灌注制冷剂后,试机正常。

2. 任务实例 2

(1) 任务描述

照明灯不亮。

(2) 故障现象

立式冷藏柜柜内的照明灯不亮。

(3) 故障分析判断

照明灯不亮而冷柜制冷正常,说明故障发生在照明灯本身或其控制线路上。首先检查照明灯的连接线是否松脱,如没有,则再仔细检查照明灯管与电子镇流器是否有故障。将照明灯灯罩向右旋转,感觉松动后将灯罩取下,检查照明灯是否已损坏,可将一只好的灯管换上,通电试验。如果灯亮了,则说明原灯管已烧毁;如果灯不亮,则说明是电子镇流器发生了故障,更换电子镇流器。

(4) 维修措施

根据判断出的故障进行相应的处理,重新安好灯罩,注意一定要安装牢固,避免透气。因为此种型号的冷柜为冷藏柜,柜内湿度较大,如灯罩安装得不好,则水分会渗入灯罩内造成照明灯的控制线路短路,使照明灯出现故障。

【任务测试】

任务评价见表 4-1。

表 4-1 任务评价

作品评价	标准:各条目分值合理,能体现商用冷柜维修过程的各项比重;各条目的考核内容及要求表述准确,可执行性强
	评分(满分 60)
自我评价	标准:真实,客观,理由充分
	评分(满分 10)

项目 4 商业用冷柜的故障检修

续表

作品评价	标准：各条目分值合理，能体现商用冷柜维修过程的各项比重；各条目的考核内容及要求表述准确，可执行性强							
								评分（满分60）
组内互评	学号	姓名	评分（满分10）		学号	姓名	评分（满分10）	
	注意：最高分与最低分相差最少3分，同分人最多3个，某一成员分数不得超平均分±3分。							
组间互评	标准：真实，客观，理由充分							
								评分（满分10）
教师评价	标准：根据学生答辩情况真实、客观地进行打分，并给出充分理由							
								评分（满分10）
签字	任务完成人签字：　　　　　　日期：　　　年　月　日							
	指导教师签字：　　　　　　　日期：　　　年　月　日							

【拓展知识】

一、陈列柜

陈列柜用于短期存放并展示冷藏、冷冻食品，通常用于食品店或超市零售。因为食品种类及冷藏温度不同，因此，陈列柜的温度高低也不同。为适应冷藏食品的不同温度要求，将其分为低温和中温两大类陈列柜。陈列柜所需的冷源可直接附设于柜上，也可将制冷机组单独设置，仅将节流后的制冷剂低压液体引入陈列柜内的蒸发器中。前者常用于移动场合（如赛场），后者常用于零售固定场合（如超市）。

陈列柜一般不会做得很大，对于大型超市需要大容量陈列柜时，可将若干小模块组合在一起构成一个大的陈列柜。

二、商业陈列柜的基本类型

1. 按制冷系统的布置方式分

（1）内藏式（常以符号N表示）

内藏式陈列柜制冷机组与柜体做成一体（一般制冷机组置于柜体底部），缺点是噪声较大，冷凝器靠室内空气冷却，使室内空调系统的冷负荷较大；优点是结构紧凑，使用可靠，搬运换位方便。

(2) 分体式（常以符号 F 表示）

分体式陈列柜的制冷压缩机、冷凝器和电控柜与柜体分开设置，可以将压缩机、电控柜放在机房内，冷凝器放在室外通风良好的地方；也可以将压缩机、冷凝器都放在室外通风良好的地方，用以减少机组运行时的噪声，并改善冷凝器的散热环境。

分体式陈列柜既可以一柜用一台制冷机组，也可以多柜共用一台制冷机组；压缩机既可以用一台小功率的压缩机组，也可以用多台功率相同的压缩机组成机组，以利于提高设备效率和降低运行管理费用。

2. 按柜体陈列结构分

(1) 闭式陈列柜（常以符号 B 表示）

闭式陈列柜四周全封闭，但有多层玻璃做成门或盖，供展示食品或销售食品用。闭式陈列柜外形如图 4-6 所示。

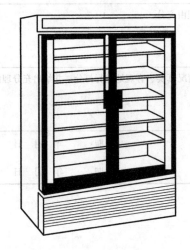

图 4-6 闭式陈列柜

闭式陈列柜内的物品与外界隔离，冷藏条件好，适合于陈列对储藏温度条件要求高及对温度波动较敏感的食品，如冰激凌、奶油蛋糕等，也用于陈列对存放环境的卫生要求较为严格的医药品。闭式陈列柜的优点是能耗较低，具有陈列和储藏的双重作用。

(2) 敞开式陈列柜（常以符号 C 表示）

所谓敞开式陈列柜是指陈列柜取货部位敞开，顾客能自由接触或拿取货物的陈列柜。

敞开式陈列柜的敞开部位一般靠风幕将柜内食品与外界隔开，风幕可以是一层、二层或三层，而风幕处外界环境空气不断地渗入带进热量。因此，与闭式陈列柜相比，它的能耗较大。

3. 按陈列商品的方式不同分

(1) 货架式陈列柜（常以符号 H 表示）

柜体为立式，高于人体高度，后部板上有多层水平货架，可增加展示面积，以体现商品的丰富多彩，从前面取货，冷风是上送风下回风。图 4-7 (a) 所示为货架式陈列柜的外形。

(2) 岛式陈列柜（常以符号 D 表示）

具有敞开的开口，货物水平存放，冷风水平吹送。岛式陈列柜四周都可以取货，一般布

项目4　商业用冷柜的故障检修

置在超市食品部的中间部位，多数岛式陈列柜四周设围栏玻璃，顾客无论从哪个位置都能看清柜内商品，岛式陈列柜外形如图4-7（b）所示。

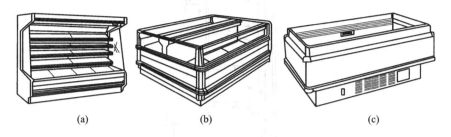

图 4-7　陈列柜的外形
（a）货架式陈列柜；（b）岛式陈列柜；（c）平式陈列柜

（3）平式陈列柜（常以符号P表示）

结构上类似于岛式，其中有一个立面靠墙，一般结构较小，采用内藏式独立制冷机组吹风冷却供冷。平式陈列柜陈列面与地面平行，柜体低于人体高度，一般从上面取货，图4-7（c）所示为平式陈列柜的外形。

三、陈列柜的结构特点

内藏式陈列柜的内部结构如图4-8所示，压缩机多为封闭式，冷凝器采用强制通风冷凝器，压缩机和冷凝器一般置于柜体底部，为防止灰尘堵塞冷凝器、保证冷凝器的冷却效果，在冷凝器前设置了空气过滤器。

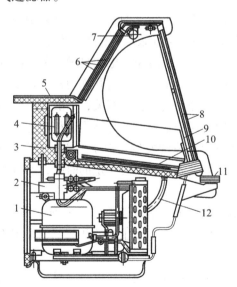

图 4-8　内藏式陈列柜的内部结构
1—压缩冷凝机组；2—热力膨胀阀；3—绝热外壳；4—蒸发器；5—桌面；6—滑门；7—照明灯；
8—双层玻璃窗；9—保护玻璃；10—集水盘；11—搁架；12—管道

分体式陈列柜的内部结构如图4-9所示，其压缩机多采用半封闭式，一般为多台压缩机并联成机组形式，可同时为多台陈列柜提供冷量，以便于制冷量的调节，使设备效率得以大幅提高、运行管理费用得以大幅降低。

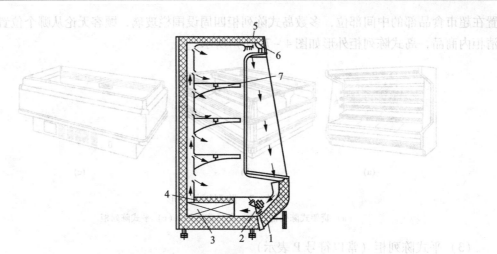

图4-9 分体式陈列柜的内部结构
1—绝热外壳；2—风机；3—蒸发器；4—隔热板；5—格栅；6—照明灯；7—食品搁架

分体式陈列柜制冷机组的冷凝器可以是水冷或风冷，但一般以强制对流风冷冷凝器为多，布置在室外。分体式陈列柜中的蒸发器有铝制平板式、金属丝翅片蛇形盘管式、交叉翅片盘管式和管板式等形式。分体式陈列柜的节流机构通常采用热力膨胀阀；小型内藏式陈列柜采用毛细管作为节流机构。

用于陈列果蔬或鲜花的陈列柜配有加湿装置，用以预防果蔬或鲜花因柜内空气湿度小而脱水。

分体式陈列柜在使用时，由于外界空气的渗入，使陈列柜内空气含水量增加，造成蒸发器结霜。当霜层厚度超过1 mm后，会导致陈列柜中蒸发器传热能力下降，难以保持陈列柜内的温度。因此，陈列柜中设计有停机融霜、电加热融霜和制冷剂回流融霜等融霜装置。

陈列柜融霜开始时间可以人为设定，用以避开陈列柜内货物销售高峰。融霜次数与陈列柜结构、周围环境、使用温度及陈列食品种类有关，一般可由使用者酌情而定。融霜时一般采用定时和温度联合控制，用以保证融霜时间与结霜量相匹配，防止融霜时间过长或因温控器损坏而使融霜过程无法结束等故障的发生。由于融霜时，陈列柜内温度上升到0℃以上，而融霜后陈列柜内温度恢复到规定温度又需要一定的时间，所以刚结束融霜的陈列柜不能马上放入食品。

陈列柜的内外壁面多用彩色铝板、不锈钢板、彩色钢板或镀锌钢板制作，也可用FRP、ABS塑料板或高强度纤维板制作，在外壁面主要的凸起部位采用不锈钢板予以保护，同时兼作装饰之用。

保温材料可采用玻璃棉、聚苯乙烯、硬质聚氨酯等材料。目前以聚氨酯直接发泡的结构较多。

四、陈列柜的制冷系统

陈列柜的制冷系统与前述冷藏、冷冻柜基本相同，主要的不同点如下。

1. 采用压差停车

当柜内温度达到设定值时，温控器发出停机指令，首先切断供液电磁阀电源，使之关

项目 4 商业用冷柜的故障检修

闭。此时,压缩机继续运转,待蒸发器被压缩机抽至低压停机控制值时,压力控制器动作,使压缩机停机。当柜内温度上升至开机设定值时,温控器又发出指令,使供液电磁阀得电开启,高压泄放,压差缩小,接通机组电源,又进入工作状态。这样可以保证停机前将低压侧的制冷剂抽净,避免停机后工质在曲轴箱凝积,有利于冬季运行。

2. 采用外平衡式热力膨胀阀

采用外平衡式热力膨胀阀调节制冷剂流量,能保证只有压力降低到设定值时,阀才开启供液,避免启动超载。

3. 必须设融霜机构

融霜主要有电热融霜与热气融霜两种方式。电热融霜的方法简便、易行;热气融霜具有快速、节能、柜内温度波动小等优点,但系统较复杂。

图 4-10、图 4-11 所示为陈列柜制冷系统示意图,如图 4-10 所示适于电热融霜,如图 4-11 所示适于热气融霜。

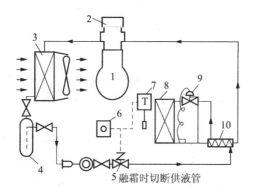

图 4-10 陈列柜制冷系统
1—压缩机;2—高低压控制器;3—冷凝器;4—储液器;5—电磁阀;6—融霜定时器;
7—柜温控制器;8—蒸发器;9—热力膨胀阀;10—热交换器

五、商用冷柜其他故障分析

除了上面介绍的商用冷柜制冷系统与电控系统常见共性故障外,还有其他方面故障,主要有以下几方面:

(1) 使用不当及养护跟不上故障

商用冷柜使用不当或养护跟不上时,也可以引起故障。使用不当主要有:温度设定不当,压差控制器压差设定过大或过小,没有能及时融霜等。养护跟不上主要指:压缩机有些原因都可以造成系统不能正常工作,甚至机组不能转动,在维修中应引起重视。

(2) 风扇不能正常运转

风扇不能正常运转的主要原因有:扇叶或轴被异物卡住;电路方面故障。在维修中如出现风扇运转不正常或不转现象,应首先检查扇叶与轴是否有异物卡住,然后用手拨动看是否转动灵活,如无问题,再查电路。查电路时,首先看是否能得到正常电压,然后查绕组是否短路或断路,对于单相电控制的风扇还应查电容是否正常。

(3) 小型制冰机的其他故障

小型制冰机除了上述共性故障外,还可能有以下两方面故障:制冰系统故障和机械系统故

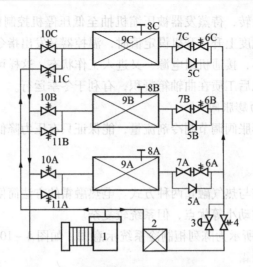

图 4-11 带热气融霜的陈列柜制冷系统
1—压缩机；2—冷凝器；3—压差调节器；4, 6—供液电磁阀；5—单向阀；7—膨胀阀；
8—柜温控制器；9—蒸发器；10—回气电磁阀；11—热气电磁阀

障。如果供水系统出现供水不足、水位过低或水中杂质多、剩余水未吸净等故障时，将会出现板式蒸发器供水不足，使结冰不均匀或冰块不透明。排除方法包括：清洗水分配器和水管、调整浮球阀和供水水压、维修或更换水泵、对水源水质进行检验等。如果割冰电热格栅出现故障，则切冰工作不能正常进行，有时切不成冰块反而造成制冰过程中断，主要原因是：电阻丝电压低，电阻丝折断、腐蚀或接头松动，熔丝插座接触不良等。维修时先将割冰格栅的电源断开，然后打开前盖，卸下冰块倾斜滑板、回水槽及其他有关零件，在拆下电热丝时，要记清连接处端子与每一根电阻丝的位置，用万用表检查电源，检查电阻丝和电阻丝到格栅框架的电阻，即可发现有无短路或断路现象。如果结冰厚度开关出现故障，则可用绝缘导线跨接在开关的两端之间，在短暂跨接后，制冰机应进入采冰循环，否则即有故障。要注意结合具体现象检查电热器、过载保护器以及定时器、热气阀、继电器等各零部件。如果融霜控制器有故障，则融霜和采冰不能正常进行。维修时，可观察在融霜和采冰期间能否断开冷凝器风扇电动机电路，接通热气电磁阀，使压缩机排出的热气经电磁阀进入蒸发器，冰滑出时，冷凝器风扇电动机应正常运转，而热气电磁阀断电关闭，如果不能正常完成上述动作，则融霜控制器有故障。另外，还可用万用表测试各触点通断电阻丝情况，进一步确定故障。

（4）冰激凌机的其他故障

冰激凌机其他故障主要有搅拌器故障和进出料通道故障两种。

1）检查搅拌器及其轴、电动机轴、减速传动装置等，看是否被异物卡住或损坏变形。

2）检查电动机绕组是否断路或短路以及控制电路是否正常。

（5）小型冷饮机的其他故障

小型冷饮机除了具有前面介绍的常见制冷系统与电路系统故障外，还有储水箱保温层损坏故障、水泵电动机电路故障和水循环管路故障等。

对于储水箱保温层损坏故障，主要是由于保温层外皮锈蚀造成保温层破坏，故热量损失过快过多，在维修时需维修被损外皮，填充绝热材料。对于水泵电动机电路故障检查、处理方法同前，不多论述。对于水循环管路故障主要是水管路堵塞，维修时要逐段清除，保持畅通。

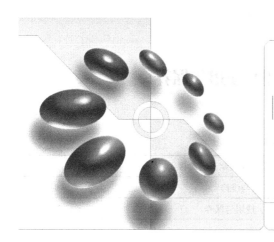

项目 5　家用空调器的安装与维修

【项目描述】

从 1964 年我国第一台窗式房间空调器在上海研制成功到现在,经过几十年的努力,特别是改革开放以来,空调行业不论是在技术水平还是在产品质量方面都得以迅猛发展和提高。产品数量在世界名列前茅,产品品种基本齐全,产品的研发也得到了强劲的发展。随着空调器的发展和人民生活水平的不断提高,空调器已大量进入家庭,且功能越来越齐全、种类越来越多。其中,空调器主要有窗式空调器、分体式空调器和柜式空调器三种形式。由于空调设备在市场具有高额占有率,就使得市场对这方面的人才有较高的需求,从该角度讲,本项目学习的重要性则不言而喻。通过本项目的学习,主要掌握空调器的工作原理和维修、安装知识。

一、知识要求

1. 掌握空调器的分类、选购、使用与保养
2. 掌握窗式空调器、分体空调器的工作原理及安装与维修调试
3. 掌握空调器制冷系统和电器系统的常见故障及排除
4. 掌握空调器的维修工艺
5. 掌握压缩机机械系统的故障维修

二、能力要求

1. 准确识读空调器电器原理图,能根据电路图进行故障维修
2. 能对空调器制冷系统与电器系统进行故障判断与维修,并使用检测工具对压缩机进行检测,能对压缩机的机械故障进行排除

三、素质要求

1. 具有规范操作、安全操作及环保意识

2. 具有爱岗敬业、实事求是、团结协作的优秀品质
3. 具有分析及解决实际问题的能力
4. 具有创新意识及获取新知识、新技能的学习能力

任务1 家用空调器的选购、使用与保养

学习任务单

学习领域	制冷设备安装调试与维修	
项目5	家用空调器的安装与维修	学时
学习任务1	家用空调器的选购、使用与保养	2
学习目标	1. 知识目标 （1）了解家用空调器的基础知识与分类； （2）掌握家用空调器的新技术、新工艺； （3）掌握家用空调器的型号与规格； （4）掌握家用空调器的使用。 2. 能力目标 （1）能根据不同要求正确选用家用空调器； （2）能正确使用空调器，并能对家用空调器进行定期保养。 3. 素质目标 （1）培养学生销售家用空调器的能力，并能给出合理建议； （2）培养学生在销售过程中的团队协作意识和吃苦耐劳的精神； （3）培养学生将所学专业知识转化成实际工作的能力	
一、任务描述 根据用户的不同要求正确选用空调器，并对用户空调器的正确使用及保养做出正确指导。 二、任务实施 （1）按使用需要选购空调器； （2）外在质量挑选； （3）空调器的使用与养护。 三、相关资源 （1）教材； （2）教学课件； （3）图片； （4）分体空调； （5）窗式空调器。 四、教学要求 （1）认真进行课前预习，充分利用教学资源； （2）充分发挥团队合作精神，正确完成工作任务； （3）团队之间相互学习、相互借鉴，提高学习效率		

【背景知识】

在一些建筑物中，如果只有少数房间有空调要求，且这些房间又很分散或者各房间负荷变化规律有很大不同，则应该采用局部空调系统。

空气调节装置是局部空调系统的一种形式，它包括制冷设备和空气处理设备两大部分。空气处理设备由空气过滤器、风机、空气冷却器（制冷设备的蒸发器）和电加热器等组成。

项目5 家用空调器的安装与维修

它的任务是将空气处理到所要求的状态后，送入空调房间内。制冷设备除了空气处理设备中的空气冷却器外，还包括压缩机、冷凝器、膨胀阀及其他辅助设备，这些设备的作用是完成制冷循环，为空调提供冷源（如为热泵型还可作为供热的热源）。按照空气处理设备与其他制冷设备组装方式的不同，空调装置可以分成分组式和整体式两种。

由于空气处理要求不同，空调器的类型也不完全相同，如冷风机用来降低室内空气温度；冷、热风机则是夏季使室内降温、冬季使室内升温的装置；恒温恒湿空调器既可冷却或加热室内空气，又可使空气加湿或去湿，而且可以自动调节；降湿机用来吸收室内或洞内空气中的水蒸气，以降低空气的相对湿度。此外，还有特殊用途的空调器等。

一、空调器的功能

空调器是用来对空气进行集中处理的设备，一般空调器都具有以下功能：对室内空气温度、湿度、洁净度和气流速度进行调节，以满足生产工艺过程和人员舒适性的要求。由于空调设备种类很多，功能也因机种不同而异，为了保证空调房间内空气参数符合要求，空调器通常能完成四项空气调节功能。

1. 温度调节

对于舒适性空调，夏季制冷时，室内温度与外界温度差不能过大，否则不但容易感冒，而且在进出房间时会有骤冷骤热的不适感觉，通常认为温差在 4℃ ~ 6℃ 比较适宜，因此，居室内的温度夏季保持在 25℃ ~ 27℃ 较好，在冬季时室内温度保持在 18℃ ~ 20℃ 比较适宜。对于恒温恒湿调节，基准温度一般为 20℃ ~ 25℃。对室内的温度调节，其实质是增加或减少空气所具有的显热过程。

2. 湿度调节

环境空气湿度太大或过于干燥都会使人感到不舒服。当夏季在同样高的气温下，空气潮湿就比空气干燥时感觉闷热；而在冬季气温低时，愈潮湿反而觉得阴冷。因此，空调房间内除应保持一定的温度外，还应对其空气湿度加以调节，一般冬季的相对湿度为 40% ~ 50% 而夏季的相对湿度为 50% ~ 60%，人的感觉就比较舒适。对空气湿度的调节过程，实质上是增加或减少空气所含有的潜热的过程，可采用加湿和冷却减湿的方法进行调节。

3. 空气的净化

空气的净化是靠空气过滤器完成的。空气中一般都有悬浮状态的微小固体物和灰尘，这些微尘中常带有各种病菌，会随着呼吸进入人体，危害人们的身体健康；对于一些特殊场所，例如精密仪器厂、电子元件厂和计算机房等，如空气的洁净度达不到要求，则将会影响产品的质量，甚至产生静电或由于摩擦造成电子元件的损坏等，所以也需要对空气进行净化处理，使之达到卫生要求和工艺上的要求。

对室内空气的净化，除了使用过滤器外，一些空调器生产厂家还将光触媒技术、负离子发生器等新技术应用于空调器的空气净化上，在更大程度上满足人们对健康生活的需求。

4. 空气速度调节

在相同温度下，人们迎着风就能感觉到凉快一些，那是因为空气在流动，加快了热的传导；同样在恒速的气流下和变速的气流下人们的感觉也不相同，在变速的气流中会感觉更舒适一些。对于舒适性空调房间，空气的流速以小于 0.25 m/s 的低速变动为宜，一般不超过 0.5 m/s。空调器的风速调节由通风系统完成。

二、空调器的分类与型号

1. 分类

空调器按其结构形式和用途不同可以分为以下几种形式。

(1) **窗式空调器**

窗式空调器是一种小型房间空气调节器,采用全封闭蒸汽压缩式制冷系统,体积小,重量轻,为整体式结构,可安装在窗台或钢窗之上,适合于家庭房间使用。窗式空调器的制冷量一般在 7 000 W (6 000 kcal/h) 以下,可将房间温度调节在 18℃~28℃,它的制热量一般在 3 000 W 左右,在冬季可将室内温度保持在 18℃~20℃。窗式空调器有标准型(卧式)和钢窗型(竖式)之分,其外形如图 5-1 所示。

(2) **分体式空调器**

分体式空调器与整体式空调器不同,它由室外机组和室内机组两部分组成,安装时由制冷管路和导线相连接。分体式空调器制冷量在 1 860~13 920 W (1 600~12 000 kcal/h) 不等。按使用功能不同,分体式空调器又可分为单冷却型(夏季制冷)和冷热两用型(夏季制冷、冬季制热)。

分体式空调器是一种新颖的空调器,它具有运转宁静、外形美观、功能齐全和自动化控制的优点。近年来,微电脑和变频技术逐渐应用于分体式空调器中,使空调器可以进行遥控和节能运转、睡眠时自动调温等,以使分体式空调器操作变得更方便、运转更理想、节能更显著、使用更舒适。由于分体式空调器的品种繁多,可适应不同的建筑物和生活条件的需要,因而又具有灵活、安装方便、占用空间小的优点,所以得到了广泛的应用。

分体式空调器根据室内机组的安装方式不同,又可分为壁挂式、吊顶式、嵌入天花板式、落地式、立柜式和台式等,这些类型大同小异。图 5-2 所示为几种分体式空调器,其中右图为室外机组。

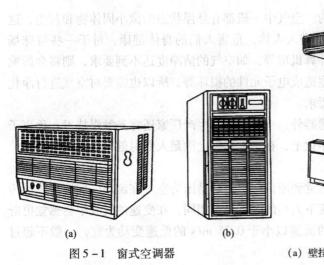

图 5-1 窗式空调器

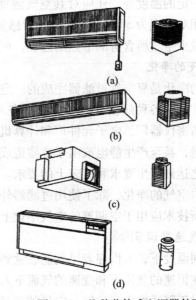

图 5-2 几种分体式空调器外形
(a) 壁挂式;(b) 吊顶式;(c) 嵌入天花板式;(d) 落地式

项目 5　家用空调器的安装与维修

另外，近几年又生产出了一拖二式分体壁挂式空调器，这是一种新型分体式空调器。一拖二即一台室外机组与两台室内机组相匹配的空调系统，如图 5-3 所示。

（3）柜式空调器

柜式空调器因其外形与立柜相似而得名，这种空调器体积较大，制冷量一般在 7 000～16 000 W。柜式空调器按其结构可分为整体式和分体式。整体式多为水冷却，因其需配置冷却水装置、占地面积大以及耗电量大等缺点，所以现在较少采用。分体式多为空气冷却，也分为两种形式：一种是空气的分体式，即压缩冷凝机组在室外、蒸发器和送风风扇在室内；另一种是不完全的分体式，即压缩机仍留在室内机组，室外机组只有风冷式冷凝器。

分体式风冷柜式空调器属于房间空调器范畴的，多为超薄型，其系列产品有 3 匹（制冷量 7 800 W）、4 匹（10 600 W）、5 匹（13 000 W）和 6 匹（16 300 W）等。柜式空调器的外形如图 5-4 所示。

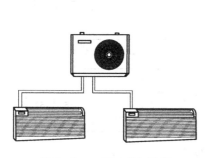

图 5-3　一拖二式空调器

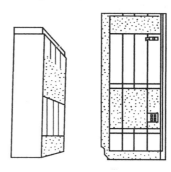

图 5-4　柜式空调器

2. 空调器的型号

空调器的规格指的是空调器额定制冷量的大小，所谓额定制冷量指的是空调器铭牌上标注的制冷量。我国国家标准规定的单位是 W，空调器实际制冷量不应低于名义制冷量的 95%。

空调器型号指的是空调器的型式代号，如图 5-5 所示。

型号举例：

KT3C-25/A 表示 T3 气候类型、整体（窗式）冷风型房间空调器，额定制冷量为 2 500 W，第一次改型设计。

KC-22C 表示 T1 气候类型、整体穿墙式冷风型房间空调器，额定制冷量为 2 200 W。

KFR-35LW/B2 表示 T1 气候类型、分体热泵型落地式变频房间空调器，额定制冷量为 3 500 W。

【任务实施】

所谓选购空调器是指选空调器的款式、功能和类型、制冷能力、品牌和技术的先进性。下面就以上几点进行探讨。

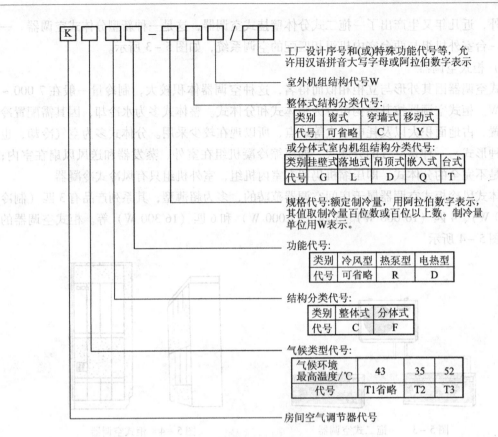

图 5-5 空调器型号

一、空调器的选择

1. 整体式和分体式空调器的选购依据

两种类型的空调器各有千秋,应根据自身的实际情况给予选购。从目前来看,大多数消费者更倾向于选购分体式空调器,这是一个事实。因为分体机美观、大方、噪声低;从市场销售量看,分体机占总销售量的80%,可以说分体机已成为主流机型。

窗式空调器的优点是结构紧凑,安装方便,制冷剂泄漏少,室内外空气交换效果好,价格低廉;其缺点是噪声大,穿墙安装时较麻烦。如果经济条件较差且不计较噪声者,可首选窗式空调器;如果房间面积不大、结构和装潢都不太好,则也应选择窗式空调器。事实上该种机型如果是穿墙安装,则其噪声是比较小的。

分体壁挂空调器的优点在于室内机噪声小,使用方便。但安装较为复杂,价格较高,制冷剂容易泄漏,由于管路长使得制冷效果也会受到一定影响。对于经济条件好、房间大且装潢讲究的家庭可首选分体式空调器。

2. 功能的选择依据

(1) 单冷和冷暖空调器的选择

对这一问题应具体问题具体分析,如果房间无暖气或采暖条件较差的家庭,选购冷暖空调器较为合适。特别是生活在南方的家庭,由于冬季无暖气且环境潮湿,所以选购冷暖空调器是最合适的。在北方的用户,由于冬季房间内部有暖气且温度又比较高,故选购单冷空调

项目5 家用空调器的安装与维修

器足够,但如果暖气供暖不好或有特殊需要(家里有老人孩子),也可选择冷暖空调器。一般情况应选购单冷空调器,以节省开支。

在选购冷暖空调器时,一般应尽量选购热泵型空调器,不要选择单冷空调器再加一个电暖气,这样很不经济并且取暖效果差。而冷暖空调器升温均匀,安全可靠,并且目前的冷暖空调器已经可在 $-15℃$ 低温下快速启动制热,故在选购时应注意选择具有低温启动功能的冷暖空调器即可。

(2) 普通空调器和变频空调器的选择

和普通空调器相比,变频空调器的优势在于节能、室内更加舒适,但价格昂贵,用户可根据具体情况进行选购。

(3) 空调器数量的选择

所谓数量的选择是指房间面积较大时是选择多台一拖一分体式空调器还是选择一拖多空调器(家庭中央空调器),在这里有三种方案可供参考。

1) 每一个房间装一台独立的空调器。优点是各房间空调器可独立使用,操作方便。但开支较大,耗电较多。

2) 选用一拖二或一拖多空调器。从价格上讲,采用此方案要比用相应台数的独立空调器(一拖二和二台独立空调器相比)的费用少一些,并且多台室内机均可同时或单独使用,各台的制冷或制热量可按实际需要分别进行调节,所以可节省电源。目前此方案的认可度越来越高。如果选择一拖二变频空调器,则综合起来看是最经济的一种选择方案。

3) 如果住房面积大于 $50\ m^2$,则可以考虑选择小型柜式空调器,因为不论是从制冷效果还是价格上都是合算的。例如,房间面积为 $80\ m^2$ 的两室一厅住房,用一台 3 匹柜机比装 3 台分体壁挂机的价格要低不少。但在选购柜机时,应注意电源电压要求值,必须选择适合家用的电源电压(220 V),因过去的柜机大多是 380 V 的电源电压。

(4) 移动式空调器的选择

如果家庭不具备安装空调器的条件或是买来不经安装就可以使用,在这种情况下,则可以选择移动式空调器。该机只需在墙上打几个排气管通过孔,使空调器能向外排气。这种空调器一般为 1 匹左右,适用于 $10\sim16\ m^2$ 的房间。对于经济条件暂不具备安装分体空调器和整体空调器或几个房间轮换使用一台空调器的家庭,可以选择此空调器。

(5) 其他功能的选择

目前大部分空调器都采用微电脑控制,且都具有定时开关、红外线遥控、温度设定、自动运转及睡眠方式控制、送风风速和方向的自控、自动诊断测试及压缩机运转保护功能等,所以选择性不太强。但近几年较为先进的"仿智逻辑"空调器(模糊控制空调器)也采用微电脑芯片控制,使控制更加精确,更符合人们的即时需要。为使房间获得更好的空气质量,在选购时应考虑空气净化处理功能,且其相对价格并不昂贵。

3. 空调器制冷量的选择

前面对类型和功能的选择进行了分析,当其确定后,就可以根据自己的具体情况来选择制冷或制热参数。若制冷量选得太小,则室温达不到调节要求,失去空调意义;如果制冷量选得太大,则耗电多,造成不必要的浪费,同时对人的健康也不利。在选择空调器的制冷量时,应参考"国际制冷学会"提供的有关数据,即室外温度为 $35℃$、相对湿度为 70% 时,室内制冷量应在 $120\sim150\ W/m^2$。据此推算:房间面积为 $9\sim12\ m^2$ 时,所需制冷量为 1 400~

1 800 W；房间面积在 13~14 m² 时，所需制冷量为 2 000~2 200 W；房间面积在 15~18 m² 时，所需制冷量为 2 200~2 700 W。以此类推，一般可按推算值再增加 10%~20% 即可。

  4. 选购空调器时的其他注意事项

  看是否有中国商检 CCIB 和安全合格证书 CCEE 标志；问是否送货上门，是否免费安装，一般分体式空调器的售价中，应包含安装费用，如果不上门安装，其售价应低于市价 200~400 元；应到国营大商店或专营店去购买，以确保售后服务的质量。

二、使用与保养

  1. 空调器的使用

  开机前应认真阅读使用说明书，正确选择遥控器的运转模式。夏季使用时一般应将其放在制冷或抽湿（天气湿度大）模式，使房间的空气降温并除湿；冬季应将其放在制热模式，以使房间温度提高；有自动模式的遥控器，也可放在该挡，以节省电能；出风栅可根据需要选择自动摆向和定向送风；夏季的房间温度应控制在 28℃ 左右，不可太低；为使空调器经济运行，可将遥控器调置自动定时、睡眠控制等模式。

  2. 空调器的保养

  为使空调器安全、可靠地运行，其日常的维护保养十分重要。正确的使用、精心的维护可大大延长空调器的使用寿命。

  应正确选用熔断丝的截面规格，以便可靠地保护空调器的电气设备；如果空调器无延时启动装置，则在其停机 3 min 后方可重新启动；应保持电气设备的干燥状态并注意防潮防霉；应经常检查电源插头和插座的接触状况是否良好。

  室内机组要避免高温下长时间运转。夏季房间温度一般在 30℃ 以上，空调器启动运行后，若空调器的制冷量和房间冷负荷相当，则室内温度很快会降下来，否则应尽快查明原因，排除故障。空调器长时间在 30℃ 以上的环境温度下工作会使其长时间处于高负荷状态，最终导致空调器出现故障。

  应经常清洗空气过滤网，以提高空气调节效果。一般每三周清洗一次，清洗时注意不要将其损坏。冬季空调器长时间停用时，每月也应使其运转 10 min 以上，以防止受潮。

  3. 保养内容（见表 5-1）

表 5-1   空调保养内容

编号	型号	内机位置	保养内容							备注
			机身清洁（面板，滤网清洁等）	外机清洗	出风温度/℃	电气检查（紧线，电容，电机等）	回气压力/$(kg \cdot cm^{-2})$	电压/V	电流/A	
1										
2										
3										
4										
5										
6										
7										
8										
9										
10										

项目 5　家用空调器的安装与维修

【拓展知识】

一、空调器的性能

家用房间空调器的性能参数主要有制冷量（W）、制热量（W）、循环风量（m^3/h）、除湿量（L/h）、消耗功率（W 或马力）、能效比 EER 和性能参数 COP（W/W）及噪声（dB）等。

1. 我国 GB/T 7725—1996《房间空气调节器》标准中规定的运行条件

1）性能工况，如表 5-2 所示。

表 5-2　我国 GB/T 7725—1996 标准规定 T1 型空调器的性能工况　　℃

工况条件		室内侧空气状态		室外侧空气状态	
		干球温度	湿球温度	干球温度	湿球温度
额定制冷		27	19	35	24
最大运行		32	23	43	26
冻结		21	15	21	
最小运行		21	15	由厂家推荐最低温度	
凝露/冷凝水排除		27	24	27	24
额定制热	高温 中温 超低温	20	15（最大）	7 2 -7	6 1 -8
最大运行		27	—	24	18
最小运行		20	—	-5	-6

注：
(1) 在空调器制冷运行试验中，空气冷却冷凝器没有冷凝水蒸发时，室外湿球温度条件可不做要求。
(2) 最大运行制冷/热：电压波动 10%，按表中工况连续运行 1 h，然后停机 3 min，再启动运行 1 h。此期间空调器应能正常运行。
最小运行制冷/热：将空调器的温度控制器、风扇速度、风门和导向格栅调到最易结冰霜状态（制热时调到最大制热量状态），按表中工况启动运行 4 h。此期间空调器应能正常运行。
(3) 冻结：将空调器的温度控制器、风扇速度、风门和导向格栅调到最易使蒸发器结冰和结霜的状态，空气正常流通，按表中工况启动运行 4 h。此期间蒸发器室内侧迎风表面凝结的冰霜面积不应大于蒸发器迎风面积的 50%。
(4) 凝露：箱体外表面凝露不应滴下，室内送风不应带有水滴。冷凝水排除：不应有水从空调器中溢出或吹出，以致弄湿建筑物或周围环境

2）房间空调器的工作环境温度，如表 5-3 所示。

表 5-3　标准规定的 T1 气候型房间空调器的工作环境温度　　℃

空调器型式	工作环境温度
冷风型	18～43
热泵型	-7～43

2. 房间空调器的性能参数

（1）制冷/制热量

制冷/制热量是空调器进行制冷/制热运行时，单位时间内从密闭空间、房间或区域内除

去的冷/热量总和。

名义制冷/制热量：在名义（额定）工况下的制冷/制热量，W。

在选择房间空调器时，一般可根据房间大小、隔热情况、人员多少、耗热设备状况、性能要求和经济条件等方面来选择制冷量。对给定的房间，确定选用的空调器所需的制冷能力（安装冷负荷），理论计算较为复杂，一般可按表5-4所列冷负荷的经验数据进行概算。

表5-4 选择空调器冷负荷概算指标

房间功能	冷负荷指标/（W·m^{-2}）	房间功能	冷负荷指标/（W·m^{-2}）
普通房间	150	百货商场	175~348
客厅	155~175	银行大厅	162~200
一般会议室	180	会议室、餐厅	348~440
博物馆、图书馆	175~200	电影院、剧院	每个人290

这样可根据房间的面积和型式查表求出空调冷负荷。表5-5所示为空调器制冷量快速选择表，仅供参考，实际应用中还应根据实际情况做调整。

表5-5 空调器制冷量速查表

制冷量/W	2 500	3 000	3 500	4 500	5 100	6 000	7 000	7 500	12 000
普通房间/m²	10~16	12~20	16~23	20~30	25~34	30~40	40~46	45~50	70~80
客厅/m²	14~16	14~19	20~22	25~29	29~32	34~38	40~45	42~48	68~77
一般会议室/m²	13	16	19	25	28	33	39	41	67

另外，空调器的制冷效果还会受到室外环境温度及室内外温差等多种因素的影响。

在维修实践中，可通过检测出风口温度和进出风口的温差来粗略判断空调器的制冷效果。对于空调器，正常运行15 min后（此时基本运行稳定），制冷时进、出风口的温差在8℃以上，出风口温度在15℃以下；制热时进、出风口的温差在14℃以上，出风口温度在40℃以上。

（2）额定输入功率

空调器在额定工况下进行制冷/制热运行时的功率。

（3）额定电流

额定工况下的运行电流。

（4）循环风量

空调器在进风门和排风门完全关闭及额定制冷运行条件下，单位时间内向密闭空间、房间或区域内送入的风量。

设计送风量主要与风扇的型式和直径及电动机的转速有关，对于一部已投入使用的空调器，其送风量主要受到风道的闭封情况、风扇与电动机的运行状态及风道的畅通性等因素的影响。

（5）除湿量

空调器以独立抽湿模式运行时，单位时间内从密闭房间内抽出的水量（仅对于具有独立抽湿模式的空调器）。

空调器在制冷工况时，蒸发器盘管表面的温度往往低于空气的露点温度，因而，室内循环空气流经蒸发器时，空气中的水蒸气就会冷凝成水，并通过排水装置排到室外，使空气的含湿量降低，因此，制冷运行兼有除湿作用。而这种除湿效果并不理想，因为室内空气的含湿量降低的同时房间温度也在下降，所以并不等于相对湿度也降低，而影响舒适性空调质量的是相对湿度，而非绝对湿度。独立抽湿功能是在维持房间温度不变的条件下进行除湿运行，在此过程中，一般风速很低，蒸发器温度远远低于露点温度，所以抽湿效果较好。除湿量与系统的运行工况有直接的关系。

（6）能效比 EER 和性能参数 COP

能效比和性能参数是反映空调器能耗的一项重要指标。一般型空调器的能效比在 2.6 左右，节能型空调在 3.0 以上。在设计上提高能效比的措施主要有选用高能效比的压缩机、改进制冷循环及改进两器等。

（7）噪声

空调器噪声是在本底噪声与空调器噪声测定值的差不小于 10dB 的消声或半消声室内测得的机组噪声。

我国 GB/T 7725—1996 标准规定，T1 型空调器在半消声室测定值应符合表 5-6 规定。

表 5-6 国标规定的噪声值

额定制冷量/W	室内噪声/dB		室外噪声/dB	
	整体式	分体式	整体式	分体式
<2 500	≤53	≤45	≤59	≤55
2 500~4 500	≤56	≤48	≤62	≤58
>4 500~7 100	≤60	≤55	≤65	≤62
>7 100	—	≤62	—	≤68

在实际应用中，空调器的噪声主要会受到环境噪声、安装位置、安装情况和运行状态等多种因素的影响。

（8）制冷剂的种类和充注量

（9）使用电源

单相 220 V/50 Hz 或三相 380 V/50 Hz。

（10）外形尺寸（长×宽×高，mm）

二、变频控制空调器

变频与模糊控制空调器均为新型微电脑控制的家用分体式空调器，与一般空调器不同，其制冷或制热可以随房间内温度的变化而变化，故该类型空调器可以节省电能。

变频控制空调器是通过改变压缩机电动机的电源频率，实现调节压缩机电动机的转速，从而控制空调器的制冷量或制热量的。

变频控制空调器的压缩机与一般空调器压缩机不同。一般空调器的压缩机电动机转速是固定的，而变频控制空调器的压缩机电动机转速是可变的，即随电源频率变化而变化的。当变频控制空调器的电源频率提高时，压缩机电动机转速则变快，空调器的制冷或制热效率便提高；当其电源频率降低时，压缩机转速就变慢，空调器的制冷或制热效率便下降。即当室内空调负荷加大时，压缩机电动机转速在微电脑控制下变快，相应的制冷或制热量就增大；当室内空调负荷减小时，压缩机电动机在微电脑控制下则变慢，制冷制热量也相应下降。

1. 变频控制空调器的组成

变频控制空调器室内机部分主要由室内控制器、遥控器、传感器、显示器和室内风机电动机驱动回路等组成;室外机部分由微机、整流器、逆变器、电流传感器、室外风机电动机和阀门控制器等组成,如图5-6所示。

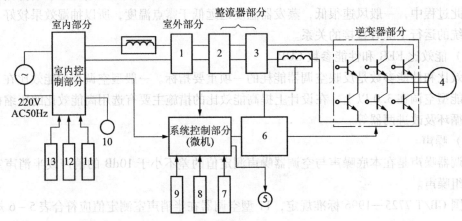

图5-6 变频控制空调器的组成

1—噪声滤波器;2—整流二极管;3—滤波电容;4—压缩机电动机;5—室外风扇电动机;
6—数字控制(波形形成);7—二通阀;8—四通阀;9—热敏电阻;
10—室内风扇电动机;11—显示器;12—传感器;13—遥控器

2. 变频式空调器控制系统的组成及特点

变频式空调器控制系统由微电脑芯片进行控制,其控制系统如图5-7所示,而制冷系统如图5-8所示。

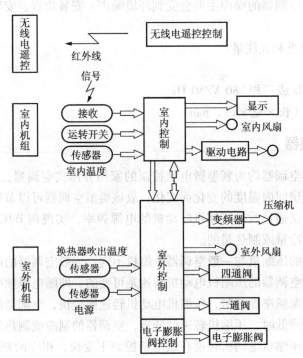

图5-7 变频式空调器控制系统示意

项目 5　家用空调器的安装与维修

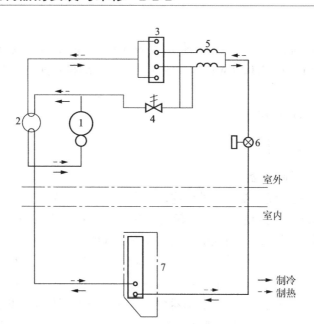

图 5-8　变频式空调器制冷系统
1—压缩机；2—电磁四通阀；3—室外换热器；4—除霜阀；
5—毛细管；6—电子膨胀阀；7—室内换热器

变频控制空调器制冷系统的组成与普通空调器基本一样，主要由压缩机、室内换热器、室外换热器、电磁四通换向阀、电子膨胀阀毛细管和除霜阀等组成。其中电子膨胀阀由微电脑控制，通过脉冲电动机驱动杠杆升降，从而带动阀芯上下移动，使制冷剂保持适当流量。除霜阀则在空调器制热时用以除霜之用，除霜完毕后，该阀关闭。

变频控制空调器的控制系统主要通过感温器传递信息，所以该种空调器的感温器较多。一般室内机组装有空气温度传感器和蒸发器温度传感器，其中空气温度传感器装在蒸发器前面，用于测定室内温度；外设金属套管的蒸发器温度传感器装在其右侧，用于测定室内机蒸发器的温度。室外机组通常装有空气温度传感器、高压管路温度传感器和低压管路温度传感器。其中空气温度传感器装在室外机冷凝器上方，用于测定室外温度；高压管路温度传感器外面套有金属管，被装在压缩机高压出口管路上，用于防止压缩机高压压力过载；低压管路温度传感器的外面同样设有金属管，一般装在储液管附近，用于测定低压回气管的温度，以确保电子膨胀阀有恰当的开启度。

变频控制空调器在使用时具有以下特点：

1）空调器开始运行的初期，由于室内设定温度与室内固有温度相差较大，故通过压缩机高速运转来增加制冷或制热效率，以便快速使室内温度达到设定值，从而使室内温度保持稳定。

2）当室内的冷或热负荷波动较大时，压缩机不会因频繁启动而消耗能量，所以变频控制空调器具有节能的特点。

3）采用低频启动，启动电流小；在维持室内设定温度时，压缩机只需低速运转，因此噪声小。

4）变频控制空调器的制冷效率可以变化，为达到高舒适度及进行模糊和智能控制提供了良好条件。

5）变频控制空调器压缩机的转速在 1 800～7 500 r/min 内变化；制热量可达 4.88 kW，制冷量为 1.74～3.02 kW；当在冬季供热且压缩机转速变化时，制冷剂的循环由 35%可上升到 117%。

6）就目前看，其售价较高。

三、模糊控制空调器介绍

1. 模糊控制空调器的概念

在实际生活中，我们经常要用到模糊这一概念。例如，在夏季，当天气很热时，你就会说"今天的天气可真热"，这就是一种模糊的说法，因为说话者并没有明确温度值是多少，只是说天气很热，但这足以使任何人明白天气炎热的程度。

所谓模糊控制空调器就是将模糊理论用于空调器的控制系统，这种控制能使压缩机的转速随室内热环境因素的变化而自动地变化，从而为人们创造出更加舒适的环境。在炎热的夏季，当人们从室外走进房间后，希望空调器快速制冷，空调器便会立即提高压缩机的转速，使室内温度很快降下来。经过一段时间后，室内温度下降，人们感觉有些凉时，模糊控制器可让空调器领会人们的感觉，使压缩机转速变慢，调整制冷量。模糊控制空调器改变了传统空调器依靠压缩机的停、开来控制室内温度而压缩机的转速不能自动随热环境因素的变化而变化的控制方式。

2. 模糊控制空调器的组成和简单控制原理

模糊控制空调器主要由制冷装置、制热装置和遥控器一体的微型计算机及电源等组成，如图 5-9 所示。

而微型计算机输入的信号包括：室内温差及其随时间的变化率；室内换热器管壁的温度及其随时间的变化率；室外换热器管壁的温度及其随时间的变化率。其可对它们做模糊控制处理，并对空调器的制冷、制热、除湿、除霜、风向和风量等功能实现智能化的控制，如图 5-10 所示。

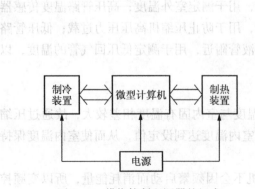

图 5-9 模糊控制空调器的组成

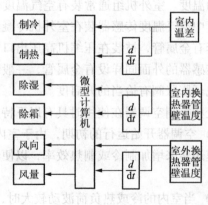

图 5-10 控制示意图

模糊控制空调器简单的工作原理如图 5-11 所示。输入信号经 A/D 转换器转换后送入微型计算机内，经过模糊量化处理，再选择模糊控制原则，对其进行决策及非模糊处理后输出。

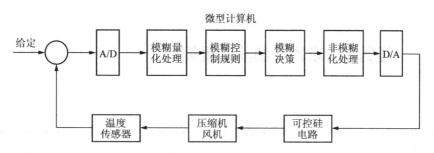

图 5-11 模糊控制空调器工作原理图

由 D/A 转换器转换成电能输入到晶闸管电路，经晶闸管电路的输出控制压缩机转速，使其随室内热环境因素的变化而自动改变。

3. 模糊控制原则

模糊控制空调器的模糊控制原则包括以下内容：

1）室内温度高或偏高，而且还在继续上升，上升速度快或较快，此时的制冷量最大，制热停止。

2）室内温度高或偏高，而且还在继续上升，上升速度慢或较慢，此时的制冷量大，制热停止。

3）室内温度高或偏高，但既不上升也不下降，此时的制冷量较大，制热停止。

4）室内温度高或偏高，但下降的速度慢或较慢，此时的制冷量较小，制热停止。

5）室内温度高或偏高，但下降的速度快或较快，此时的制冷量小，制热停止。

6）室内温度与设定值相等，此时制热和制冷均停止。

7）室内温度低或偏低，但上升速度快或较快，此时的制热量小，制冷停止。

8）室内温度低或偏低，但上升速度慢或较慢，此时的制热量较小，制冷停止。

9）室内温度低或偏低，但既不上升也不下降，此时的制热量较大，制冷停止。

10）室内温度低或偏低，而且还在继续下降，其速度慢或较慢，此时的制热量大，制冷停止。

11）室内温度低或偏低，而且还在继续下降，其速度快或较快，此时的制热量最大，制冷停止。

12）当室外换热器管壁温度达到 -10℃，并继续下降，则压缩机停止运行 10 min。

13）当室外换热器管壁温度低于 30℃，并继续下降，则风向水平吹出。

14）当室外换热器管壁温度高于 30℃，并继续上升，则风向下倾吹出。

15）制热运行初期，当室内温低于 15℃时，室内风机停止运行。

16）在制热运行过程中，当室内温度高于 18℃时，则根据设定控制风量。

17）在制热运行过程中，当室内温度高于 15℃而低于 18℃时，则对风量自动控制。

这里需要提醒的是，上述所指温度都为设定温度值。

任务 2　家用空调器的维修

学习任务单

学习领域	制冷设备安装调试与维修	
项目 5	家用空调器的安装与维修	学时
学习任务 2	家用空调器的维修	6
学习目标	**1. 知识目标** （1）掌握家用空调器的工作原理； （2）掌握分体空调器的制冷系统与电器系统知识； （3）掌握空调器的设备组成及各部件工作原理； （4）掌握家用空调器维修技能。 **2. 能力目标** （1）能够运用维修工具进行家用空调器的维修；并自行判断系统故障，并及时排障故障； （2）能读懂空调器的制冷系统图和电器系统图；能进行电子元件的故障诊断和排除。 **3. 素质目标** （1）培养学生熟练操作工具的能力； （2）培养学生在家用空调器维修过程中对系统故障进行独立思考的能力； （3）培养学生将所学专业知识转化成实际工作的能力	
一、任务描述 根据用户的不同要求对家用空调器进行故障诊断与排除，并对空调器的主要部件能进行快速更换。 二、任务实施 （1）家用空调器的维修技能； （2）家用空调器制冷系统、电器系统、通风系统的故障诊断与排除； （3）窗式空调器和分体空调器故障诊断速查表。 三、相关资源 （1）教材； （2）教学课件； （3）图片； （4）分体空调器； （5）窗式空调器； （6）维修工具箱； （7）风机； （8）真空泵； （9）维修压力表； （10）快速接头； （11）尼龙管。 四、教学要求 （1）认真进行课前预习，充分利用教学资源； （2）充分发挥团队合作精神，正确完成工作任务； （3）团队之间相互学习、相互借鉴，提高学习效率		

【背景知识】

所谓分体式空调器是把一个整体空调器分成两部分，一部分在室内，另一部分在室外。其特点是噪声低，安装位置随意性强，但连接管口容易泄漏，造价高。

项目 5　家用空调器的安装与维修

一、分体式空调器的组成特点和部件介绍

1. 空调器的组成特点

分体式空调器由两部分组成，其一是室内机，其二是室外机。两部分通过纯铜管将制冷系统连接起来。室内机的外形结构和部件组成如图 5-12 和图 5-13 所示。

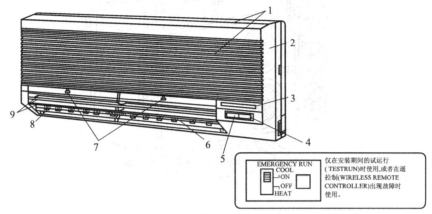

图 5-12　壁挂式空调器室内机组外形结构示意图

1—回风口；2—前面板；3—温度传感器；4—室内机组操作部分；5—显示部分；
6—送风口；7—空气过滤片；8—导向叶片；9—风向调节叶片

壁挂式室内机一般成细长方形，颜色多为白色或乳白色。紧贴在墙壁安装，犹如一个装饰物，美观漂亮。除壁挂机以外，还有立柜式、落地式等多种款式。

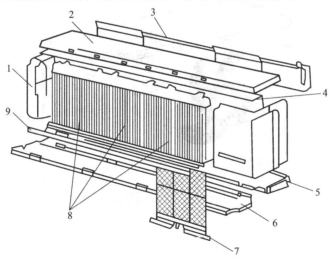

图 5-13　壁挂式空调器室内机组构成示意图

1—侧面板；2—顶框；3—内壁夹板；4—卷形板；5—底板；
6—标牌；7—过滤器；8—进气格栅；9—保护板

室外机组外壳的形状如图 5-14 所示，这是双风扇室外机组，但和单风扇室外机组大同小异，只是多了一个风机，一般壁挂式室内机组均采用单风扇室外机组。室外机组内部部件组成如图 5-15 所示，它主要由风扇电动机、风扇、压缩机、换热器和继电器等部件组成。

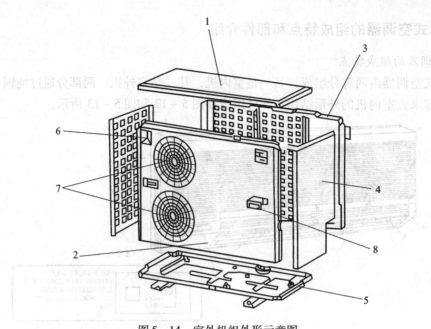

图 5-14 室外机组外形示意图

1—顶板；2—前面板；3—背面板；4—侧面板；5—底盘；6—标牌；7—出风口；8—把手

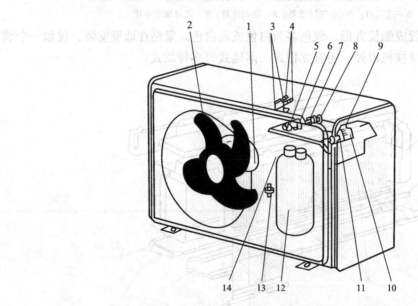

图 5-15 室外机组内部部件示意图（未画换热器）

1—风扇电动机；2—风扇；3—熔断器；4—支架；5—电动机保护器；6，7—继电器；8—运转电容器；
9—压缩机保护器；10，11—端子座；12—压缩机；13—运转电容；14—簧片热控开关

2. 分体空调器制冷部件

（1）压缩机

压缩机置于室外机中，目前空调器所应用的压缩机大多为往复式封闭压缩机，进入 20 世纪 90 年代中期，国内已开始生产旋转式压缩机，并应用到空调器中，由于该种压缩机具有噪声小、运转可靠等优点，所以在空调器中越来越多的得到应用。

(2) 冷凝器

房间空调器的冷凝器是以空气为冷却介质，属于高压设备，被安装在压缩机的出口与毛细管之间，它将压缩机排出的高温、高压制冷剂气体通过冷凝器的外壁和肋片与空气进行热交换以达到冷却目的，其结构如图5-16所示。由于空气的热导率很小，所以空气侧的放热系数很低，影响了冷凝器的传热系数。为提高空气侧的传热能力，通常在管外加装翅片，增加空气侧的传热面积，并在风机的作用下进一步提高了空气侧的传热能力。

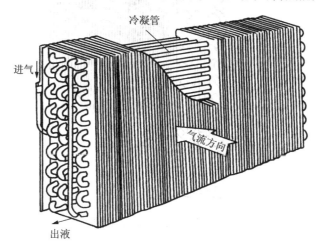

图5-16 空气冷却式冷凝器结构

由于空气侧为干热交换，空气的流动阻力比蒸发器小，但因它的放热系数比蒸发器小，所以需要的翅片数要多一些。

空气冷凝器的特点：结构简单，加工方便且制造简单。由于是干燥空气的传热，所以即便是在有严重空气污染的场合使用也不会对设备造成腐蚀。由于冷凝压力高，与水冷式冷凝器相比，故其制冷量要低一些，能效比也比较小。

(3) 蒸发器

小型空调器的蒸发器大多为直接冷却空气之用，称为表面冷却式蒸发器，如图5-17所示。利用风机吹动空气使之与其强迫对流。管内流动的是制冷剂，其流程一般为二进二出，管外为强迫流动的空气，管道一般为3~4排。为了提高空气侧的放热系数，在管道外侧加装翅片用以增加空气侧的传热面积，以便空气和蒸发器形成更强烈的热交换，以提高制冷效果。

(4) 毛细管

空调器制冷装置中毛细管的作用和结构与电冰箱一样，但尺寸略有不同，其直径为0.6~2.5mm，长度为0.5~5m，且被连接在冷凝器输液管与蒸发器进口之间。

有一些小型空调制冷机中也会用热力膨胀阀进行节流，热力膨胀阀的基本结构如图5-18所示。从功能上讲热力膨胀阀由三部分组成，即信号传感部分、执行调节部分和整定部分。信号传感部分主要包括感温包、毛细管和动力传动部分，这三部分组成一个与阀体内部不相通的封闭系统；执行部分主要由顶杆、阀针座等组成，它的作用是用于调节制冷剂流量；整定部分由弹簧、调节块和调节杆等组成，用于调节膨胀阀整定值，即调节制冷系统所要求达到的蒸发温度。

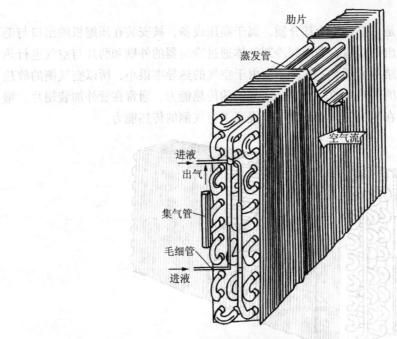

图 5-17 表面冷却式蒸发器

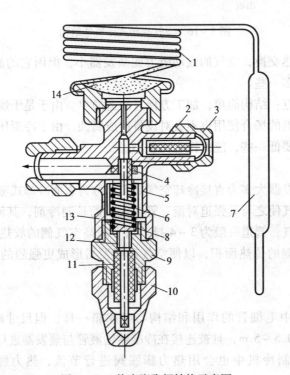

图 5-18 热力膨胀阀结构示意图

1—毛细管；2—过滤网；3—螺母；4—阀座；5—阀针；6—弹簧；7—感温包；8—弹簧座；
9—调节杆座；10—阀帽；11—填料；12—调节杆；13—阀体；14—感应机构

（5）干燥过滤器

与电冰箱相同，空调器制冷系统也设干燥过滤器，其内部既有滤网又有干燥剂。干燥过滤器在空调器制冷系统中的作用是把系统中的残余水分吸附在干燥剂中;而过滤器的作用是收集制冷系统中的固体杂质。

(6) 储液器

储液器的作用是防止液态制冷剂流入压缩机。它的安装位置应在压缩机与冷凝器之间。空调器制冷系统中所用的储液器一般分为以下两种:

1) 将储液器与冷凝器混合在一起,即利用冷凝器下部容积作为储液器,不单独设置储液器,这种方式一般适用于比较小型的空调器。

2) 单独设置储液器,其连接方法有两种。

① 将普通型储液器连接在压缩机回气管路上,该连接方法一般用于热泵型空调器中,其结构如图 5-19 所示。其工作原理是:从蒸发器出来的液态制冷剂由吸入管入口进入储液器中,依靠自重落入筒底;而气态制冷剂则由吸入管的出口经过储液器而吸入压缩机内。

② 如果空调器采用滚动转子式压缩机,则储液器可和其连接在一起,该种储液器的结构简单,在一个封闭的筒型壳体中有一根从蒸发器而来的回气管和一个至压缩机吸入口的吸入管,两根管互不相连,其内部结构如图 5-20 所示。

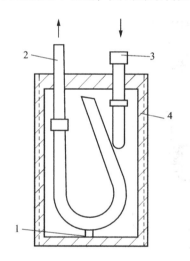

图 5-19 普通型储液器示意
1—液态制冷剂出口;2—至换向电磁阀接口;
3—至压缩机接口;4—筒体

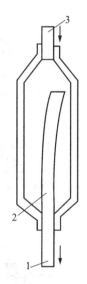

图 5-20 和滚动转子式压缩机连接的储液器结构示意图
1—至压缩机;2—回油孔;3—来自蒸发器

(7) 单向阀

单向阀的作用是使液体只向一个方向流动,不可逆流。在以热力膨胀阀为节流元件的热泵空调器中,膨胀阀是单向流动的阀,而当制热运行时,制冷剂要反向流动,则膨胀阀关闭,造成制热失灵。为解决该问题,可在膨胀阀的进口处并接一只单向阀,使其流向与膨胀阀控制的流向相反,当需要热泵运行时,制冷剂可经过单向阀流通,即两个并联的阀交替工作,以完成制冷与制热的任务。

3. 电磁四通换向阀

当热泵型空调器在实施制冷与制热的转换过程时,是依靠电磁四通换向阀的动作来实现的。电磁四通换向阀的外形如图 5-21 所示,其内部结构如图 5-22 所示。

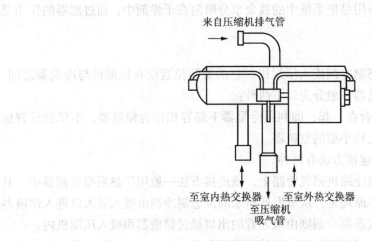

图 5-21 电磁四通换向阀外形

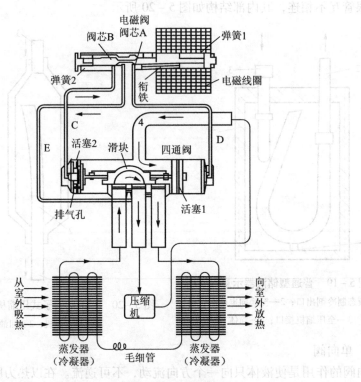

图 5-22 四通阀工作原理示意图

4. 空调器通风系统部件

空调器的通风系统主要是指室内、室外风机。

(1) 轴流式风扇

该风扇用在分体空调器的室外机组,主要由4~8个叶片和轮圈组成。轴流式风扇多采用塑料注塑成型,也可采用铝材压制而成。其中轮圈的作用是将底盘里的凝露水飞溅到叶片前面,再由风扇吹到冷凝器上,以此来增加冷凝器的热交换效果。

项目5 家用空调器的安装与维修

(2) 贯流式风扇

此种风扇用在分体式空调器的室内机,其结构为一个筒形多叶轮的转子,筒形轮一般用ABS塑料制成(也可以用轻金属材料制成),用超声波焊接方法将数节轮焊接在一起。叶轮叶片的轴向宽度尺寸可以制作得很大。风扇的整个轮廓成呈滚筒形状,两端面被密封,如图5-23所示。风扇工作时气流沿着叶轮径向横贯流过,具体过程为:开始时空气沿径向流入,然后沿径向向外流出,接着气流第二次通过叶道,在叶轮中形成一股旋涡,同时气流以这股旋涡为中心流转,使空气从进风口吸入,并送到出风口排出。贯流式风扇在叶轮直径较小、旋转速度较低的情况下,可以产生较高的压头,使其工作效率很高,并且工作噪声小。根据需要可任意选取叶轮轴向宽度,以获取合适的风量。

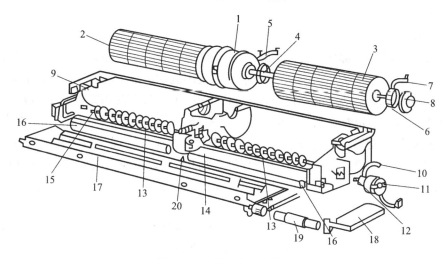

图5-23 贯流式风扇结构

1—风扇电动机;2,3—风扇;4—橡胶垫;5,10—电动机支架;6—轴承橡胶垫;7—轴承支架;
8—轴承套;9—涡壳组件;11—电动机;12—电动机接头;13—摆动叶栅;14—接头;
15,20—轴;16—导向器;17—排泄盘;18—排泄保护;19—排泄管

5. 电动机

空调器压缩机一般采用单向感应交流电动机,由于房间空调器的功率一般都较小,所以多为电容运转电路,运转可靠,启动转矩及运转电流小。由于转矩小,故压缩机一定要在高低压平衡后才能启动,否则可能会使电动机过载,因此电路必须设置过流保护装置。

空调器风扇电动机属于低压风机,其基本组成包括转子、定子、轴、轴承和端盖等部件。转速分高、中、低3挡或高、低2挡。风扇电动机也采用电容运转。风扇电动机有双轴伸(YSK)形和单轴伸(YDK)形两种。

对风扇电动机的要求是噪声低、振动小、运转平稳、重量轻和体积小。分体式空调器应用两台单轴伸电动机分别驱动室内机和室外机各自的风扇。

6. 压力控制器

压力控制器又称压力开关,其作用是监测制冷设备系统中的冷凝高压和蒸发的低压数值,当高压高于或低压低于额定数值时,压力控制器可自动断开电源,起到保护电路的作用。高压控制器安装在压缩机的排气口,以控制压缩机的出口压力;低压控制器安装在压缩机的进气口,以控制压缩机的进口压力。

KD 型高低压控制器（高压波纹管压力继电器）是常用的类型之一，其工作原理为：高压气体通过毛细管后进入高压波纹管，在压力低于设定值时，调节弹簧的压力应大于气体的压力，此时传动螺钉被提起，微动开关按钮自动弹起，使电路接通进入正常运行状态；如果压缩机的排气压力超出设定值，则传动螺钉被压下，微动开关断开，将电源切断，进入停机状态。

当低压气体通过毛细管后进入低压波温管，且低压气体压力大于设定值时，波纹管弹力通过传动杆传送到微动杆开关按钮上，使其闭合，电路进入正常运行状态。如果吸气压力低于设定值，则调节弹簧的弹力大于波纹管的弹力，将传动杆抬起，使微动开关处于断开状态，系统停止运行。

YBK 系列压力控制器（薄壳压力继电器）是一种比较新型的压力控制器，主要用于柜式空调器中。

7. 除霜器

一般空调器不安装该部件，对于热泵型空调器在冬季制热时，室外环境温度较低，蒸发器表面温度可达 0℃以下，有可能结霜，霜层会对空气的流动产生一定阻力，影响空调器的制热能力。因此，空调器在制热之前首先应对其进行除霜。自动控制除霜方式主要有以下几种：

1）用时间继电器定时除霜，不论蒸发器（室外）是否有结霜，均对其定时加热。

2）根据室外蒸发器表面温度自动控制。其工作过程与原理和压力式温度控制器相类似，即感温包紧贴在蒸发器表面，当感受温度达到 0℃时，将换向阀的线圈电路切断，使空调器改成对室外制热运行。除霜以后，室外蒸发器表面温度上升到 6℃，接通换向阀线圈电路，又恢复对室内的制热状态。

3）通过感受蒸发器前后空气的压差自动控制。因蒸发器结霜后，气流受阻，阻力随层厚度而增加。事先调定空气压差，使空气控制开关控制换向，进行制热化霜。

分体式空调器的工作过程如图 5-24 所示。室内外机通过制冷系统的纯铜管用快速接头连接。压缩机运转，使制冷剂在封闭循环的管道中流动，空调器处于制冷运转状态。室内空气在风机的作用下通过空气过滤网被吸入，经蒸发管道进行热交换，使空气冷却降温和去湿后进入风机中，再经叶轮旋转排入风道经百叶窗流向室内，以达到对附近空气进行调节的目的。

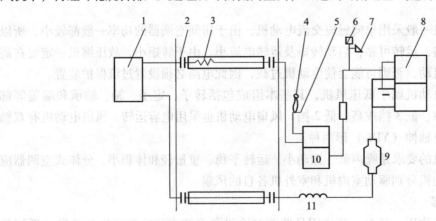

图 5-24 分体空调器的工作过程

1—室内热交换器；2—接头；3—纯铜管；4—低压开关；5—储液器；6—高压开关；7—塞头；
8—室外换热器；9—干燥过滤器；10—压缩机；11—毛细管

二、分体式空调器典型电路介绍

分体式空调器的电路和窗式空调器电路有所区别,为说明问题,在这里只介绍几种典型的接线图,以说明分体空调器的电气控制原理。

分体壁挂空调器电路。

整个电路包括电源电路和微电脑控制电路,其中电源电路一般首先经变压器将 220 V 电压转变成 14 V 交流电压,然后通过桥式整流再将其变为 12 V 直流电压。电源电路的作用是为保护器或蜂鸣器提供工作电压。

微电脑控制电路则由输入控制电路、微电脑芯片和输出控制电路三部分组成,如图 5-25 和图 5-26 所示。

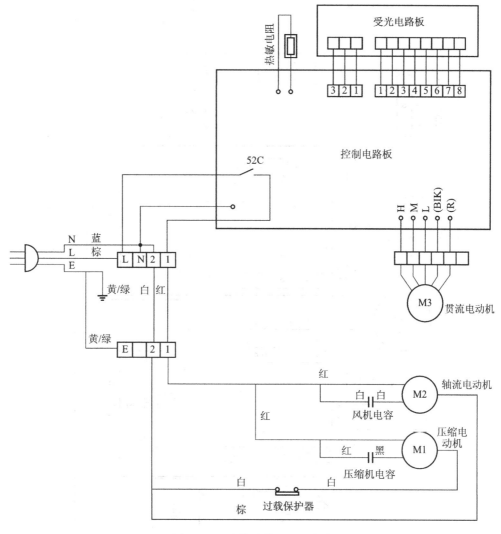

图 5-25 分体壁挂空调器接线

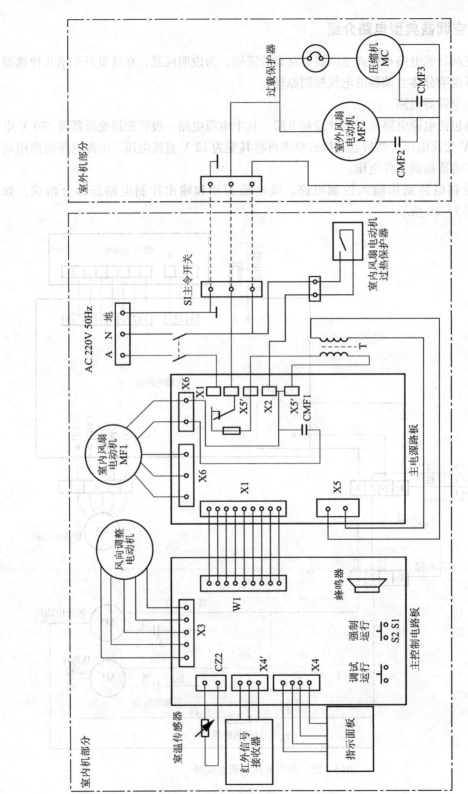

图5-26 分体式空调器线路

项目 5　家用空调器的安装与维修

【任务实施】

先对分体空调器进行故障检测与排除，以 5 人/组为单位，逐步排除空调器不制冷的原因。房间空调器不外乎是制冷与电气两大部分的故障，其表现形式为冷气不足、不制冷、不制热、突然停机及振动等现象。这些故障产生的原因有制冷系统所致，也有电气系统问题，还可能是二者的综合原因所致。

一、空调器的维修

1. 空调器制冷系统的维修

空调器制冷系统维修的内容和电冰箱制冷系统维修的内容基本差不多，但有些特殊要求和不同点在这里还需进行分析。

（1）空调器制冷系统的检查

空调器制冷系统包括压缩机、冷凝器、蒸发器、干燥过滤器、毛细管或膨胀阀及制冷管路等。这些部分的检查内容主要是检漏，下面根据空调器的使用特性，重点介绍空调器制冷系统的检漏方法和检漏仪器。

1）压力检漏法。

压力检漏是在制冷系统中充入氮气后，用肥皂水进行检查。这种方法简单易行，是最常用的压力检漏方法。

在加压后的制冷管路螺纹连接和焊接处涂上肥皂水，若发现有气泡或听到"嘶嘶"声即表明有泄漏。应及时处理，其方法与电冰箱制冷系统泄漏的处理方法相同。

空调器压力区段的划分为：

①单冷型空调器：从制冷压缩机排气到毛细管的入口处为高压段；从毛细管到制冷压缩机吸气口为低压段。

②热泵型空调器：从制冷压缩机排气口到电磁四通阀为高压段；从电磁四通换向阀回气管到制冷压缩机吸气口处为低压段。

2）仪器检漏法。

所谓仪器检漏是指卤素检漏灯和电子检漏仪，它适用于系统内部充有制冷剂时的检查，具体方法与电冰箱检漏相同。

目前，一种不用眼睛观察而只凭耳朵听诊的电子声检器被广泛采用，它利用高倍音频放大电路，通过检测器探头，可检查极其微弱的气流声，经放大并推动耳机，使人耳可以听到"丝丝"声，以达到准确判断泄漏点的目的。该种仪器既可检查氟利昂制冷剂系统，也可检查充氮管路的泄漏情况，适用于任何制冷系统的检漏操作。

3）抽真空检漏。

抽真空检漏的目的是抽出系统中的残留氮气（充氮检漏后的残留氮气）；其次是检查系统有无渗漏；第三是对系统进行干燥处理。在充注制冷剂之前必须进行抽真空操作。

抽真空时的管路连接如图 5-27 所示，该操作采用了复合式压力计。复合式压力计有三个连接口，左边为低压连接口，右边为高压连接口，中间接口可作为抽真空用，也可以作为制冷抽真空状态机的充入管接口。

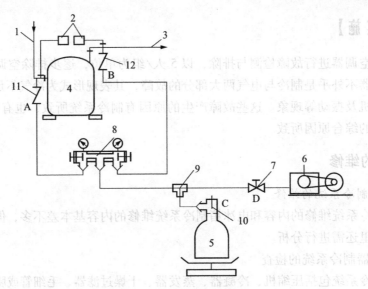

图 5-27 抽真空连接管路
1—冷却器连接管;2—高低压开关;3—冷凝器连接管;4—压缩机;5—制冷剂钢瓶;
6—真空泵;7、10—截止阀;8—复合式压力计;9—三通接头;
11—检查连接点 A;12—检查连接点 B

对系统抽真空时,可以采用真空泵单独抽真空操作。具体过程为:将制冷剂钢瓶截止阀关闭,打开复合式压力计的高低压旋钮(Hi 和 Lo),然后启动真空泵,同时将 D 阀打开。真空泵运转时间应在 20 min 以上,当系统内的压力达到规定值时,即可关闭 D 阀,停止抽真空操作。

根据经验可知,空调器制冷系统容易泄漏之处可能是:

①压缩机配管接头处;

②冷凝器与管路衔接之处:蒸发器液管进口的螺母接头或焊接口,气管出口的螺母接口处或焊口及分配器接头和蒸发器盘管弯头的连接处;

③各类阀的连接处及接头螺母连接处。

(2) 制冷部件的维修与更换

当制冷系统中的某些部件出现故障或损坏而失去使用价值后,应对其进行维修或更换,以恢复制冷系统正常工作。

1) 电磁四通阀的故障分析与更换。

热泵型空调器与普通空调器相比故障率较高,主要是由于电磁四通阀所致。例如,当四通阀供电电压太低时,将引起磁力不足导致动作失灵;当制冷系统出现泄漏时,将导致系统中高低压压力差减小,造成换向困难。

四通换向阀一旦出现故障,应立即检修或更换,下面介绍其更换方法。

首先取下电磁线圈,并将故障四通阀焊脱;更换新四通阀时,四根铜管接口需摆正位置,并保持原来的方向和角度,换向阀必须处于水平状态;焊接时,先焊单根高压管,然后焊三根中的中间低压管,最后再焊接左右两根管;应选用适当的焊把将火焰调到立刻能焊接的程度,做到火到即焊,尽可能一次焊接到铜管的 2/3 圈处,焊接完立刻回烤一次,以保证焊口的牢固性。这时用两块湿毛巾对接口处降温,片刻后再焊接余下的1/3圈。

2) 快速接头的更换。

快速接头是分体式空调器室内外机组的重要连接件之一,当其损坏后,应马上更换,以免使制冷系统因泄漏而造成堵塞。

具体步骤是:首先放出制冷管路中的制冷剂,然后将快速接头卸下。如果快速接头是紧贴地面或墙壁安装的,则可将其配管稍微抬起,并在快速接头下面铺上隔热薄板(以免在焊接时烧坏地板或墙壁),然后再取下套在管道上的保温材料,最后按要求卸下快速接头。把快速接头拆下后,应立即更换新的快速接头。更换步骤为:

①将快速接头的两个主体部分分离;
②用气焊将焊接部位取下,并将附在铜管上的焊料清除干净;
③将规格和型号完全相同的新快速接头焊接到原处;
④将两主体部分接好;
⑤再一次确认无泄漏后可包扎保温材料,使其恢复原状态。

在焊接时应边冷却边焊接,以避免快速接头过热。

3) 热力膨胀阀的维修。

空调器在运行过程中,由于振动等原因,会使膨胀阀的毛细管从阀体根部断裂。此故障可以通过维修而恢复使用状态,具体步骤是:

①选择一只与毛细管外径相近的三通管;分别选择两根与毛细管外径相近、长为100 mm和另外一根长为300 mm、直径为6 mm共计3根铜管,并在直径为6 mm的铜管套装纳子。

②用银条气焊,如图5-28所示,将铜管和三通管焊接。

③将铜管1与毛细管焊接。用扩口工具加工铜管2的端口面,以确保连接的严密性。为避免高温对焊接质量的影响,焊接过程中应进行必要的冷却。

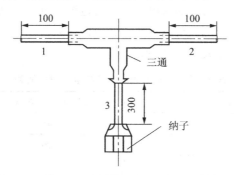

图5-28 三通连接示意
1,2,3—铜管

④使用三通阀作为连接工具,用真空泵将感温包和毛细管内的制冷剂抽成真空后,可将阀口关闭以检查气密性。感温剂一般应与制冷系统中的制冷剂相同,充注感温剂时将三通检修阀纳子旋紧,再充注适量的感温剂液体或气体即可。感温剂液体的充注量一般为感温包容积的80%;感温剂气体的充注量应以感温包超过最高工作温度(最高蒸发温度+最大工作过热度)时感温包工质全部被气化为蒸气为标准。

⑤充注感温剂后,启动试运行,同时观察运行情况和制冷效果。如果制冷出现异常,则需通

过调节感温包压力和调节螺杆进行修正。注意,从一个工况调整到另一个工况应间隔15min左右。

⑥用封口钳将铜管3在距三通阀接口150 mm处夹紧(以备密封不成功为第二次密封留有余量),再用钳子将多余部分剪掉后用钎焊把剪口焊死。

2. 空调器电气系统的维修

空调器电气系统较之电冰箱要复杂一些。空调器的维修内容包括电气器件连接线路的检查与电气器件的检查和更换。

(1) 电气器件连接线路的检查

空调器典型电气线路是由压缩机电动机和风扇电动机的启动、运转、保护、温度控制器和连接线路等组成。

1) 线路检查内容。

线路检查包括:接线是否有误;接头是否脱落;制冷压缩机电动机接线及绕组是否完好;电容器、过载保护器、启动继电器和温度控制器的接法及动作是否正确等。

由于各种型号空调器的电路各不相同,因此,在检查时应参照产品说明书或维修手册进行操作。

2) 注意事项。

在检查空调器线路之前应注意以下几点:

①应将空调器的电源切断,如果为两条线路供电,则应将其同时断开。在电源未断开之前,切勿用万用表的欧姆挡进行测量。

②在机组的控制开关处于任何操作位置均不能正常操作控制时,应考虑机组电源可能出现的问题。此时,可用电压表检查。若插座无电压,则一般情况是户内的熔丝烧损,首先应检查机内是否有短路存在。

③空调器电源线选用不当也可能导致压缩机不能正常运转。空调器所用压缩机电动机的工作电流较大,而启动电流更大。如果电源线选得过细或过长,则线路压降过大,将致使空调器无法正常工作且导线会发热甚至出现事故,所以空调器电源引线截面积应与空调器额定电流相一致。具体对应数值如表5-7所示。

表5-7 空调器额定电流与电源线截面积

空调器额定电流/A	电源线截面积/mm²	空调器额定电流/A	电源线截面积/mm²
6~10	1.5	31~45	6.0
11~20	2.5	61~90	10.0
21~30	4.0		

④电源熔丝一般按空调器额定电流的1.5~2.5倍选取,而对于启动频繁、负载较重空调器的电源熔断丝应按其额定电流的3~3.5倍选取。

⑤一些压缩机具有机内保护器,对该种压缩机过载保护器的检查,可在压缩机温度较低的情况下进行。其方法和压缩机电动机阻值测量相同,若线路不通或阻值过大,则表明内部过载保护器已断开。如果压缩机外壳温度降为50℃以下,再次检查仍然不通,则说明内部恒温过载保护器已经损坏,应更换制冷压缩机。

(2) 电器部件的检查与更换

1) 集成块的拆装方法。

项目5 家用空调器的安装与维修

空调器的弱电电路如电子电路控制板等都是集成电路块，在检修时经常要将其拆下，然后更换新的集成块。

拆卸集成块时，最好使用20 W低压或带隔离变压器的吸嘴电烙铁。如果使用220 V的普通电烙铁，则应首先检查电烙铁是否漏电。检查方法为：插上电源后，用测电笔接触烙铁头，若氖泡发红光，则说明烙铁漏电，应将电源插头拔出使插爪左右换向后再插入电源插座，一般即可排除漏电故障。若还漏电则应更换一个电烙铁，否则在拆卸过程中有可能损坏集成电路板。另外，可准备一些针尖已被磨平的9号或16号注射针头，将针头靠住集成块引脚，烙铁搭在焊点上，当焊锡熔化时立即把针头推进并转动，然后迅速移开电烙铁，待焊锡凝固后拔出针头，用如此方法把集成块全部引脚悬空，再用一字旋具从正面空隙处轻轻一撬即可取下集成块。

集成块在安装前，应清楚其引脚的编号顺序，然后对照电路板上的引脚编号，小心地将其插入，注意不要把引脚拆断或折弯。焊接时，使用不漏电的20～30 W的电烙铁进行焊接。焊接完成后，应清除引脚周围的污物，同时检查各焊脚有无虚焊，如有虚焊应及时补修。

2）电容器的检查与更换。

小型空调器电动机均采用单相电容运转方式，因此，在压缩机控制盒内有两个电容器：一个是制冷压缩机电动机的运转电容器；另一个是风扇电动机的运转电容器。

当电容器出现故障时，可用不同的方法进行检查。

①代换检查法。如果不用仪表检查，可用一只与原电容器规格型号相同的完好电容器代替被检查电容器。但是在手触摸原电容器之前，必须先将其放电。具体方法是：用一把带有绝缘柄的旋具将电容器的两个引出点短接使之放电，然后进行电容器更换。如果原电容器不能使压缩机或风扇启动，而换上新电容器后，电动机即可启动运转，则说明原电容器已经损坏，必须更换。

②交流电源检查法。由于空调器运转电容器的耐压值都比较高，因此，可以利用220 V电流电源对电容器的质量进行检查。具体方法是：将被检测电容器与一只40 W普通灯泡串联并接入220 V电源，若灯泡慢慢亮起，然后又变为暗红色，则说明电容器质量完好；若灯泡很快亮起来且非常亮，则说明电容器已短路；如果灯泡根本不亮，则说明电容器已断路。采用该方法检查电容器时，应注意安全。

③万用表检测方法。将万用表置于"$R \times 1k$"的挡位上，用表笔接触电容器的两个接点，如果表针快速偏转至零位后，又慢慢回到起始位，则表明该电容器完好无损；若指针不动，则说明该电容器已断路；若指针偏转至零位后不回原处，则说明电容器已短路。为保险起见，可将表笔与两接头互换后多次测量，然后确认电容器质量的好坏。

无论电容器是短路还是断路，都会使制冷压缩机不能启动，导致整机电流过大，从而造成电路中熔丝烧损或使过载保护器动作。

另外当压缩机电动机启动电流过大或有"嗡嗡"声而不能启动运转，则很有可能是电器损坏，检查确认后应给予更换。

3）空调器选择开关的检查。

用万用表的欧姆挡测量选择开关在各种功能操作时的相应触点是否导通，若导通，则电阻为零；若断路，则电阻为无穷大。否则说明选择开关有故障。

3. 空调器通风系统的维修

空调器通风系统主要指的是室内外风扇电动机和风扇送风百叶等部件。通风系统故障表现为：风量下降、电动机不转动和运转噪声大等。

（1）检查风机的相关部位

1）检查风机风叶的固定情况。

风机运行时，无风吹出，应检查风叶的紧定螺钉是否松动，如果松动则会出现电动机轴转动而扇叶不动，从而无风吹出。检查时，应首先停机，然后用手摆动风叶，若风叶与电动机轴产生相对移动或转动，则应将紧定螺钉平面与电动机轴的半圆平面相对应，否则，以后还会出现松动情况。有些风扇扇叶孔和电动机轴分别磨有平面，在配合时只要两平面接触则不会出现上述现象，但也要将紧定螺钉紧固，以免使扇叶与电动机轴产生轴向移动而造成故障。

2）检查电动机的转速情况。

当电动机不转动时，可能是电动机绕组烧损或电容器被击穿，采用电阻检查法可找出故障元件；若电动机在运行过程中出现碰撞声音，一般情况下是风叶与其周边物的摩擦所致，这可能是扇叶与电动机轴的紧定螺钉松动使其产生相对位移造成的，此时应调整扇叶位置，并将紧定螺钉紧固，之后再用手转动扇叶，直至无摩擦声。

电动机质量的判断也应作为其检查范畴。质量完好的电动机其噪声为45 dB。如果声音过大，则说明电动机质量较差（可能是使用年久或轴承间隙过大），应考虑更换新轴承或电动机。具体检查方法是，首先切断电源，用手沿径向摆动电动机轴，感觉有间隙存在时，应马上给予更换。另外还应沿轴向推动电动机轴，如果有松动则说明轴承磨损严重，应给予更换。

3）触摸电动机的检查。

通过用手触摸电动机相应位置，检查电动机的温升和平衡。

①电动机的温升：风机电动机一般为密封防潮型，电动机自身热量是通过其外壳散发到空气当中。电动机正常运转时的温度一般不应超过75℃，用手触摸有烫手感时则说明温升已超极限值。有些特殊电动机运行时的温度为100℃，这时不能用手触摸，而应该用点温计测量温度。温升超值的原因一般为：超负荷运行或环境温度高于50℃所致。长时间超负荷运行会造成绕组绝缘烧损，导致电动机故障，所以应避免电动机长时间高温或超负荷运转。

②当电动机振动幅度较大时，可能是风叶平衡较差或是电动机轴承磨损造成的。遇此种情况，应从两方面进行检查。其一是调校叶轮的同轴度；其二是检查轴承的间隙（方法前面已经叙述）。如果间隙超差，应及时更换轴承。

4）检查滤尘网。

当空调器室内机组（或室内侧）吹风量变小时，应检查蒸发侧滤尘网积灰情况。若灰尘较多，则应取下清洗。除此之外，还应检查冷凝器散热片间的积尘情况，若有阻塞现象，应采用压缩空气吹除或吸尘器吸除。

二、对空调器进行常规检查

从一般规律看，制冷系统与电气系统产生故障的区别是：

1）空调器突然停机或压缩机不启动，此故障多数是由于电气系统原因导致的，也可能是制冷或通风系统的原因。但因它常发生于电气控制系统中，所以应从电气系统入手检查。

2) 空调器不制冷或制冷不足或电动机运转困难,一般该故障与制冷系统有关,应检查制冷系统。

3) 空调器有碰撞声或强烈振动,这是从运动部件中发出的声音,可能在发生通风系统,也可能发生在制冷系统。因此,应从这两个系统查找。

空调系统故障判断的第一手资料应从视觉、听觉、触觉和嗅觉中获得,然后将其综合起来推理分析,并结合仪表作进一步测量检查,最终准确判断出故障点。

1. 观察

(1) 看空调器降温情况

在室内机组的进、出风口各挂一支温度计,测量各自的风口温度,求出温度差,以判别制冷量是否达到使用要求。

(2) 看制冷系统吸排气压力

结合室外温度分析其压力值是否正常。小型空调器的制冷设备一般不设压力表,检查时需另外安装工具压力表。分体式机组可将压力表接在室外机组进、出口管关闭阀的旁通孔处;水冷整体空调器可将表装在制冷系统的吸排气管的气门嘴上;窗式空调器无装表接口,可将盲管封口割开,并焊接一段装有临时关闭阀的管路,然后再接上压力表即可,但需要排空气并重新充注制冷剂。因此,窗式空调器一般不用压力表检查法,而是用其他检查法来估计压力值。

(3) 看压缩机吸气管结露情况

通过观察吸气管结露的多少,判断其制冷量是否正常。

(4) 看故障指示灯

若空调器设有故障指示灯,则应以灯是否闪亮判断其故障是否存在。

(5) 看吸排气管的振动情况

根据管路振动幅度,判断机组的振动程度。

(6) 看管路连接处

观察连接处是否有油迹,以判断管路是否有泄漏现象。

(7) 看熔断器检测线路

看熔断器是否烧损、测量电气线路是否畅通。

2. 听

(1) 听用户反映

通过使用者的反映,准确快速地判断故障点。

(2) 听空调器运行声音是否正常

听毛细管或膨胀阀中制冷剂的流动声音和换向阀切换方向时的气流声是否正常。

(3) 听发声源

仔细听空调器非正常声音来自哪一部分,以准确判断故障点。

(4) 听风扇

听风扇的运行声音是否正常。

3. 触摸

(1) 触摸压缩机和吸排气管

用手触摸制冷系统吸排气管和压缩机壳,以判断制冷系统工作是否正常。

（2）触摸风扇电动机

用手触摸风扇电动机，根据其冷热及振动程度，以判断风扇电动机的质量。

4. 嗅

根据空调器在运行时是否有异味，以判断是电气故障还是机械故障。

5. 电阻检查法

所谓电阻检查法是利用万用表电阻挡测量电气电路中的集成电路、晶体管各管脚和各单元电路电阻及各元件自身的电阻值，以判断各种电气控制系统的故障。此方法对检修开路或短路性故障，找出故障元件最有效。电路中大部分元件均可用该方法做定性检查，在实际使用此方法时，有两种具体办法。其一被称为"在线电阻测量法"；其二被称为"开路电阻测量法"。无论使用何种方法，均应切断电源。

（1）在线电阻测量法

即直接在印制电路板上测量元器件的电阻值。由于被测元件接在电路中，所以测得的数值有时偏差较大，需通过分析电路才可做出大致判断。

（2）开路电阻测量法

将被测元件的一端或整个从印刷电路板上焊脱后再进行测量。此办法虽然麻烦，但测量结果准确。集成电路板被取下后，通过测量相应脚以及各脚与地脚之间的正、反向电阻，即可判断电路板的好与坏。

6. 电流检查法

该方法是通过测量电源的负载总电流或支路的电流及集成块的工作电流值，以确定故障点。由于测量电流时必须把电流表串入电路，使用起来不太方便。因此，直接测量电流的检查方法应用较少。如果在电路中串联有电阻，则可以测量其电压降，间接计算出电流值。

7. 电压检查法

即通过测量电路或元件的工作电压并与正常值进行比较来判断故障的一种检查方法。一般测试的是各极电源电压、晶体管和集成块的工作电压，它们都是判断电路是否正常的重要依据。通常情况下，测得电压值与正常值比较，变化较大的地方就是故障点所在的部位。

按被测电压种类的不同，可分为直流电压检查法和交流电压检查法两种。该方法可判断电网电压、整流稳压输出电压、各级供电电压、交流供电电压等是否正常；晶体管、集成电路、继电器、电动机等是否正常工作，还可判断与它们相连的元件有无损坏。

三、维修实例

空调器故障可能是由电气控制系统所致，也可能是制冷系统或风机系统导致。但不论是哪一种原因，其症状往往是在电气控制上反映出来的。因此在分析空调器故障时，应考虑制冷系统和电气控制系统共同引起故障的可能性。

1. 空调器故障分析

（1）压缩机和风扇都不运转

当空调器接通电源后，压缩机和风机都不运转。电气控制线路可能产生的故障有：电网无供有电；电源插座内的接线脱落，插座接触不良；户室熔断丝损坏；电源电压不在额定范围之内；选择开关内部断路；电气控制线路断路等。造成上述故障的原因有操作不当、部件存在质量问题；也可能是由制冷系统和风机系统所致。例如，熔丝的损坏，除电气线路的短路（与机壳接触）引起以外，还可能由于压缩机或风机机械故障原因等引起。

(2) 风机运转但压缩机不转动

造成此故障的原因比较复杂，应逐步检查并排除。

1) 温度控制器损坏，有两种原因：其一是温度控制器感温包感温剂泄漏；其二是温度控制器失灵，触点处于常开状态。

2) 过载保护器触点处于断开位置，由于制冷系统在运转过程中有超载现象，使过载保护器跳开。

3) 压缩机电容器损坏，由于平时维护不当或受潮所致。

4) 压缩机电动机烧损。

(3) 空调器在运行过程中压缩机启停频繁

有可能产生此故障的原因如下：

1) 温度控制器感温包安装位置离蒸发器太近，使其受到蒸发温度的影响。

2) 由于供电电网有问题，导致电源电压不稳定。

3) 过载保护器的双金属片接触不良，造成供电电源时有时无。

(4) 电加热型空调器不制热

产生该故障的原因可能有以下几方面。

1) 电热丝烧断，可能是质量所致或装配不当。

2) 加热保护器起跳或熔断丝烧断，其原因可能是过滤网有灰尘而不畅通，风量明显下降，使得出风温度大幅度上升而电加热器超温运行；还有可能是热保护器失灵或熔断丝不符合规格造成的。

3) 由于使用时间过长或选择容量不当，交流接触器的接触点常有电弧而产生熔毛现象，导致接触点接触不良。

(5) 热泵型空调器不制热

具体现象是制冷运行正常，但在制热运行状态时却不制热。产生此故障的原因有：

1) 电磁阀的电磁线圈烧坏或断路。这主要是由于工作环境恶劣；工作状态改变（制冷与制热转换）频繁；长期处在超电压的情况下工作，导致绝缘层老化而使线圈短路。

2) 电磁阀内阀芯损坏，造成此故障的原因是：有污物进入阀芯内部，将阀芯卡死；也有本身质量问题。

3) 由于表面被氧化，造成冷热切换开关失效。

(6) 漏电

所谓漏电是指带电。产生漏电的原因为：某些电器的绝缘性能降低或受潮。接地保护不良或无接地保护措施（如果接地良好而漏电，电流就顺其流向大地使熔断丝烧断从而起到保护电器设备和安全的作用）。

(7) 电子电路控制系统故障

该系统属于低电压控制线路，控制电压一般为 +5 V、+12 V、+24 V。由低压系统造成的故障，有些表现形式和上述形式基本相同，因此在进行故障分析时，应全面考虑，以保证准确无误地找出故障点。

1) 按下运行键空调器不动作：在确认电源供电正常、接线插座接触良好和熔断器完好无损时，有可能产生故障的原因是：开关板与室内机控制板连线的接插件接触不良。分体式电气控制系统由三部分组成,即开关板、室内机控制板和室外机控制板。开关板与室外机控制板的连接线接头是插接件,虽然插接后可自锁,但也会松脱或接触不良,所以应认真检查;按键开关接触不良或损坏;室内控制板损坏。

2)开机后电源指示灯亮,室内风机运转但压缩机不转:从故障现象看,制冷与风机系统无故障,而是操作或恒温开关有故障。可能是选择开关按错,只要将其改在相应位置即可;其次是温度未达到设定值,当恒温开关的温度设定值高于房间温度时,温度控制器的接触点始终是开路,制冷系统当然就不会运转,只要重新设定温度值即可;再一种可能就是传感器损坏,可用万用表测量其阻值并与温度对应值比较,以判断传感器的状况。

2. 具体维修实例

实例1:KFR—35 GW 空调器。

故障表现:压缩机启动40 s 后自动停机。

询问情况:用户反映该机启动40 s 后就停机,2 min 左右空调器又重新启动,但40 s 后空调器又停机,故障如此重复出现。

检查维修:首先监测空调器的电压和压缩机的运转电流,在压缩机启动、运行过程中,电源电压(220 V)和压缩机电流(14 A)均正常。由此判断空调器不是由于欠压、过流和缺氟等原因造成的故障。压缩机在启动、停止的过程中,室内机运行始终正常,所以故障点应该在室外机的控制电路中。

室外机的压缩机启动、运行电路如图5-29所示。图5-29中的AX为运行绕组,BY为启动绕组,C_1、C_2和C_3为启动和运行分相电容器,K为电磁开关。在压缩机启动时,开关K闭合,C_1、C_2和C_3并联。压缩机启动后,当转速基本达到正常值时,开关K断开,将C_2和C_3两电容器脱离电路,压缩机进入正常运行状态。根据这一原理,应对电磁开关、电磁开关的控制电路和分组电容器进行检查。经检查发现,当压缩机启动后,转速基本达到正常值时,电磁开关不能及时断开,因此而造成该故障。

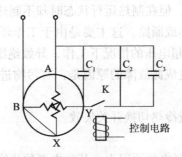

图5-29 压缩机启动运行电路

应更换新的电磁开关控制电路板。如果没有同型号控制板,则可采取应急措施,将电磁开关线圈的供电插头拔掉或将电磁开关和电容器C_2、C_3一起去掉,空调器均能恢复正常工作。

总结:在开关K始终闭合的情况下,压缩机为什么能启动而不能正常运行呢?由压缩机的故障表现可知,启动时开关K闭合,启动电容器的容量较大,压缩机转矩较小。压缩机刚启动时,制冷剂压差形成的逆转矩较小,压缩机所需的启动转矩也较小。

项目5 家用空调器的安装与维修

【任务测试】

将温控器安装在窗式空调器上（任务测试见表5-8）。

表5-8 任务测试

序号	评分要素	配分	评分标准
1	温控器的正确选择	10	选择正确得分，否则不得分
2	温控器在窗式空调的安装位置	10	选择正确得分，否则不得分
3	按照电路图在窗式空调器或模拟板上连接线路	10	连接规范、正确得10分；基本正确得6~8分；有缺陷得2~5分；接线错误不得分，损坏设备和零件此题不得分
4	用万用表检测，判断连接情况	10	测量方法正确得5分；基本正确得2~4分；否则不得分
5	将操作情况和有关数据填入记录表	5	填写正确得分，否则不得分
6	善后工作	5	恢复完全得分，否则不得分
	小组评价		
	小组互评		
	指导教师评价		

任务3 窗式空调器的安装

学习任务单

学习领域	制冷设备安装调试与维修	
项目5	家用空调器的安装与维修	学时
学习任务3	窗式空调器的安装	4
学习目标	1. 知识目标 （1）掌握窗式空调器的安装； （2）掌握空调器的使用与保养； （3）画出制冷系统和管路系统原理图。 2. 能力目标 （1）通过学习，能对窗式空调器进行安装； （2）能读懂窗式空调器的安装图；能对窗式空调器进行保养；能指导用户进行正确的使用操作。 3. 素质目标 （1）培养学生熟练操作安装工具的能力； （2）培养学生在窗式空调器的安装与使用过程中对用户进行正确指导； （3）培养学生将所学专业知识转化成实际工作及其独立思考的能力	

一、任务描述
对实验室的窗式空调器进行现场安装，能应用所学知识认知系统中各组成部分名称、结构、原理及功用。根据用户的不同要求对窗式空调器进行正确安装与使用，对用户空调器的系统故障做出正确指导。

二、任务实施
（1）学生分组，学习家用空调器的安装技能；
（2）小组经过讨论确定工作方案，每小组由中心发言人讲解，经过全体同学讨论，确定最佳的空调器安装方案，进行实际操作；

续表

学习领域	制冷设备安装调试与维修
（3）对窗式空调器进行保养，能指导用户进行正确的使用操作。 三、相关资源 （1）教材； （2）教学课件； （3）图片； （4）分体空调器； （5）窗式空调器； （6）维修工具箱； （7）风机； （8）真空泵； （9）维修压力表； （10）快速接头； （11）尼龙管。 四、教学要求 （1）认真进行课前预习，充分利用教学资源； （2）充分发挥团队合作精神，正确完成工作任务； （3）团队之间相互学习、相互借鉴，提高学习效率	

【背景知识】

一、窗式空调器的结构和工作原理

窗式空调器按功能不同可分为三种：单冷却型、冷热两用型（热泵型）和电加热冷热两用型等窗式空调器。现分述如下。

1. 单冷却型窗式空调器

单冷却型窗式空调器是一种仅在夏季制冷的空调器，可降温去湿；制冷量大的机组去湿量也大。

（1）结构组成

图 5-30 所示为单冷却型窗式空调器的结构，它由制冷系统、电气控制系统、空气循环系统和箱体支撑系统等四部分组成。

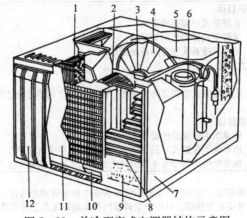

图 5-30 单冷型窗式空调器结构示意图

1—蒸发器；2—室内风扇；3—风扇电动机；4—室外风扇；5—冷凝器；6—压缩机；
7—外壳；8—格栅；9—旋钮；10—底盘；11—空气过滤网；12—面板

项目 5　家用空调器的安装与维修

1）制冷系统。制冷系统采用往复式或旋转式全封闭压缩机。蒸发器和冷凝器统称为换热器，主要由铜管和铝制散热片组成。冷凝器的散热方式为强制风冷式。制冷剂采用氟利昂 22，用毛细管作为节流减压装置。

2）电气控制系统。电气控制主要由压缩机电动机、风扇电动机、电动机的启动和保护装置、温度控制器、选择开关等组成，其作用是控制空调器的运行和调节。

3）空气循环系统。空气循环系统由室外轴流风扇和室内离心风扇组成，两台风扇由一台电动机带动。空气过滤器一般为非织布或化纤凹凸网作滤材，并与塑料骨架注塑为一体。

4）箱体支撑系统。箱体支撑系统包括外壳、面板、底盘及支架等，制冷系统和空气循环系统均安装在箱体内，箱体面板除装有进出风格栅外，还装有控制板，箱体侧板上开有新风栅，室外新风量由新风门控制与冷风混合后送入室内，同时还设有排风口，可在短时间内打开并排除室内的污浊空气，保持空气清新。蒸发器下部装接水盘。

（2）工作原理

单冷却型窗式空调器的工作原理如图 5 - 31 所示。

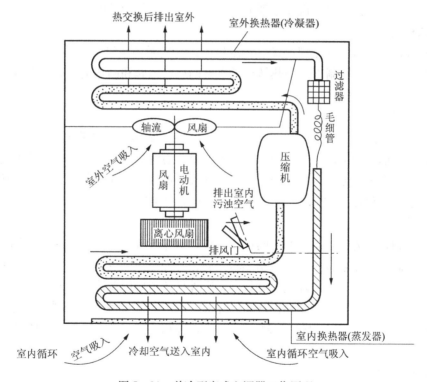

图 5 - 31　单冷型窗式空调器工作原理

当接通电源后风扇及压缩机投入运转，压缩机将低压 R22 制冷剂蒸气压缩为高温高压蒸气后送入翅片管式冷凝器，室外侧的轴流风扇迫使空气流过冷凝器，其热量被空气带走，高压蒸气被冷凝为高压液体，经毛细管节流降压后进入翅片管式蒸发器内气化吸热，从而冷却了在离心风扇作用下流经蒸发器的空气，冷风由离心风扇吹向室内，达到了使室内降温的目的。室内的空气又由风扇经回风过滤器吸入，这样空气不断循环，使室内的空气温度降至所调范围内。与此同时，由于翅片和蒸发器盘管表面的温度总是低于被冷却空气的露点温度，若空气的湿度较大，便有水蒸气凝结为水滴，沿着蒸发器的翅片流到接水盘内，部分露水被轴流风扇甩水圈飞溅来冷却冷凝器，余下的部分通过底盘上的排水管流出。当室内温度达到所调温度后，由温度控制器控制压缩机停止工作，而风扇电动机还在不停运转，使室内空气循环对流，当室温再次升高至调定上限温度时，压缩机又开始工作，如此循环，使室内温度保持在所要求的范围内。

一般的单冷却型窗式空调器除具有温度自动调节功能外，还可对送风温度、风速、风向进行自动或手动调节。在空调器的面板上有选择开关、温度调节旋钮以及通风、风向开关等；温度控制器用来调节并控制室内温度，可在18℃～28℃调节和选择自动恒温；选择开关可对送风温度、风速进行选择，并且有强冷、弱冷、强风、弱风挡；通风开关在开位时可引入室外新风或排除室内污浊空气；手动调节活动送风百叶可改变送风方向，有的窗式空调器有摇风风扇，由风向开关控制开停，送风百叶由专用的微型电动机带动，且当送风百叶摆动时，送风气流随之改变，摇风电动机多为30极，转速为5 r/min，功率一般为3～5 W。

2. 热泵型窗式空调器

制冷机从低温热源吸取热量，达到向高温热源加热的目的，这样的装置称为热泵。可见热泵与一般用于降温目的制冷机在原理上完全相同，只是使用目的不同。

（1）结构组成

热泵型窗式空调器与单冷型窗式空调器相比，空气循环系统和箱体支撑系统没有变化，不同的是增加了一个进行制冷、制热转换的电磁四通换向阀和制热毛细管，电气控制系统亦稍有不同。

1）制冷系统。

①四通电磁换向阀。为了使空调器夏季制冷、冬季制热，而又要使用同一套制冷系统，热泵型空调器在单冷型空调器的基础上多装了一个四通电磁换向阀。当电磁线圈通电后，吸引阀芯，改变制冷剂的流动方向。当低压制冷剂液体进入室内换热器时，空调器按制冷方式工作，即向室内"供冷"；当高压制冷剂蒸气进入室内换热器时，空调器按热泵式工作，即向室内"供热"。

②制热毛细管。为了防止空调房间过冷，设计时单冷型空调器制冷系统蒸发压力较高，蒸发温度也较高；而热泵型空调器在制热转换后，室外换热器变成了蒸发器，如果蒸发压力不变，则在冬季使用时，由于环境温度较低，室外换热器中的制冷剂不易吸热气化，也就不能充分利用低温热源制热，使制热循环难以完成。因此，热泵型空调器制冷系统中增加了一根制热专用毛细管，用于在制热时降低蒸发压力，使制冷剂得以在较低的环境温度下顺利蒸发。

2）电气控制系统。

热泵型窗式空调器电气控制系统与单冷型窗式空调器相比增加了四通电磁换向阀的控制电路，包括冷热选择开关、换向电磁阀线圈和除霜器。除霜器又称除霜温度控制器，其作用是在制热运行时室外换热器结霜后自动切断四通电磁线圈电源，使空调器转为制冷运行，完成除霜过程，以保证空调器在制热运行时的安全。

（2）工作原理

热泵型窗式空调器的制冷系统如图5-32所示。图5-32中实线方向是制冷时制冷剂的流向，虚线方向是制热时制冷剂的流向，依靠换向阀转换。单向阀的作用是使制冷剂在制冷时不经过制热毛细管。由于制冷剂流向可以通过四通电磁换向阀转换，因此，热泵型空调器

项目 5　家用空调器的安装与维修

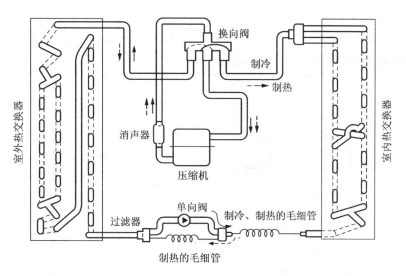

图 5-32　日立 RA-2140CH 制冷系统

既可以像单冷型那样制冷，也可以制热。

图 5-33 所示为 RA-2140CH 热泵空调器制冷、制热两个标准工况。由图 5-33 可见，即使增加了制热毛细管，蒸发温度也只能降到 0℃ 左右，在室外低温时，换热器因结霜严重而无法正常进行热交换。因此，热泵型窗式空调器供热时环境温度在 5℃ 以上，才能达到正常的供热量。有些热泵空调器在室外换热器侧装有管状电加热器，以提高室外侧温度，使热泵型空调器得以在环境温度为 -5℃ 仍能正常工作，这类窗式空调器被称为热泵电热辅助型空调器。

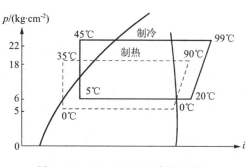

图 5-33　RA-2140CH 标准工况

3. 电热型窗式空调器

在单冷却型窗式空调器上配置一套电热丝和一个冷热换向开关，即构成电热型窗式空调器，电热丝一般安装在蒸发器后面。冬天需制热时，先开风机，再将冷热转换开关转到制热位置，电热丝接通电源，利用离心风扇将热风吹向室内，向室内供暖。关闭时先关冷热换向开关，再关闭风扇。

二、窗式空调器的电路系统

窗式空调器的电路系统一般包括以下电路：
1) 压缩机电动机启动和保护电路；
2) 风扇电动机启动和保护电路；
3) 开关电路（主控开关）；
4) 温度控制电路；
5) 电加热器电路等。

1. 单冷型空调器电路

单冷型空调器电路比较简单，尽管单冷型空调器的型号较多，但电路系统基本一致，图5-34所示为一种单冷型窗式空调器电路。

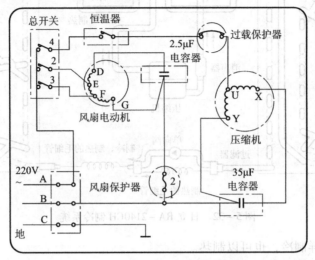

图5-34 KC-30单冷型空调器电路

由图5-34可知，此电路包括压缩机启动和保护电路，风扇电动机启动及保护电路。这两条电路均由总开关控制供电，而压缩机的启、停又受温度控制器的控制。总开关有弱风、强风、制冷挡，当总开关置于强风和制冷挡时，风扇高速运转，吹出强风，可使房间快速降温，平时可使用弱风挡。如只需通风时，则可将风机置于强风挡或弱风挡使房间空气循环流动，或与新风阀配合向室内吹送新风从而通风换气。当空调器制冷时，先开起风机，然后启动压缩机制冷，其工作过程如下：

将风机置于弱风挡时，风机的供电线路是：电源A→总开关2→风机启动绕组E-D→风机启动电容器→风机保护器→电源B完成启动回路，风机开始运转。风机正常运转后，闭合制冷开关，此时压缩机的供电电路为：电源A→总开关4→温度控制器→过载保护器→压缩机运行绕组和启动绕组的公用点U，分两路，一路径启动绕组（U-X）→启动电容器→电源B，完成压缩机启动绕组回路；另一路径运行绕组（U-Y）→电源B，完成运行绕组。

当室内温度达到预定温度时，由温控器自动切断压缩机电源，压缩机停；当室温回升时，温控器又接通电源，压缩机又运转制冷，在空调器工作时，风机始终在运转。

从图5-34所示电路图上可以看出，风扇电动机的启动绕组和运行绕组是随风速的强弱而变化的。弱风时，启动绕组为E-D的一段绕组，运行绕组为E-F-G的一段绕组；强风时，启动绕组为F-E-D的一段绕组，运行绕组为F-G的一段绕组。

图5-35所示的电路为带有摇风电动机的单冷型空调器电路。图5-35中总开关（选择开关）电路状态由圆黑点表示，压缩机电动机和风扇电动机为电容运转式电动机，电动机绕组内置过热保护器，通风摆叶电动机由舟型开关控制。

项目 5 家用空调器的安装与维修

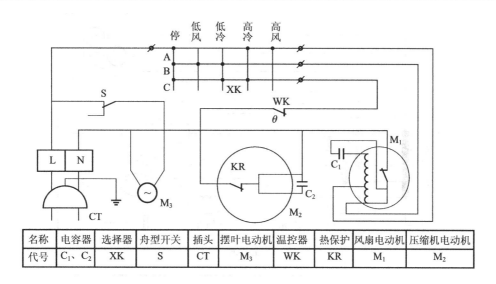

名称	电容器	选择器	舟型开关	插头	摆叶电动机	温控器	热保护	风扇电动机	压缩机电动机
代号	C_1、C_2	XK	S	CT	M_3	WK	KR	M_1	M_2

图 5 - 35 KC 单冷窗式空调器电路

2. 热泵型空调器电路

图 5 - 36 所示为 RA - 2140CH 热泵型窗式空调器电气控制原理。图 5 - 36 中冷热转换开关用于制冷或制热功能转换，风速选择开关选择风扇运转速度，有快、中、慢三挡。制冷时，电磁换向阀不得电，压缩机和风扇电动机工作；制热时，电磁换向阀得电，制冷剂的流向被改变，同时压缩机和风扇电动机也工作，实现制热，空调房间温度由温度控制器控制。

热泵空调制热运行，当室外换热器表面温度低于 0℃时，除霜器转换，使换向电磁阀失电，空调器进行制冷循环，室外换热器升温，完成除霜过程。为防止制热除霜时将冷风送入室内，除霜运行时风扇停转。室外换热器表面温度升至 6℃后恢复制热运行。

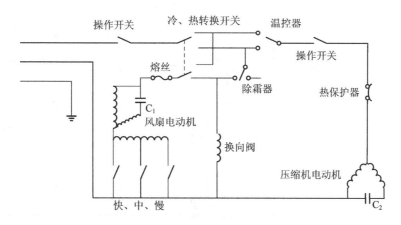

图 5 - 36 RA - 2140CH 电路

图 5 - 37 所示为带有定时器和除霜温控器的冷热两用型空调器的电路图。

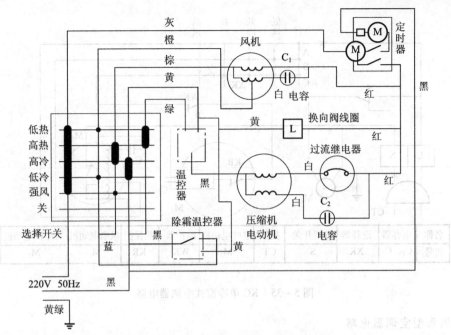

图 5-37 热泵型冷热两用型空调器电路

3. 电热冷风型空调器电路

图 5-38 所示为单相空调器电路图。这种空调器是在单冷型空调器的基础上增加一组或两组 1 kW 或 2 kW 的电热丝而组成，当冬天制热时，将选择开关拨到制热位，接通风扇电动机和电热丝电路，热空气由离心风扇吹入室内。

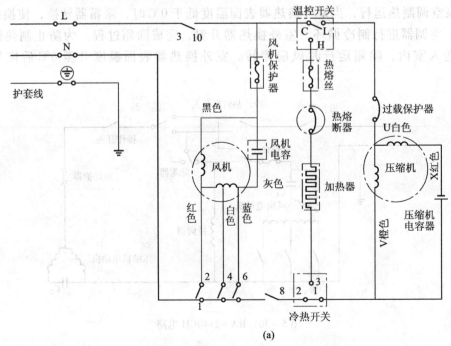

图 5-38 KC-20D 和 KC-30D 电路
(a) KC-20D

项目 5 家用空调器的安装与维修

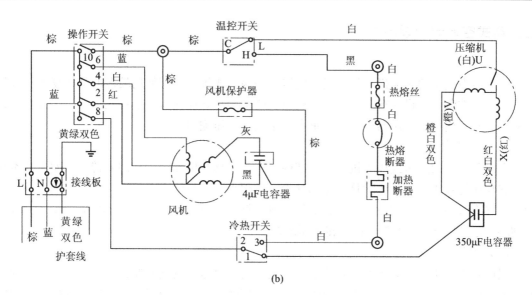

图 5-38 KC-20D 和 KC-30D 电路（续）

(b) KC-30D

图 5-39 所示为三相电加热冷热两用空调器的电路图。读者可独自进行分析。

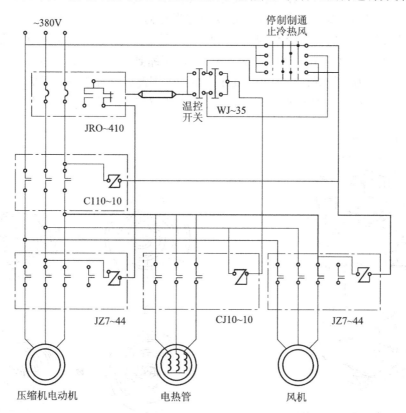

图 5-39 电热冷风型窗式空调器电路

三、窗式空调器的零部件

1. 压缩机

空调器中使用的压缩机有往复式、旋转式和涡旋式等。早期使用较多的是往复活塞式压缩机，现已被淘汰。目前在空调器上使用最多的是旋转式压缩机，最近几年，第三代涡旋式压缩机也开始使用于空调器中，因此重点介绍这两种压缩机。

(1) 旋转式压缩机

空调器上用的旋转式压缩机的基本结构、工作原理与电冰箱上用的旋转式压缩机基本相同。它与往复式压缩机相比除具有零部件少、体积小、重量轻、运行平稳可靠、噪声低、振动小、制冷效率高等优点外，还可采用变频器调节压缩机的转速，所以制冷量 1 000～7 000 W 的空调器基本上都采用旋转式压缩机。

(2) 涡旋式压缩机

涡旋式压缩机结构如图 5-40 所示。它主要由一对呈涡旋渐开曲面的槽板涡旋定子和涡旋转子组成，利用涡旋转子在涡旋定子内旋转，使密闭空间的位置和容积发生变化，从而完成对气体的压缩。图 5-41 所示为涡旋式压缩机工作原理的分解图。它的工作原理是将带有涡旋形叶片的定子与转子相啮合，以相位差 180°的两个涡漩形叶片组合成若干个封闭空间，如图 5-41 中的四个月牙形工作容积。定子与机壳相固定，转子由一个偏心距很小（4 mm 左右）的偏心轴带动，绕固定盘涡旋中心以一定半径做公转运动，每转一个角度，月牙形工作容积被连续压缩一次。在图 5-41 中，$\theta=0°$ 时月牙形面积最大，$\theta=90°$ 时被压缩变小，$\theta=180°$ 又压缩变小，直到 $\theta=270°\sim360°$ 时气体被压缩到一定压力后，从中心孔连续排出，制冷剂在外圆处压力比较低，越到中心处压力越高。因此，这种压缩过程是连续进行的，且运行平稳。由于没有吸气阀和排气阀，几乎没有余隙容积，因此，容积效率很高。

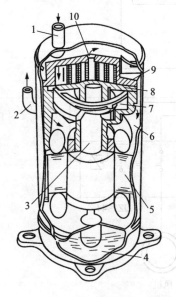

图 5-40 涡旋式压缩机结构示意图
1—吸气管；2—排气管；3—曲轴；4—冷冻油；
5—电动机；6—油分离室；7—中间压力室；
8—涡旋转子；9—旋涡定子；10—排气孔

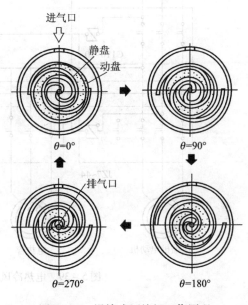

图 5-41 涡旋式压缩机工作原理

涡旋式压缩机多用在中、小型热泵型空调器中。它与往复式和旋转式压缩机相比较，具有很突出的优越性能：结构简单，运行平稳，效能比大，体积小，重量轻，噪声低。在热泵制热运行时，若室外气温很低，则往复式和旋转式压缩机进、排气压力差显著增大，泄漏加剧，而涡旋式压缩机高压区和低压区之间隔着一个月牙型的中压区，这就使泄漏大大减少，制热能力得以提高，例如在环境温度为 -5℃ 时，涡旋式压缩机的制热能力约比往复式压缩机大 20%。

2. 热交换器

（1）冷凝器

家用空调器通常采用风冷翅片式冷凝器，外形如图 5-42 所示，它由紫铜管和铝合金肋片组成。为了提高换热系数，常将铝箔冲出各种形状，再经机械胀管，使铝箔与冷凝管紧紧相接，它具有体积小，重量轻，换热表面积大、热效率高等优点。

（2）蒸发器

空调器采用翅片盘管式蒸发器，其结构与冷凝器基本相同，如图 5-42 所示。

3. 空调器的通风装置

空调器的通风装置主要部件有室内侧的离心风扇、室外侧的排风轴流风扇及送风百叶、风向调节阀板、回风格栅等，空调器的通风装置如图 5-43 所示。

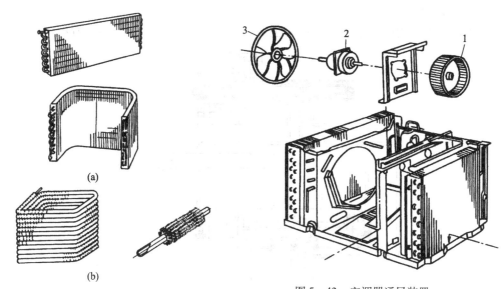

图 5-42 空调用冷凝器结构
（a）翼片式；（b）翅状管

图 5-43 空调器通风装置
1—离心风扇；2—风扇电动机；3—轴流风扇

在窗式空调器中，送风扇与排风扇同在一个轴上由电动机带动。室内的空气被送风风扇的吸入端吸入，经过空气过滤器滤除空气中的灰尘、杂质后，由风扇送至蒸发器冷却，然后被风扇吹至送风百叶风口，送入室内。送风风向可以调节，百叶风口分两层，内层是垂直百叶，外层是水平百叶。风扇电动机根据使用的电源电压不同，分为单相和三相两种。单相电动机为异步感应电动机，它要求运转平稳、噪声低、振动小、效率高，转速能按高、中、低三挡或高、低二挡调节。风扇电动机主要由转子、定子、端盖、轴和轴承组成，轴比一般电动机要长,并从前后两端伸出,轴承多采用冶金含油轴承,噪声比滚动轴承低,但磨损后噪声增大。

室外侧的排风风扇将从空调器两侧百叶窗处的空气吸入,经过冷凝器时起到风冷降温作用,然后由轴流风扇排至室外。

空调器的离心风扇的微电动机如图5-44所示。送风用的离心风扇为多叶低噪声风扇,叶轮材质主要采用ABS工程塑料或铝材两种,排风扇的风扇均采用轴流风扇,轴流风扇的叶片大多采用ABS工程塑料注塑成型,也有采用铝材压制或镀锌薄钢板。

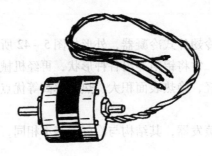

图5-44 微电动机

4. 电磁四通换向阀

(1) 结构组成

电磁四通换向阀由电磁导向阀和四通换向阀两部分组成,如图5-45所示。

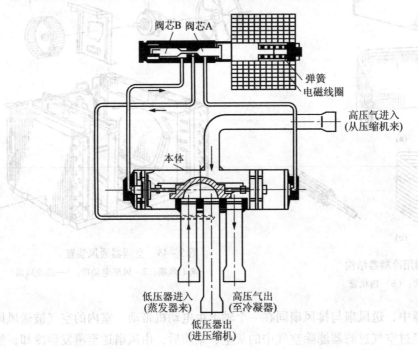

图5-45 电磁四通换向阀结构示意图

1) 电磁导向阀。电磁导向阀是控制四通换向阀的导向阀,可分为两部分:一部分是电磁体,由电磁线圈、衔铁及弹簧组成。衔铁在不锈钢管内,端面有闷盖密封,衔铁在管内可左右移动,当线圈通电后,便产生磁场,衔铁在磁场力作用下克服弹簧力向右移动;当切断电源时,由于磁场力消失,弹簧力推动衔铁向左移动复位。另一部分是阀体,它是一个三通阀,阀体内有两个阀芯,分别控制一个阀口。两阀芯与衔铁在阀体内同一条轴线上,在左右弹簧的压迫下,互相紧靠成为一体,当电磁线圈通电产生磁场后,衔铁被吸引而移动,两个阀芯也跟着一起移动。在两阀芯中间的阀体上有三个出口,分别焊有三根毛细管,成为三通导阀。在未通电时,由于右侧弹簧力大于左侧弹簧力,右侧弹簧推动衔铁、阀芯向左移动,这时右阀门关闭,左阀门打开,左边两根毛细管相通,右边毛细管被堵住不通。通电后,电磁力吸引衔铁向右移动,阀芯在左弹簧推动下向右移动,结果左阀门关闭、右阀门打开,右边两根毛细管相通,左边毛细管通道被切断。

2)四通换向阀。四通换向阀上有四根连接管,两端盖上分别焊有毛细管与电磁阀体上的毛细管相通。四通阀体内装有半圆阀座、滑块以及两个活塞。阀座上有三个孔,由阀体外插进三根铜管,半圆阀座、筒体及铜管同时用银合金钎焊在一起。滑块就是阀门,它在阀座上可以左右移动。当滑块左移时,半圆形滑块盖住左边两孔,使盖住的两孔相通,右边一孔与筒体连通。当滑块右移时,它就盖住右边两孔,左边一孔与筒体连通。这样就能使制冷剂在系统内改变流向。

(2)工作原理

1)制冷换向原理。热泵空调器制冷运行时,电磁导向阀电源被切断。电磁导向阀保持在左移的位置,即右阀门被关闭,左阀门打开并与中间孔相通,如图5-46所示。

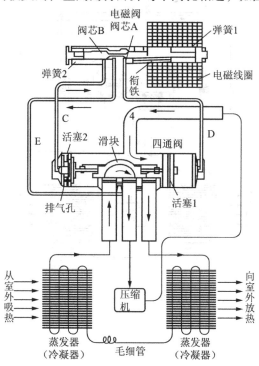

图5-46 热泵空调器制冷原理示意图

由于毛细管口被阀芯A关闭而不通,故四通阀体内右侧活塞上的导压小孔向右侧充气压力升高,而毛细管C、E相通,活塞2外侧的高压气体(由左活塞上的导压孔进入）经毛细管 C 与 E 向 2 号管排泄。因为活塞小孔孔径远比毛细管内径小，来不及补充气体，使活塞 2 左侧成为低压区。活塞 2 右侧压力大于活塞 2 左侧压力，其压力差为 $\Delta P = P_K - P_0$。在左右两端压差作用下，活塞与滑块向左移动，移动至左活塞到底端为止，此时，滑块盖住 1 号和 2 号阀孔，两孔相通，3 号管与排气管连通，此时系统的流程为制冷循环。

2）制热换向原理。制热运行时，电磁换向阀线圈接通，磁场力吸引衔铁，使其克服弹簧力向右移动，两个阀芯也同时向右移动（联动），阀芯 B 关闭左阀孔，阀芯 A 打开右阀孔，毛细管 E、D 相通，四通阀右端盖内的高压气体经管 D 和管 E 流向压缩机吸气管，使右端盖内压力等于吸气压力，而左端盖内由于管 C 被堵住，高压气体从活塞 2 的小孔充气，使压力升至排气压力，这样左端压力高于右端压力，滑块与活塞组一起向右移动，滑块将管 2 与管 3 接通，制冷剂蒸气从室外换热器（作蒸发器用）流出，被压缩机吸入；而管 1 与管 4 相通，压缩机排出的高压蒸气经管 4 和管 1 进入室内换热器（作冷凝器用），这就是四通电磁换向阀在热泵型空调器处于制热时所处的状态，由此完成系统的制热运行，图 5-47 所示为热泵制热原理。

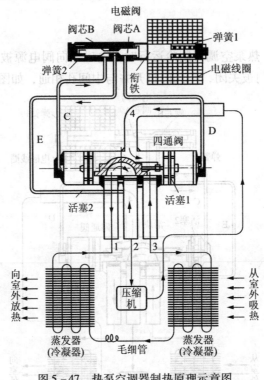

图 5-47　热泵空调器制热原理示意图

【任务实施】

有一台窗式空调，需要进行现场安装，在指导教师指导下，以小组为单位，学习安装技能。熟读教材中窗式空调器结构，根据现场情况进行安装，然后进行小组和指导教师评价。

项目5 家用空调器的安装与维修

一、窗式空调器的安装

新购买的空调器或维修好的空调器，应正确进行安装。在空调器安装之前，应认真阅读产品说明书，并对主机与附件进行全面检查，还应对空调器进行通电试验，观察其功能和效果。

因空调器的功率较大，一般在 1 kW 以上应专线供电，不能使用过细的塑料线和一般照明线，其容量不应小于 20 A，并装有与空调器相配的熔丝。当电源电压波动超过额定电压的 20% 时，应配备交流稳压电源。

空调器的正确安装，不仅可以充分发挥其各项功能，而且还可以保证安全，安装时应注意以下几点：

1. 安装位置的选择

1) 窗式空调器可安装在无阳光直射的北向或东向外窗或外墙上，安装高度宜距地坪不小于 1.5 m。裸露在室外部分，应在其上部设置防雨遮阳罩。出风口前面不应有遮挡物，以免影响冷风循环。

2) 若安装在窗上，宜安装在上部的腰窗内，可安装在预制的钢（木）框架或托架上。若安装在墙上，先开一个大小合适的洞口，并预制一个安放空调器用的钢筋混凝土框架或木框架，将它牢固地固定在墙上。确定框架尺寸时，应注意不要将空调器侧面进气百叶窗堵住，以免影响风冷冷凝器的空气循环。

3) 安装位置不应受阳光直射，室外部分不得有发热源，如炉子、暖气等，要通风良好，且排水顺利，安装高度应不低于 75 cm，安装高度过高不便于操作，应尽量避免。

2. 安装及防护要求

标准卧式空调器的室外侧应装设支架，以保证安全，支架可用 30 mm × 30 mm 的角铁制作，支架在墙上的固定方式有多种，可根据实际情况而定，可用电钻打孔后以膨胀螺栓固定。安装时为顺利排水，室外侧应比室内侧低，倾斜度为 2°~3°，同时在其室外侧上方设置遮阳防雨板，并且伸出空调器后部 300 mm，如图 5-48 所示。

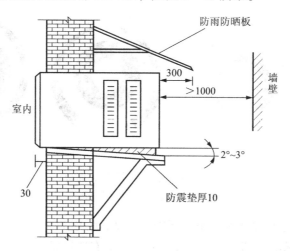

图 5-48 窗式空调器的安装

钢窗式（竖式）空调器可直接安装在钢窗上而无须支架，可直接用螺钉固定在钢窗框上固定，如图5-49所示，用M4×10自攻螺钉（四个）固定在机器上，根据窗框宽度及框架上孔的尺寸，划好位置后用手电钻打孔，将空调器安放定位，用螺钉固定好即可。

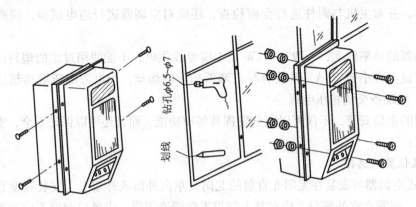

图5-49　钢窗式空调器安装

二、窗式空调器的使用和保养

1. 窗式空调器的使用

窗式空调有卧式和竖式之分，而卧式空调器又有单冷型和冷热两用型，因此其使用方法略有不同。

单冷型空调器的控制面板上有温度自动调节旋钮和选择开关，供用户操作使用，选择开关上面刻度有低风、高风、低冷、高冷和关（OFF）等。冷热两用型空调器虽有热泵型和电热型的分别，但其操作控制面板无明显的区别，均有选择器、温度调节旋钮及通风开关等，单冷型和冷热两用型空调器的操作面板如图5-50所示。有的空调器上装有定时器，如图5-51所示，此定时器上有0~10 h的定时挡次和连续运转挡，使用定时器可自动控制空调器的运转时间。

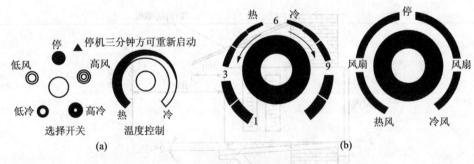

图5-50　窗式空调器操作面板
(a) 单冷型；(b) 冷热两用型

钢窗式（竖式）空调器体积较小，制冷量在2 500 W以内，所以只有单冷机使用比较方便。这种空调器的操作面板如图5-52所示，上面有选择器、定时器和温度调节器。

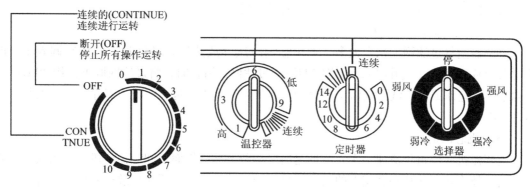

图 5-51 定时器　　图 5-52 钢窗式空调器面板

钢窗式空调器的操作面板如上述，在使用空调器时，应根据夏季制冷和冬季制热的不同需要来进行操作，具体步骤如下：

1）将冷热开关置于制冷或制热位。

2）将选择开关先拨到低风、中风或高风位时再顺时针开一挡，即为高风、高冷位。此时风机高速送风，压缩机制冷运转，可以使房间内急速降温。平常使用时将选择开关拨到低风低冷位即可。

3）正确使用温度控制器，可以使室内保持适当的温度，并能使空调器自动运转和停止，减少耗电量，达到舒适而节能的目的。在温控器面板上刻有数字，当旋钮顺时针旋转时，数字越大的位置温度越低，最低温度位置为数字9，再往右旋则是空调器厂家生产试运转的位置，使用时不可将旋钮调到此位。另外在调整温控器旋钮时，应循序渐进，使数字逐字调大，不可突然调整过猛，以免损坏。还有的温控器面板上有数字刻度，使用时与有刻度的大体相同，也是越向右旋控制的温度越低。

应该注意：冷热两用型空调器的温控器在制冷和制热时旋钮的旋转方向不同。制冷时往右旋，数字越大，温度越低；而制热时往左旋，数字越小，温度越高。冬季供暖时将温控器旋钮旋到"3"的位置，夏季制冷时旋钮旋到"4"的位置比较适宜。

4）当空调器瞬间停止工作后，应待3～5 min后再开启。这样做的目的是使制冷系统高低压平衡，否则压缩机不但运转不了，还会造成损坏。

5）当室内需要通风换气时，可将风门开关旋至开位，一般通风时间为10 min，若时间过长，则室内的冷气（或暖气）损失太大。为了恢复原有室温，在通风换气以后空调器必须急速降温（或升温），如果通风换气时间过长，势必造成空调器运转时间过长，导致能量浪费。

6）带有定时器的空调器，可使用定时旋钮调整使用时间。旋转时匀速顺时针转动，不可正反频繁旋转，最好不要在0～2 h之间设定时间。若连续工作，则可将旋钮置于"连续"位置。

2. 窗式空调器的保养

窗式空调器的保养主要是面板和机壳的清洗、空气过滤网的清扫及机芯的清理等。

（1）空调器面板、机壳的清洗

空调器面板、机壳的清洗，可用软布浸少许中性洗涤剂擦洗，但绝不能用汽油、酒精或其他腐蚀性强的化学药品洗涤，以免损坏面板和机壳。

(2) 空气过滤网的清扫

空调器空气过滤网上积尘太多，直接影响冷风（或热风）的通过，降低空调效果，严重时会导致不降温（或升温），应当定期清扫过滤网。清扫时，将过滤网取下，用40℃以下的温水、肥皂水或中性洗涤剂清洗并晾干，再放回机壳内，也可用吸尘器除尘，一般每月应清洗一次。

(3) 机芯的清理

空调器机芯应每年清理一次。清理之前应切断电源，把面板卸掉抽出机芯，用吸尘器除去室内、外换热器肋片和底座上的灰尘，也可用湿抹布擦洗，要保持散热肋片整齐有序、排列间隙通畅。风机叶片、叶轮要用刷子蘸水洗，洗后自然晾干。最后还要在风扇电机润滑加油孔中加注机油。

空调器不使用时，最好将室外暴露部分用布罩起来，以防止灰尘杂物进入机内。

任务4　分体空调器的安装

学习任务单

学习领域	制冷设备安装调试与维修	
项目5	家用空调器的安装与维修	学时
学习任务4	分体空调器的安装	4
学习目标	**1. 知识目标** （1）掌握分体空调器安装的操作技能； （2）了解分体空调器室内外机的安装注意事项； （3）掌握分体式空调器制冷剂管道的连接； （4）掌握分体空调室内外机组的布置。 **2. 能力目标** （1）能够运用安装工具进行分体空调的安装； （2）能读懂分体空调的安装图，并能按《房间空气调节器安装规范》进行正确安装。 **3. 素质目标** （1）培养学生熟练操作工具的能力； （2）培养学生在家用空调器安装过程中对系统故障进行独立思考的能力； （3）培养学生将所学专业知识转化成实际工作的能力	
一、任务描述 对实验室的分体空调进行现场安装，学生分组讨论，仔细阅读分体空调器的安装工艺并能应用所学知识。根据图纸要求判断水管路走向及安装位置，能熟练进行主、配管路及附属配件的安装，并能熟练制作管路的保温、防腐层。根据用户的不同要求对分体空调进行安装，并能对用户空调器的安装做出正确指导。 二、任务实施 （1）学生分组，每小组4~5人，学习分体空调器的安装技能； （2）小组经过讨论确定工作方案，每小组由中心发言人讲解，经过全体同学讨论，确定最佳的空调器安装方案，进行实际操作； （3）按空调室内外机安装图进行空调安装。 三、相关资源 （1）教材； （2）教学课件； （3）图片；		

项目5 家用空调器的安装与维修

续表

```
(4) 分体空调器；
(5) 窗式空调器；
(6) 维修工具箱；
(7) 风机；
(8) 真空泵；
(9) 维修压力表；
(10) 快速接头；
(11) 尼龙管。
四、教学要求
(1) 认真进行课前预习，充分利用教学资源；
(2) 充分发挥团队合作精神，正确完成工作任务；
(3) 团队之间相互学习、相互借鉴，提高学习效率。
```

【任务实施】

分体式空调器的安装。

1. 分体壁挂式空调器的安装（见图5-53）

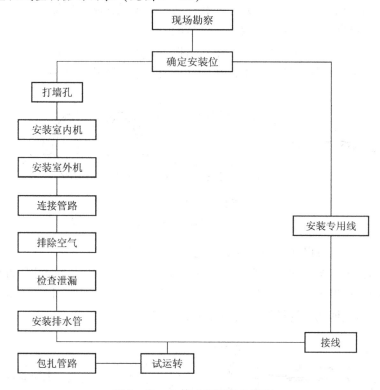

图5-53 分体式空调器的安装

和窗式空调器相比，分体式空调器安装较为复杂，其原因是分体式空调器的室内机组和室外机组的安装位置不同，而且需要对制冷管路、电源线和控制线、排水管等进行连接和安装，故安装人员的操作技术要全面且较高。安装人员应具备管工、钳工和电工等基本操作技能，并应具有一定的空调制冷知识和安装经验。分体式空调器在安装时有几项重要且关键的工序，下面分别作介绍。

(1) 装支架的要求

分体式空调器室外机组有墙面支撑安装和地面支撑安装两种形式。

墙面支撑安装的要求比较高，其安装支架包括悬挂式、上斜拉悬壁式和下支撑悬壁式三种类型。外框和支架可选用 40 mm×40 mm 的角铁制作。支架必须用金属膨胀螺钉牢固地固定在平直的墙面上，而且要求能承受 4 倍以上室外机组自身的重量。外框和支架必须进行防腐蚀处理。

对于地面支撑安装的室外机组，要求支架安装在坚固平整的地面上，支架的材料一般也选用 40 mm×40 mm 的角铁。支架必须用地脚螺栓与安装地面紧固连接，不可有松动现象，且必须做防腐蚀处理。

(2) 钻墙孔安装

钻墙孔安装分体空调器时，需要在墙面上打一个孔，以便室内外机组的连接管道、排水管和连接电线从此穿过。钻孔用的工具和一般的普通钻具不一样，其采用的是孔芯钻头。其分为旋转用和振动用及锤击用孔芯钻头。

旋转和振动用孔芯钻头的结构如图 5-54 所示。其组装步骤为：

1) 将柄从固定板的后方旋入，并与环和移动板组装成膨胀连接器。
2) 将膨胀连接器装入外壳，用两把扳手紧固。
3) 把中心钻头嵌入柄内部凹孔中，用六角扳手紧固固定螺钉，使中心钻头固定好。
4) 把柄插入冲击电钻的钻夹头中，并用钻夹头钥匙旋紧孔芯钻头。

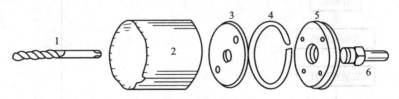

图 5-54 旋转和振动用孔芯钻头的结构

1—中心钻头；2—外壳；3—移动板；4—环；5—固定板；6—柄

孔芯组装好后，就可以在选好的墙面上进行开孔操作。

锤击式孔芯钻头结构如图 5-55 所示，其组装步骤为：将柄从外壳的后方旋入→将中心销插入导向板中→将组装好的中心销和导向板插入外壳中，并将导向板端头的凹入部分对准外壳的凸出部分→把柄插入旋转锤夹头中并可靠地固定在止动器中。

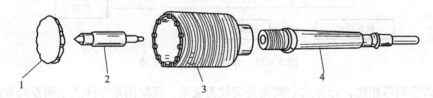

图 5-55 锤击式孔芯钻头结构

1—导向板；2—中心销；3—外壳；4—柄

组装好后,可以在确定位置的墙面打孔操作,如图 5-56 所示。具体步骤为:用导向板和中心销在墙面上打出导向孔环;拆下导向板和中心销;将墙面孔打穿。

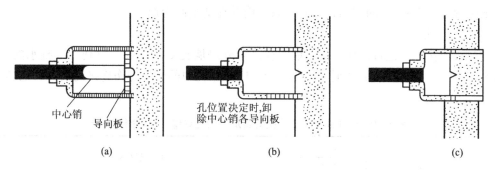

图 5-56 锤击式孔芯钻的钻孔过程
(a) 打出导向孔环;(b) 拆卸导向板和中心销;(c) 打穿墙面孔

(3) 分体式空调器制冷剂管道的连接

在管道连接过程中,使用快速接头连接室内外机组铜管,连接时应注意以下几点:

1) 在连接前应检查接头两部分的规格和制式是否一致,如果螺纹的制式不同,则无法连接,即便连接上也会严重泄漏。

2) 清洁两接头,并涂抹少量冷冻油。

3) 两接头必须对准,不能倾斜。连接时动作要准确迅速。

4) 扩口螺纹式快速接头进行连接时,可利用扳手作固定,用扭矩扳手拧紧。一般的连接顺序是:首先连接气管(管径较大),再连接液管(管径较小)。其二是制冷系统管路的布置和尺寸大小应符合规范和要求。具体应注意下面几点:

①制冷系统的管路不能任意加长,也不能随意增加管接头,以防人为导致制冷剂泄漏故障。如确因安装场地条件所限必须加长管路时,最长不得超过 9 m。加长制冷系统连接管后,制冷系统内制冷剂的充注量也应相应增加。

②制冷剂连接管路的走向要合理,管路尽量少转弯。若必须转弯,则弯转角度应大于 90°,弯转的曲率半径应大于 50 mm;制冷系统连接管两端高度差一般不应超过 5 m;管路在穿过墙孔时,管路的端头应旋上橡皮塞或其他保护套,以免管道在通过墙孔时墙灰进入管内。

③制冷管道应用绝热材料包扎,以减少冷量损失。

2. 分体式壁挂空调器的安装实例

由于分体空调器的几大部件均已组装完毕,故用户安装只需完成室内外机制冷系统的管道和电气线路的连接。因此,按下列步骤即可完成安装过程。

(1) 确定安装位置

室外机最好安装在朝北或朝东的位置,以利于冷凝器的散热,使制冷效果更好。如果因条件所限必须安装在朝南的墙上,则机组上方应加遮阳板,以便冷凝器散热;室内外机组应远离热源,且附近不应有障碍物和易燃易爆物品;室内机组安装高度应距地面 0.8~1.8 m,并应以室内布风均匀为原则安置室内机组位置;室外机组的安装位置必须考虑以不影响邻近居民的正常生活为准则。室内机的安装位置应征得用户同意,使安置部位的损坏程度降到最低;同时还应考虑机组所带原装管路的长度,最好不再加长管路。一般制冷量在

6 500 W 以下的分体式空调器随带的两根连接紫铜铜管的长度约为 5 m；制冷量在 8 000 ~ 14 000 W 分体式空调器随带的两根连接紫铜管的长度为 10 m。如果安装场地必需加长管路时，则应参考表 5 - 9 中的数据，向制冷系统内补充适量制冷剂。

（2）打墙孔

按照打墙孔方法进行操作，内侧墙孔应高于外侧墙孔 2 ~ 5 mm，以利于冷凝水的排放，如图 5 - 57 所示。墙孔内部必须安放保护套，以防止孔内的砖块碰伤连接纯铜管、电缆线及排水管。

表 5 - 9　分体式空调器连接管路加长的允许值及制冷剂补充量

制冷量/W	连接管长度/m		制冷剂补充量
	标准长度	允许长度	
<4 000	5	10	液管管径在 6.2 mm 时，第 1 m 需补加制冷剂 10 g，液管管径在 9.5 mm 需加 25 g
4 000 ~ 8 000	5	20	管长 10 m 时，不需补加制冷剂；超过 10 m 时，每 1 m 需补加 2.5 g 的制冷剂
>8 000	10	20	同上

（3）室内机组的安置

壁挂式分体空调器的室内机组可直接安装在墙壁上。首先将随机配带的挂板固定在选好的壁面上，安装时，应采用水平仪或吊线测量挂板的水平度和垂直度，然后用膨胀螺钉将挂板固定在水泥墙面上。室内机组挂板的安装位置和固定方法如图 5 - 58 所示。挂板固定后，把与室内机组连接好的管路及排水管用胶带捆扎，同时按产品说明书电路图将室内机组的电缆线牢固地装接在接线柱上，并用压线板将电缆线固定。然后再将已捆扎的引出管路与排水管和电缆线（水管在下面）一起用胶带粘紧在一起。注意在捆扎时应由低位置向高位置进行，以避免雨水进入捆扎层内，影响绝热层的保温效果。最后，将捆扎好的管路、排水管和电缆一起穿过保护套，并将室内机组挂在挂板的钩子上。

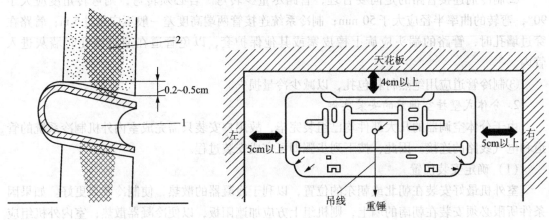

图 5 - 57　墙孔的形式　　　　　图 5 - 58　挂板安装位置和固定方法
1—保护套；2—钢筋混凝土

（4）室外机组的安装

将室外机组用螺钉固定在三角支架上，但室外机组距墙应为 250 mm 左右为宜；也可以直接安装在平台上或距地面 1.2 m 以上的水泥座上，但机组与水泥座之间应加橡胶垫圈，以减少振动。具体安置尺寸如图 5-59 所示。

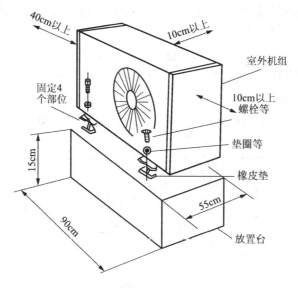

图 5-59　室外机组安装尺寸

(5) 连接管路

当室外机组安装固定后，就可将从室内机组引出的液管（管径较细的铜管）和气管（管径较大的铜管）与室外机组相连接。具体步骤是：用扳手拧下室外机组高、低压截止阀上的封头盖帽，将液管和气管另一端的螺母分别拧到高、低压截止阀上，先用手拧 4 圈左右，感觉轻松顺利时，再用扳手将螺母彻底拧紧，扳手的拧紧力矩与螺母和扳手的尺寸见表 5-10。连接时应从气管开始进行操作。

空调器在出厂时，液管（管径较细的铜管）和气管（管径较大的铜管）的截止阀被旋至最下端，机组在排空气结束后其阀杆也处在该位置。空调器处于工作状态时，则两管的截止阀都处于最大开启位置；如果细管截止阀处于正常工作位置，而粗管截止阀处于半开位置，则为充注制冷剂和测试压力的位置。在旋开或关闭阀门时，应使用专门工具进行操作。

表 5-10　扳手与螺母规格和紧固力矩的关系

螺母规格/mm	扳手尺寸/mm	紧固力矩/(N·m)	螺母规格/mm	扳手尺寸/mm	紧固力矩/(N·m)
6.35	17	4~5	12.7	24	12~13
9.52	22	10~11	15.8	27	14~15

室外管道与机组阀门连接应规范操作，否则会导致制冷剂泄漏。管路的走向应尽量为直线，转弯的曲率半径至少应是管外径的 3 倍以上，且不得有凹、扁变形等缺陷。室内外管路接头连接后，必须在外部包扎保温层并用塑料胶带严密包封。

(6) 排除空气具体步骤

1) 用扳手卸下液体阀和气体阀的螺塞，同时松开气体连接管螺母。

2) 将液体阀的阀杆逆时针旋转 1/4 圈，10 s 后即可关闭阀门。此时气体阀螺帽处会发出"嘶嘶"响声,待该响声停止后,立刻拧紧气体连接管上的螺母。如果响声不到 10 s 就停止,则需要再次进行排空气操作。

3)将液体和气体阀全部打开(逆时针旋转 3 圈),然后再将其拧紧。

(7)检查管路连接部位的泄漏情况

经检查,如果有泄漏之处,则用扳手进一步将该处拧紧,直至无泄漏。然后用六角扳手推三向阀辅助口上的销子 3 s,并打开阀门约 1 min,将空气排除。确认已无漏气现象存在,即可进行压力检测,如图 5-60 所示。具体方法是:打开双向阀和三向阀,使机组处于运转状态。此时检查左侧管子是否漏气,并将漏气检测表接到三向阀的辅助口,测量其压力,此过程应保持 5~10 min,以确保其准确性。

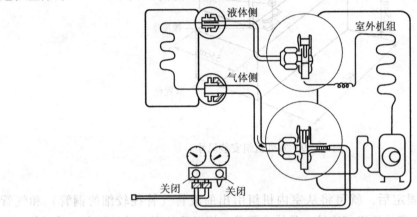

图 5-60 用复合表检测压力

(8)排水实验

用手指上下扳动风向叶片,使其处于水平位置,向上打开螺旋罩,拆下固定螺钉,向前拉格栅的左下侧和右下侧,并将其笔直向上抬起,使格栅内缘顶部约 2 个凸出部脱离其槽口,从机壳上把格栅拆下(新型的格栅是通过夹子固定的,在拆卸时对压格栅,然后上抬即可打开),如图 5-61 所示。然后将一杯水倒入排水槽内,观察水的导流是否顺畅。

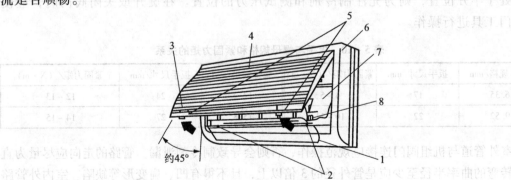

图 5-61 拆格栅示意图

1—垂直风向叶片;2—前格栅安装螺钉;3—把手;4—前部面板;5—锁扣;
6—前格栅;7—控制板罩;8—固定螺钉

项目5 家用空调器的安装与维修

（9）管路的整理

将已捆扎的管路、排水管及电缆再次整理,并将其捆扎到与室外机组连接处,然后用胶带缠住,最后用橡皮泥将墙孔堵住。

（10）运转试验

通过遥控器对各种功能进行试运行。在制冷工况下运行 15 min,并测量进、出口温差应在 8℃左右。到此空调器安装完毕。

3. 分体柜式空调器的安装

分体柜式空调器的功率和尺寸都比较大,安装方法与壁挂式分体空调器相比要复杂一些。其具体步骤如下：

（1）安装位置的选择

室内机和室外机的安装位置均有特殊要求。

1）室内机组安装位置的选择：由于室内机组外观尺寸大,且有一定高度,所以安装位置应考虑到布风的均匀性、摆放位置的合理性和减少外部空气的影响。为充分发挥制冷能力同时也为节省管道,室内机组应与室外机组的距离尽可能近一些。室内机组安装时,还应留足通风和维修空间,具体尺寸如图 5-62 所示。

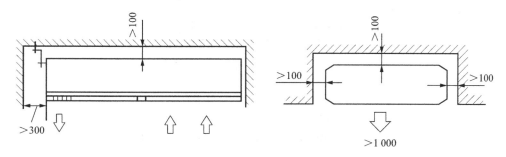

图 5-62 室内机组安装空间

2）室外机组安装位置的选择：应尽量避免阳光直射,如无法避开阳光的照射时,可安装遮阳防雨篷；室外机组出风口前 300 mm 不应有障碍物,其吸风口离建筑物至少应留有 150 mm 的距离,连接管、接线和检修一侧应与墙壁或其他障碍有 500 mm 的距离；室外机组的上端也应留有足够的排风空间；另外室外机组安置位置不应干扰邻里的正常生活。

（2）安装步骤

安装前应仔细阅读说明书,查看零件、各种夹具、螺钉、固定胶带和包扎带等是否齐全。为使室内机组安全可靠地运行,一般在上部用一个直角固定架,通过连接螺钉将其与墙壁连接固定。在机组的侧下部也有防倾倒的支架,用自攻螺钉将机组两侧支架与地面固定连接。

（3）制冷管道与导线的安装和连接

分体柜式空调器在机组的底部、后背或左右两侧有预留孔,以使制冷剂管道和导线可以从中穿出,与室外机组连接。室内外机组的连接采用扩口接头连接时,用两把扳手紧固并用保温材料将接头包住,然后在外面用胶带包扎。接管时应小心操作,以免管子破裂。管道转弯处的曲率半径应尽可能大,机组所带软管应放在室内。

(4) 检漏

用肥皂水或检漏仪对各连接处进行检漏。

(5) 冷凝水排水管的安装

冷凝水排水管用塑料软管与机组的接水盘水管口连接时,应用夹紧带缠绕并粘牢。安装完毕应检查排水是否畅通,有无泄漏现象。

(6) 电源线和控制导线的连接

分体柜式空调器应用电源线路供电。导线和接线端子的连接要牢固,切勿松动。导线由机组内引出时,一定要穿过有绝缘胶圈的接线孔,多根线并行时要用夹线器夹紧,并用软带包扎固定。电源线与室内机的连接长度一般为 500 mm,与室外机组连接长度为 1 000 mm。具体接线方法如图 5 - 63 所示。室外机组必须牢固接地,并用欧姆表对线路绝缘进行检测。导线和地之间的电阻在 2 MΩ 以上,否则不得启动空调器。

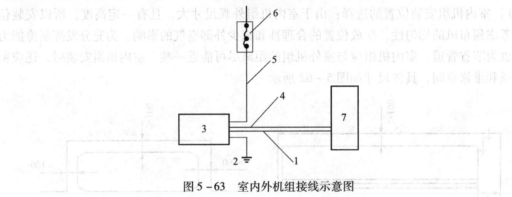

图 5 - 63 室内外机组接线示意图

1—室内外机组连接线;2—接地;3—室外机组;4—室内机组电源线;
5—室内外机组电源线;6—电源主开关和熔断丝;7—室内机组

(7) 运转试验

空调器启动前,应再做一次全面检查,确认无误后方可启动空调器。其间依次对开机、停机、风量和制冷等功能进行操作运行。空调器需再次启动时,应等待 3 min。

【拓展知识】

立柜式空调器的安装。

1) 立柜式空调器通常安装在靠近墙壁的地方,要留出维修安装的空间。为便于空气过滤网和风机的维修,在立柜的左右侧最少需留出 500 mm,前面最少留 1 000 mm 的空间。

2) 水冷型冷凝器水源和管路一般采用自来水或冷却塔循环供水,进水管上应安装水量调节阀,以保持比较稳定的冷凝温度和冷凝压力,使压缩机运行平稳,节约用水。图 5 - 64 所示为 H—15 型整体空调器的水冷管道连接。

3) 空调器的电源一般为 3 相 (380 V, 50 Hz),应设专用插座。在线路上应安装电力保护器。在以三相为电源的空调器中,压缩机电源为三相 (380 V),而风机用电动机及电气控制部分电源为单相 (220 V)。因此,在电源线中要配置中线(零线),接地线另外安装,严禁用接地线作中线。

4) 当设备安装在楼板或地面上时,应高出地面 150 ~ 200 mm,可置于砖砌抹灰或枕木

项目 5 家用空调器的安装与维修

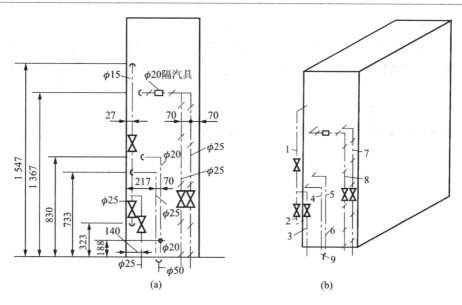

图 5-64 H—15 型空调器管道连接

1—D15 电加湿器给水管；2—D25 冷却水进水管；3—D25 冷却水进水总管；4—D25 冷却水出水管；
5—D2 蒸发器冷凝水管；6—D15 排水管；7—D25 蒸汽供给管；8—D25 蒸汽回水管；9—地漏

基座上，设备下部垫一层 3~5 mm 橡胶板，以减少设备振动。抬高安装有利于排除冷凝水，同时可防止地面积水腐蚀机组。设备安装在楼板上时，应考虑设备荷重，对建筑结构的影响。

5) 风管安装。

① 当设备直接安装在空调房间内时，可不装送、回风管，机组前面送风、下部回风。

② 当设备安置在专用的空调机房内时，需将出风箱卸掉，从机组顶部连接送风管，在回风管道上设新风管道，通至室外，用阀门调节新风风量，并在空调房间墙上开一个与新风进口管截面相同的排气孔，与室外相通，以排除室内污浊空气。

【实训项目及要求】

1. 实训项目

分体式空调器的安装。

2. 要求

1) 学生应对空调器进行一次完整的安装过程，如有可能应从打孔开始，学生应每两人一组，以培养合作意识团队精神；操作过程应规范，特别要注意操作安全。

2) 拆装电磁四通阀和集成块；至少对空调器进行三种以上常见故障的判断与排除的操作。

3. 习题

1) 通常情况下空调器有几种分类方法？请说明每一种分类方法的内容。

2) 空调器的基本功用都包括什么内容？

3) 说明空调器的基本组成和工作过程。

4) 分体式空调器的电气电路由哪些部分组成？各自的作用如何？

5）简单说明电磁四通阀的作用和工作过程。

6）综合运用能力题：请你根据自己的住房情况和家庭条件，写一份空调器购买报告（内容包括：房间面积和房间建筑结构、房间朝向、家庭经济情况、购置意向、安装方案和可行性分析等）。

7）请你总结电冰箱与空调器在制冷系统维修过程中的相同和不同点。

8）如何检查电磁四通阀质量？叙述其更换过程。

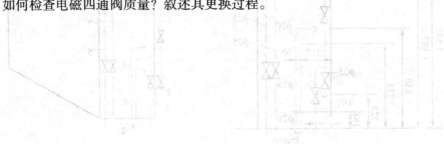

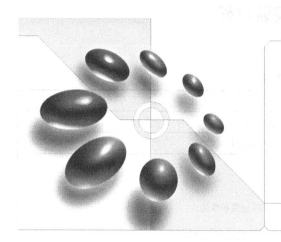

项目6 冷库的安装与维护

【项目描述】

冷库又称冷藏库，它为各冷间提供冷源，即创造一个不因室内外空气参数条件的变化而变化的稳定环境，从而完成食品的冷加工任务、延长食品的储藏期限及最大限度地保持食品鲜度、质量，减少干耗。随着我国社会主义市场经济的发展，人民的生活水平也随之提高，对我们从事冷库设计、安装、管理和维修人员提出了更高的要求。通过本项目的学习，学生具体应达到以下要求。

一、知识要求

1. 掌握冷库制冷设备及管道的安装及试运转
2. 了解冷库的分类及组成
3. 熟练掌握冷库制冷系统常见的故障及排除方法
4. 掌握冷库的自动调节控制系统

二、能力要求

1. 能及时准确的解决冷库常见的故障
2. 能完成冷库制冷装置的调试

三、素质要求

1. 具有吃苦耐劳、刻苦钻研、团结协作的优秀品质
2. 具有规范操作、安全操作的能力
3. 具有灵活运用所学知识、解决实际问题的能力
4. 具有获取新知识、新技能的学习能力及创新意识

任务 1　装配式冷库的安装过程

学习任务单

学习领域	制冷设备安装调试与维修	
项目 6	冷库的安装与维护	学时
学习任务 1	装配式冷库的安装过程	8
学习目标	1. 知识目标 （1）掌握冷库的分类； （2）掌握冷库的结构类型； （3）重点掌握土建冷库和装配式冷库的分类和性能。 2. 能力目标 （1）能正确按照设计要求对冷库各制冷设备进行安装； （2）能够正确按照设计要求对装配式冷库进行安装，并进行制冷系统检测实验。 3. 素质目标 （1）培养学生在冷库设备安装、管路安装过程中的安全操作意识； （2）培养学生在整个安装过程中的团队协作意识和吃苦耐劳的精神	

一、任务描述
按照设计单位给出的设计图纸及设计要求，进行冷库各设备及管路系统的安装。
二、任务实施
（1）学生分组，每小组 4~5 人，每小组按任务工单进行分工，注意分工时工作量要尽量一致；
（2）每小组经过认真讨论，确定冷库制冷方案，确定冷库各设备及管路，根据各小组的具体任务，对各个设备进行分组安装；
（3）小组之间要进行沟通，解决安装过程中出现的具体问题，确定最后方案；
（4）汇总各组的工作，完成冷库的总体安装。
三、相关资源
（1）教材；
（2）教学课件；
（3）图片；
（4）冷库设计施工图纸；
（5）冷库设计说明书。
四、教学要求
（1）认真进行课前预习，充分利用教学资源；
（2）充分发挥团队合作精神，高效高质量地完成工作任务；
（3）团队之间相互学习、相互借鉴，提高学习效率

【背景知识】

一、冷库的分类

1. 按结构形式分

（1）土建冷库

这类冷库的主体结构（库房的支撑柱、梁、楼板、屋顶）和地下荷重结构都用钢筋混凝土，其维护结构的墙体都采用砖砌而成，老式冷库中其隔热材料以稻壳、软木等为主。

（2）装配式冷库

这类冷库的主体结构（柱、梁、屋顶）都采用轻钢，其围护结构的墙体使用预制

的复合隔热板组装而成。隔热材料采用硬质聚氨酯泡沫塑料和硬质聚苯乙烯泡沫塑料等。

2. 按使用性质分

（1）生产性冷库

它们主要建在食品产地附近、货源较集中的地区和渔业基地，通常是作为鱼类、肉类联合、禽蛋和各类食品加工厂等企业的一个重要组成部分。这类冷库配有相应的屠宰车间、理鱼间、整理间，并具有较大的冷却、冻结能力和一定的冷藏容量，食品在此进行冷加工后经过短期储存即运往销售地区，直接出口或运至分配性冷藏库作较长期的储藏。

（2）分配性冷库

它们主要建在大中城市、人口较多的工矿区和水陆交通枢纽，专门储藏经过冷加工的食品，以供调节淡旺季节、保证市场供应，提供外贸出口和作长期储备之用。它的特点是冷藏容量大并能够实现多品种食品的储藏，但冻结能力较小，仅用于冻结食品在长距离运输过程中软化部分的再冻及当地小批量生鲜食品的冻结。

（3）零售性冷库

这类冷库一般建在工矿企业或城市的大型副食品店、菜场内，供临时储存零售食品之用。其特点是库容量小、储存期短，其库温则随使用要求不同而异。在库体结构上，大多采用装配式组合冷库。随着生活水平的提高，其占有量将越来越大。

3. 按规模大小分

（1）大型冷库

此类冷库冷藏容量在 10 000 t 以上，生产性冷库的冻结能力在 120~160 t/d，分配性冷库的冻结能力在 40~80 t/d。

（2）中型冷库

此类冷库冷藏容量在 1 000~10 000 t，生产性冷库的冻结能力在 40~120 t/d，分配性冷库的冻结能力在 20~60 t/d。

（3）小型冷库

此类冷库冷藏容量在 1 000 t 以下，生产性冷库的冻结能力在 20~40 t/d，分配性冷库的冻结能力在 20 t/d 以下。

4. 按冷库制冷设备选用工质分

（1）氨冷库

此类冷库制冷系统使用氨作为制冷剂。

（2）氟利昂冷库

此类冷库制冷系统使用氟利昂作为制冷剂。

5. 按使用库温要求分

（1）冷却库

冷却库又称高温库，库温一般控制在不低于食品汁液的冻结温度，用于果蔬之类食品的储藏。冷却库或冷却间的保持温度通常在 0℃ 左右，并以冷风机进行吹风冷却。

（2）冻结库

冻结库又称低温冷库，一般库温在 $-20℃ \sim -30℃$，通过冷风机或专用冻结装置来实现对肉类食品的冻结。

(3) 冷藏库

冷藏库即冷却或冻结后食品的储藏库,它把不同温度的冷却食品和冻结食品在不同温度的冷藏间和冻结间内作短期或长期的储存。通常冷却食品的冷藏间保持库温4℃~2℃,主要用于储存水果、蔬菜和乳、蛋等食品;冻结食品的冷藏间的保持库温为-18℃~-25℃,用于储存肉、鱼及家禽肉等。

二、冷库的组成

冷库,特别是大中型冷库是一个建筑群,主要由建筑主体(主库)、其他生产设施和附属建筑组成,概括如下。

1. 主库

主库主要由下列单元组成:

(1) 冷却间

冷却间是用来对食品冷却加工的库房。水果、蔬菜在进行冷藏前,为除去田间热,防止某些生理病害,应及时逐步降温冷却。鲜蛋在冷藏前也应进行冷却,以免骤然遇冷时蛋内物质收缩,蛋内压力降低,空气中微生物随空气从蛋壳气孔进入蛋内而使鲜蛋变坏。此外,肉类屠宰后也可加工为冷却肉(中心温度0℃~4℃),能作短期储藏,肉味较冻肉鲜美。对于采用二次冻结工艺来说,也需将屠宰处理后的家畜胴体送入冷却间冷却,使食品由35℃降至4℃,再进行冻结。冷却间的室温为0℃~-2℃,当食品达到冷却要求的温度后称为"冷却物",即可转入冷却物冷藏间。当果蔬、鲜蛋的一次进货量小于冷藏间容量的5%时,也可不经冷却直接进入冷藏间。

(2) 冻结间

需长期储藏的食品由常温或冷却状态迅速降至-15℃~-18℃的冻结状态,称为"冻结物"。冻结间是借助冷风机或专用冻结装置用以冻结食品的冷间,它的室温为-23℃~-30℃(国外有采用-40℃或更低温度的)。冻结间也可移出主库而单独建造。

(3) 再冻间

再冻间设于分配性冷库中,供外地调入冻结食品中温度超过-8℃的部分在入库前再冻之用。再冻间制冷设备的选用与冻结间相同。

(4) 冷却物冷藏间

这种冷藏间又称高温冷藏间,室温为4℃~-2℃,相对湿度为85%~95%,因储藏食品的不同而异。它主要用于储藏经过冷却的鲜蛋、果蔬。由于果蔬在储藏中仍有呼吸作用,故库内除保持合适的温、湿度条件外,还要引进适量的新鲜空气。如储藏冷却肉,储藏时间不宜超过14~20 d。

(5) 冻结物冷藏间

冻结物冷藏间又称低温冷藏间,室温在-18℃~-25℃,相对湿度为95%~98%,用于较长期的储藏冻结食品。在国外,有的冻结物冷藏间温度可降至-28℃~-30℃,日本对冻金枪鱼采用了-45℃~-50℃所谓超低温的冷藏间。

(6) 气调保鲜间

气调保鲜主要是针对水果蔬菜的储藏而言。果蔬采收后,仍然保持着旺盛的生命活动能力,呼吸作用就是这种生命活动最明显的表现。在一定范围内,温度越高,呼吸作用越强,衰老越快。所以多年来生产上一直采用降温的办法来延长果蔬的储藏期。目前国内外正在发展控制气体成分的储藏，简称"CA"储藏。即在果蔬储藏环境中适当降低氧的含量和提高二氧化碳的浓度，来抑制果蔬的呼吸强度，延缓成熟，以达到延长储藏的目的。控制气体成分有两种方法，自然降氧法和机械降氧法。自然降氧法是用配有硅橡胶薄膜的塑料薄膜袋盛装物品，靠果蔬本身的呼吸作用降低氧和提高二氧化碳的浓度，并利用薄膜对气体的透性，透出过多的二氧化碳，补入消耗的氧气，起到自发气调的作用。机械降氧法是利用降氧机、二氧化碳脱降机或制氮机来改变室内空气成分，以达到气调的作用。

(7) 制冰间

制冰间的位置宜靠近设备间，水产冷库常把它设于多层冷库的顶层，以便于冰块的输出。制冰间宜有较好的采光和通风条件，要考虑到冰块入库或输出的方便，室内高度要考虑到提冰设备运行的方便，并要求排水畅通，以免室内积水和过分潮湿。

(8) 穿堂

穿堂是食品进出的通道，并起到沟通各冷间、便于装卸周转的作用。库内穿堂有低温穿堂和中温穿堂两种，分属高、低温库房使用。目前冷库中较多采用库外常温穿堂，其将穿堂布置在常温环境中，通风条件好，改善了工人的操作条件，也能延长穿堂使用年限。常温穿堂的建筑结构一般与库房结构分开。

(9) 其他

如电梯间、挑选间、包装间、分发间、副产品冷藏间、次品冷藏间和楼梯间等。

2. 制冷压缩机房及设备间

(1) 制冷压缩机房

制冷压缩机房是冷库主要的动力车间，安装有制冷压缩机、中间冷却器、调节站、仪表屏及配用设备等。目前国内大多将制冷压缩机房单独建造在主库邻近，一般采用单层建筑。国外的大型冷库常把制冷压缩机房布置在底层，以提高底层利用率。对于单层冷库，也有在每个库房外分设制冷机组，采用分散供液的方法，而不设置集中供冷的压缩机房。

(2) 设备间

设备间安装有卧式壳管式冷凝器、储氨器、气液分离器、低压循环储液桶和氨泵等制冷设备，位置紧靠制冷压缩机房。在小型冷库中，因机器设备不多，压缩机房与设备间可合为一间。水泵房也包括在设备间内。

(3) 变、配电间

变、配电间包括变压器间、高压配电间、低压配电间（大型冷库还设有电容器间）。变、配电间应尽量靠近负荷大的机房间，当机房间为单层建筑时，一般多设在机房间的一端。变压器间也可单独建筑，高度不得小于 5 m，要求通风条件良好。在小型冷库中，也可将变压器放在室外架空搁置。变、配电间内的具体布置视电器工艺要求而定。

(4) 生产厂房、屠宰车间

它用来宰杀生猪并将猪肉加工成白条肉，建设规模按班宰能力分为四级，根据建库地区正常资源和产销情况来确定的。根据冷库加工对象的不同，还可设清真车间（或大牲畜车间）及宰鸡、宰兔车间。

(5) 理鱼间或整理间

理鱼间是供水产品冻结前进行清洗、分类、分级、处理、装盘、过磅和包装等工序的场所,一般每吨冻鱼配 10~15 m² 操作面积,处理虾、贝类则根据具体操作方式适当扩大。果蔬、鲜蛋在冷加工前应先在整理间进行挑选、分级、整理、过磅、包装,以保证产品的质量。理鱼间或整理间都要求有良好的采光和通风条件,且地面要便于冲洗和排水。

（6）加工车间

商业冷库常设有食用油加工间、腌腊肉加工间、熟食加工间、副产品加工间、肠衣加工间和制药车间等。水产冷库常设有腌制车间和鱼粉车间等。

（7）其他

如化验室、冷却塔、水塔、水泵房、一般仓库、汽车库、污水处理场、铁路专用线和修理间等。

三、土建式冷库

冷藏库是食品冷却、冻结和冷藏的场所,它必须为食品提供必要的库内温度、湿度条件,并符合规定的食品卫生标准。冷库的合理结构和良好的隔热、防潮性能及地坪强度,是冷库长久使用的重要条件。

1. 土建式冷库的结构

土建式冷库主要由围护结构和承重结构组成,围护结构除承受外界风雨侵袭外,还要起到隔热、防潮的作用。承重结构则主要支撑冷库的自重及承受货物和装卸设备的重量,并把所有承重传给地基。

冷库的基本结构如图 6-1 所示。

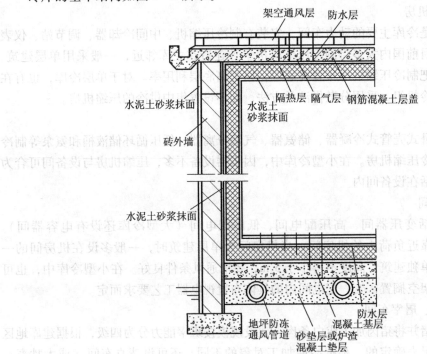

图 6-1 冷库的基本结构

土建式冷库结构应有较大的强度和刚度,并能承受一定的温度应力,在使用中不产生裂

项目 6 冷库的安装与维护

缝和变形,冷库的隔热层除具有良好的隔热性能并不产生"冷桥"外,还应起到隔气、防潮的作用。冷库的地坪通常应做防冻胀处理,且冷库的门应具有可靠的气密性能。

(1) 冷库地基与基础

土建式冷库的地基是承受全部载荷的土层;基础是直接承受冷库建筑自重并将全部重量传递给地基的结构物。基础应具有较大的承载能力、足够的强度,并将冷库载荷均匀地传到地基上,以免冷库建筑产生不均匀沉降和裂缝,同时基础也应具有足够的抗潮湿、防冻胀的能力。一般冷库多用柱基础。

柱是冷库的主要承重物件之一,土建式冷库均采用钢筋混凝土柱,柱网跨度大。一般冷库柱子的纵横间距多为 6 m×6 m,大型冷库为 16 m×16 m 或 18 m×16 m。为施工方便和敷设隔热材料,冷库柱子的截面均取方形。大型单层冷库库内净高一般不小于 6 m,中、小型单层冷库为 4~8 m,多层冷库通常亦不小于 4~8 m。

梁是冷库重要的承重物体,有楼板梁、基础梁、圈梁和过梁等形式,冷库梁可以预制或在现场由钢筋水泥浇制。

(2) 冷库墙体

墙体是冷库建筑的主要组成部分,其可以有效地隔绝外界风雨的侵袭和外界温度的变化及太阳的热辐射,并有良好的隔热防潮作用。冷库外墙主要由围护墙体、防潮隔气层、隔热层和内保护层等组成,如图 6-1 所示。围护外墙一般采用砖墙,其厚度为 240~370 mm,在特殊条件下,也可现场绕制钢筋混凝土墙或预制混凝土墙等。对于砖外墙,其外墙两面均以 1∶2 水泥砂浆抹面。外墙内依次敷设防潮隔气层、隔热层及内保护层。目前新建冷库防潮隔气层多为油毡或新型尼龙薄膜,并敷设于隔热层的相对高温侧,油毡隔气一般为二毡三油。冷库隔热层可用块状、板状或松散隔热材料,如泡沫塑料、软木、矿渣、棉等敷设或充填,冷库常用隔热材料的热物理性见表 6-1。

在某些分间冷库中,设有内墙,把各冷间隔开。当两邻间温差 <5℃ 时,可采用不隔热内墙,如 120 mm 或 240 mm 厚砖墙,两面水泥砂浆抹面;隔热内墙多采用块状泡沫塑料与混凝土作衬墙,再做隔热防潮,并以水泥砂浆抹面,隔热内墙的防潮隔气层设在两侧,亦可只设在高温侧。

表 6-1 冷库常用隔热材料热物理性

材料名称	密度 ρ/(kg·m^{-3})	导热系数 λ		比热容 C/[kJ·(kg·K^{-1})]	蓄热系数 (24 h)/[W·(cm^2·K^{-1})]
		实测值	设计采用值		
玻璃纤维	190	0.04	0.076	1.09	0.51
聚苯乙烯泡沫塑料	19	0.035	0.047	1.21	0.23
聚氨酯泡沫塑料	40	0.022	0.030	1.26	0.28
软木	170	0.58	0.070	2.05	1.19

(3) 冷库屋盖楼板及阁楼层

冷库屋盖应满足防水、防火、防霜冻、隔热和密封坚固的要求,同时屋面应排水良好。冷库屋盖主要由防水护面层、承重结构层和隔热防潮层等组成,如图 6-1 所示。冷库的屋盖隔热结构有坡顶式、整体式和阁楼式三种结构。阁楼式隔热屋盖又分通风式、封闭式和混合式三种。

多层冷库的楼板是货物和设备重量的承载结构，应有足够的强度和刚度。冷库楼板可采用预制板，但以现场钢筋混凝土浇制为多。

2. 土建式冷库的隔热

冷库隔热对维持库内温度的稳定、降低冷库热负荷、节约能耗及保证食品冷藏储存质量有着重要作用，故冷库墙体、地板、屋盖及楼板均应作隔热处理。

冷库的隔热结构除具有良好的隔热、防潮性能外，还应有一定的强度，其楼板和地坪应有较大的承载能力。隔热层内应避免产生"冷桥"，并具有持久的隔热效能。冷库隔热层内壁设有保护层，以防装卸作业时被损坏。

土建式冷库常用隔热材料有以下几种。

（1）软木

常用的软木又称碳化软木，为板、管、壳等形的制品。碳化软木导热系数小，抗压强度大，无毒，施工方便，可用于冷库隔墙、地面、楼板、管道等的隔热，但价格较高，且容易产生虫蛀、鼠咬和霉烂受潮。

（2）玻璃棉及制品

玻璃棉导热系数小，不燃烧，不霉烂，价格便宜。目前多制成隔热板或管壳，使用方便，抗冻性好。

（3）聚苯乙烯泡沫塑料

自熄性的聚苯乙烯泡沫塑料有着良好的隔热性能，但遇有明火或受热易产生对人体有害的气体，故目前已不推荐使用。

（4）聚氨酯泡沫塑料

该类型隔热材料可预制成各种厚度或直径的板料或管壳，用于冷库墙体、地板、屋盖隔热，可直接喷涂或灌注发泡成型，使用方便。聚氨酯泡沫塑料导热系数小，吸水率低，耐低温和自熄性好，是冷库隔热中选用较多的材料。

3. 土建式冷库围护结构的防潮

冷库由于内外空气温差较大，故会形成与温度差相应的水蒸气分压力差，进而形成水蒸气从分压力较高的高温侧通过围护结构向分压力较低的冷库内渗透。当水蒸气经过围护结构内部后到达低于空气露点温度的某温区时，水蒸气即凝结为水或结冰，造成隔热结构的破坏、隔热性能下降，因此在冷库结构两侧，当设计使用温差等于或大于5℃时，应采取防潮隔气措施或者在温度较高的一侧设置防潮隔气层。

冷库设计防潮隔气层应符合下面几种情况：砌砖外墙外侧应作水泥砂浆抹面；外墙体防潮隔气层应与地面、屋盖防潮隔气层良好地搭接；冷却间与冻结间隔墙的隔热层两侧宜设防潮隔气层；隔墙的隔热层底部应作防潮处理；所有防潮隔气层敷设时均应顾及冷库其他隔热结构防潮隔气层的连续性。

冷库常用防潮隔气材料有石油沥青、油毡、沥青防水塑料和聚乙烯塑料薄膜等。其中石油沥青的防水蒸气性能好，又有一定的弹性及抗低温、防潮、隔气性能稳定等特点。若其与油毡结合使用，能达到良好的防潮隔气效果。塑料薄膜的透气性好和吸水性低、机械强度大、柔软性好，但耐老化、耐低温性能差。目前多数冷库仍以沥青、油毡作防潮隔气层。

4. 土建式冷库的地坪防冻胀

土建式冷库建筑在地面上，由于地基深处与地表的温度梯度而形成热流，造成地下水蒸气向冷库基础渗透。当冷库地坪温度降到0℃以下时,则将导致地坪冻胀,毁坏冷库地坪。

冷库地坪防冻胀的方法有地坪架空、地坪隔热层下部埋设通风管道或对地坪预热等。小型冷库多采用预制梁把地坪架空,如图6-2所示。架空式地坪防冻,其进、出风口高于室外地面应不小于150 mm,并在进、出口设置气流网栅。在采暖地区,架空式地坪进、出口还应增设保温的启闭装置。

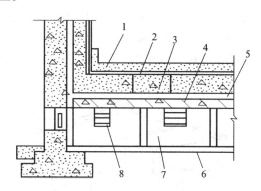

图6-2 架空式地坪防冻胀结构
1—钢筋混凝土层;2—软木隔热层;3—一毡二油防水层;4—二毡三油隔气层;
5—钢筋混凝土基层;6—混凝土垫层;7—架空层;8—气窗

架空层进风口宜面向当地夏季最大频率风向。图6-3所示为地坪下设通风管进行自然或机械通风的地坪防冻胀结构。

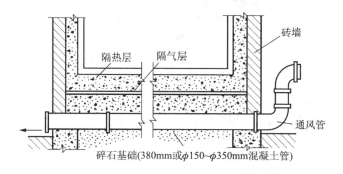

图6-3 设有通风管道的架空式地坪防冻胀结构

另外,当采用预热式地坪防冻胀时,其机械送风温度取10℃,热液温度为15℃,排风或回液取5℃。通风水泥管宜取$\phi 250 \sim \phi 300$ mm,无缝钢管取$\phi 38 \sim \phi 57$ mm。载热液体须经过滤后送入。加热管应设在地坪隔热层下的混凝土垫层内,并采用钢筋网将加热管固定。金属加热管须采用焊接连接,混凝土施工前应作表面0.6 MPa/24h的校漏试验。

四、装配式冷库

装配式冷库的作用、使用条件和结构要求与土建式冷库相似,它为食品冷却、冷藏及其冷冻提供了必要的条件,具有良好的隔热、防潮性能和承载强度。

装配式冷库按其容量、结构特点又有室外装配式和室内装配式之分。室外装配式冷库均为钢结构骨架,并辅以隔热墙体、顶盖和底架,其隔热、防潮及降温等性能要求类同于土建式冷库。室外装配式冷库容量一般在 500~1 000 t，适用于商业和食品加工业使用。室内装配式冷库又称活动装配冷库，容量一般在 5~100 t，必要时可采用组合装配，容量可达 500 t 以上。室内装配式冷库最适用于宾馆、饭店、菜场及商业食品流通领域内使用。装配式冷库具有结构简单、安装方便、施工期短、轻质高强度及造型美观等特点。

室内装配式冷库基本结构如图 6-4 所示。冷库库体主要由各种隔热板组即隔热壁板（墙体）、顶板（天井板）、底板、门、支承板及底座等组成。它们是通过特殊结构的子母钩拼接、固定，以保证冷库良好的隔热、气密性。冷库的库门除能灵活开启外，还应关闭严密、使用可靠。

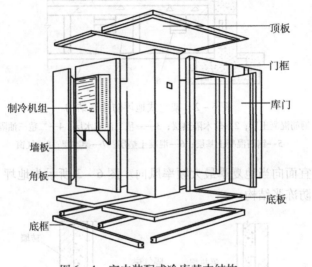

图 6-4　室内装配式冷库基本结构

室内装配式冷库的隔热板均为夹层板料，即由内面板、外面板和硬质聚氨酯或聚苯乙烯泡沫塑料等隔热芯材组成，隔热夹层板的面板应有足够的机械强度和耐腐蚀性。夹层隔热板性能应符合表 6-2 的要求，且应平整（平面度＜0.002）、尺寸准确（允许偏差±1 mm），隔热层与内外面板粘结应均匀牢固。

表 6-2　夹层隔热板性能指标

密度/ (kg·m^{-3})	导热系数/ [W·(m·K)$^{-1}$]	抗压强度/ (N·cm^{-2})	抗弯强度/ (N·cm^{-2})	抗拉强度/ (N·cm^{-2})	吸水性/ (g·100 cm^{-2})	自熄性/s
40~55	≤0.029	≥20.0	≥24.5	≥24.5	≤3	≤7

夹层板的内外面板多为玻璃钢板，亦有薄钢板、铝合金板或其他塑料板，冷库以夹层板作墙体，其接缝连接应牢固、平整、严密。其密封材料无毒、无臭、耐老化、耐低温，有良好的弹性和隔热、防潮性能。

室内装配式冷库常用 NZL 表示（NZL——大写汉语拼音字母，分别表示室内装配式冷库），根据库内温度控制范围它分为 L 级、D 级和 J 级三种类型，见表 6-3。

室内装配式冷库标记示例：NZL-20（D）表示库内公称容积为 20 m^3，库内温度为 -18℃~-10℃的 D 级冷库。

表 6-3 装配式冷库主要性能参数

库 级	L 级	D 级	J 级
库温范围/℃	-5~5	-18~-10	-20~23
公称比容积/(kg·m^{-3})	160~250	160~200	25~35
进货温度/℃	≤32	热货≤32；冻货≤-10	≤32

室内装配式冷库所有焊接件、连接件必须牢固、防锈，所有镀铬或镀锌的镀层应均匀。冷库的木制件应经过干燥防腐处理；冷库门装锁和把手及安全脱锁装置；其 D、J 级冷库门或门框上暗装电压 24 V 以下的电加热器，以防冷凝水和结露；库内装防潮灯；测温元件置于库内温度均匀处，其温度显示装在库外壁易观察位置。冷库地板应有足够的承载能力。大中型室内外装配式冷库还应考虑装卸运载设备的进出作业。另外，冷库的底部应有融霜水排泄系统，并附以防冻措施。

【任务实施】

一、装配式冷库总体要求

1. 建筑环境

1）做冷库前，要求用户将冷库范围的地坪下降 200~250 mm 找平；

2）要求在每个冷藏库的下面留有排水地漏和冷凝水排放管，冷冻库库内不设排水地漏且冷凝水排放管必须设在冷库外；

3）低温库要求铺设地坪加热丝，并且一备一用，并在地面铺好加热丝后，进行 2 mm 左右的旱坪保护，才可以铺设地坪保温层。如果冷库所在楼层为最低层，则低温库地坪可以不做加热丝。

常见冷库地坪处理办法如图 6-5 所示。

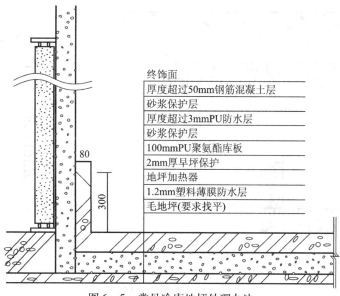

图 6-5 常见冷库地坪处理办法

2. 隔热板

隔热板必须符合国家标准，并持有技术监督局检测报告。

（1）绝热材料

绝热材料应使用聚氨酯发泡两面带喷塑钢板或不锈钢板的复合保温板材料，厚度至少100 mm。保温材料为阻燃型，无氯氟碳化合物，允许为改善性能加入一定比例的增强材料，但不能因此降低隔热性能。

（2）隔热板壁板

1）内、外面板为彩色钢板。

2）彩色钢板涂膜层必须无毒、无异味、耐腐蚀，符合国际食品卫生标准。

3. 隔热板整体性能要求

1）隔热板的安装结合面不允许有外露的隔热材料，结合面上不得有凸凹大于1.5 mm的缺陷。

2）隔热板的板面应保持平整光滑，不应有翘曲、划伤、磕碰、凹凸不平等缺陷。

3）允许在隔热板的内部采取增强性措施来提高机械强度，但不允许降低隔热效果。

4）隔热板的周边材料必须采用与隔热材料相同的高密度硬质材料，不允许使用其他导热系数较大的材料。

5）隔热墙板与地面相接处应有防止冷桥的措施。

6）隔热板之间的板缝处须采用玻璃胶或其他无毒、无异味、无有害物质挥发、符合食品卫生要求并且密封性良好的胶性材料密封。

7）隔热板之间的连接结构应保证接缝之间的压力和接缝处连接牢固。

4. 隔热板安装要求

库板和库板之间的接缝必须密封良好，两库板之间的拼接缝要求小于1.5 mm，同时在结构上要求牢固可靠。库板拼接完后，所有库板接缝应涂连续均匀的密封胶，如图6-6所示。下面对各种接缝的断面结构进行说明。

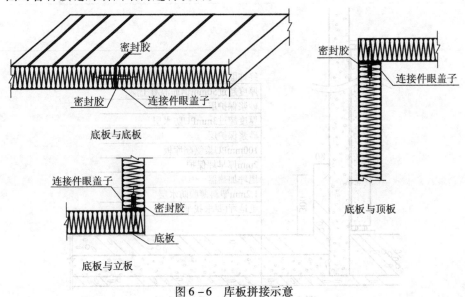

图6-6 库板拼接示意

当顶板跨度超过 4 m 或冷库顶板要载重时，必须对冷库顶板进行吊装，如图 6-7 所示。螺栓位置要选择库板中点，为使库板受力尽可能均匀，必须按照如图 6-7 所示使用铝合金角钢或蘑菇帽。

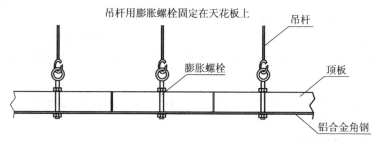

图 6-7　冷库顶板吊装示意图

5. 库体隔热板接缝的密封性要求

1）应保证墙板与地面结合处墙板的隔热材料和地坪中的隔热材料密切相接，有可靠的密封、防潮处理。

2）隔热板的接缝若采用现场灌注发泡方式密封结合，首先应保证使两块隔热板的隔热材料能够紧密相贴，然后使用密封胶布贴匀结合面，消除空隙，确保隔热材料粘合牢固。

3）隔热板接缝处的密封材料本身应抗老化、耐腐蚀、无毒、无异味、无有害物质挥发、符合食品卫生要求并且密封性良好。接缝处的密封材料不得有偏移、离位，保证接缝处的密封严实、均匀。

4）若采用密封胶条密封隔热板的接缝，则接缝尺寸不得大于 3 mm。

5）组成库体的隔热板沿其高度方向必须是整体的，且无水平的中间接缝。

6）冷库地坪隔热层的厚度应≥100 mm。

7）库体顶棚的吊点结构必须采取措施减低"冷桥"效应，吊点的孔洞处应予以密封处理。

8）与库板相连的吊点材料的导热系数应较小，库的内表面也应采用同样材料的罩帽将吊点遮盖。

6. 装配式冷库库门要求

1）装配式冷库配置 3 种门：铰链门，自动单侧滑动门，单侧滑动门。

2）冷库门厚度、面层和绝热性能要求与库板相同，门框及门的结构不应有冷桥。

3）所有低温冷库门门框内应埋设防止门的密封条被冻结的电加热或介质加热装置，当采用电加热时需提供电热保护装置和安全措施。

4）小型冷藏库、冷冻库库门为手动平开门，门的表面要求同隔热板面板，库门把手及库门结构不应有"冷桥"，库门开度应 >90°。

5）冷库库门带有门锁，门锁具有安全脱锁功能。

6）所有库门都必须开关灵活、轻便，门框及门本身的密封接触平面必须光滑、平整，不得有翘曲、毛刺或螺丝端头歪斜、外露而产生刮、擦现象，保证密封胶条能够贴实门框周边。

7. 库体附件

1）低温冷库（库温 < -5℃）地面下须配置电热防冻装置及其温度自动调控装置，以有效防止库板底面的冻结变形。

2) 库内装设防潮、防爆的荧光照明灯,能在-25℃条件下正常工作,灯罩应防潮、防腐、防酸、防碱。库内灯光照明度应满足货物进出和取存的要求,地面照度>200 lux。

3) 冷库内所有装置、设备均应做防腐、防锈处理,但必须保证涂层无毒、不污染食物、无异味、便于清洁、不易于滋生细菌,符合食品卫生要求。

4) 管线孔洞均须做密封、防潮和隔热保温处理,并使表面光整。

5) 低温冷库应有压力平衡装置,以防止和消除温度骤变时库体过大的压力差及其引起的库体变形。

6) 冷库外部沿过道处应设置防撞装置。库门内应装设耐低温透明塑料门帘。

7) 温显仪要求安装在库门附近。

8) 冷藏库必须设置排水地漏,以便清洗冷库时污水排出。

8. 主要材料、附件的选配标准

所有材料必须符合国家标准,并持有合格证及技术监督局检测报告。

二、冷风机、管路安装标准

1. 冷风机安装

1) 冷风机的安装位置要求远离库门,在墙的中间,安装后的冷风机应保持水平。

2) 冷风机吊装在顶板上,其固定必须用专用的尼龙螺栓(材质为尼龙66),以防冷桥形成。

3) 当用螺栓固定冷风机时,要求在顶板上部加装长度大于 100 mm、厚度大于 5 mm 的方木块,以增加库板承重面积,防止库板凹陷变形,同时可以防止冷桥形成。

4) 冷风机和背墙之间的距离为 300~500 mm,或按冷风机厂家提供的尺寸。

5) 冷风机风向不能倒转,以确保冷风机往外吹风。

6) 当冷库化霜时风机电动机必须断开,以防止融霜时将热风吹入库内。

7) 冷库装货高度应低于冷风机底部至少 30 cm。

冷风机安装示意图如图 6-8 所示。

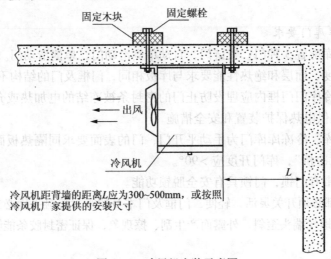

图 6-8 冷风机安装示意图

2. 制冷管路安装

1) 在安装膨胀阀时,感温包必须扎紧在水平回气管上部,并保证与回气管接触良好,在回气管外应加以保温,以防止感温包受库温影响。

2) 冷风机回气管爬升出库前在上升管底部都要安装回油弯。

3) 冷藏加工间和冷藏库或中温柜共用一台机组时,冷藏加工间回气管路和其他冷藏库或中温柜管路连接前必须加蒸发压力调节阀。

4) 每个冷库必须在回气管和供液管路上各安装独立的球阀,以便于调试维修。

其他管路选型、焊接、铺设、固定、保温等必须按照《制冷管路工程材料、施工、检验标准书》中规定的标准执行。

3. 排水管安装

1) 走在库内的排水管路应尽量短;走在库外的排水管应走在冷库背面或侧面不显眼处,以防碰撞及影响美观。

2) 冷风机的排水管通往冷库外应有一定的坡度,使融霜水顺利地排出库外,如图6-9所示。

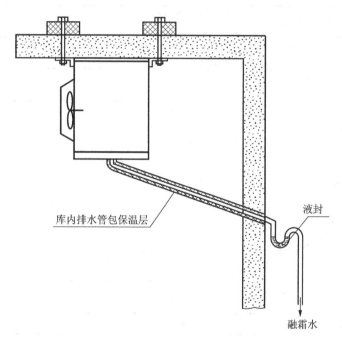

图6-9 排水管安装示意图

3) 工作温度小于5℃的冷库,其库内排水管必须加装保温管(壁厚大于25 mm)。

4) 冷冻库排水管必须安装加热丝。

5) 在库外的连接管必须加装排水存水弯,管内保证一定的液封,以防止大量的库外热空气进入冷库内。

6) 为防止排水管脏堵,每个冷库必须单独设一个化霜水排水地漏(冷藏库可设在库内,冷冻库必须设置在室外)。

排水管施工还必须严格按照《水管工程的施工与检验标准书》执行。

【任务测试】

任务评价见表6-4。

表6-4 任务评价

		检查项目	标准	检查人 实测只填写是或否	检查日期 纠偏单或负债单号	备注
工程名称						
冷库	1	库板、冷库门、冷风机、冷库附件、冷库尺寸是否符合要求	应与合同或标准一致			
	2	所用附件是否和标准一致	应与标准合同一致			
	3	库板拼接缝是否涂密封胶	密封胶应涂的连续无间断			
	4	库板对接处是否整齐	整齐,对接处闪缝≤1 mm			
	5	冷库基础是否做防水处理	应做防水处理			
	6	冷库地坪是否符合要求	应和合同及用户要求一致			
	7	冷冻库排水管是否加装加热丝	应加装加热丝,以防冰堵			
	8	所有冷库内排水管是否加保温棉	应加保温棉,以防冰堵			
	9	每个冷库膨胀阀安装是否符合要求	感温包扎紧在水平回气管上部,并保证与回气管接触良好,在回气管外应加以保温			
	10	冷风机回气管爬升出库前是否在上升管底部做回油弯	在上升管底部安装回油弯			
冷库	11	冷藏加工间回气管在和其他中温柜(或冷藏库)管路连接前是否安装蒸发压力调节阀	应安装蒸发压力调节阀			
	12	除霜时风机是否停转	应停转			
	13	电控箱内控制元件是否符合标准	应和标准一致			
	14	冷藏库库内是否埋排水地漏	应埋排水地漏			
	15	开机后,库内温度能否达标	达到合同规定的温度			
		学生自评				
		教师评价				

【拓展知识】

制冷设备可分为整体成套式和组件装配式两类。整体成套式如家用电冰箱等,无须人们另行安装,设备到位后,只要按技术要求供电、供水即可投入使用。组件装配式如各种类型的冷库等,则须在做好一切预备工作后,由施工或安装人员进行设备的就位安装和管道的连接，使各设备组件连接成一个整体系统，之后还须对系统进行吹污、气密性检查、抽真空、加注制冷剂及试运行和调整等工作，等到一切合格后方能投入使用。因此，冷库的安装质量直接影响到设备的运行性能、操作管理和维护检修等。

与其他机械装置相比，制冷系统有其特殊性，安装时必须考虑下列情况：

1）制冷系统中的所有部件及管路均为压力容器，它们组成了一个密闭的系统。系统内的制冷剂不能外漏，环境中的空气、水分及其他的机械性杂质也不允许进入系统，因而要求设备及管路有较高的机械强度和严格的气密性能。对存放已久、锈蚀严重的设备和管道，在安装前须进行机械强度和气密性试验。

2）必须做好系统各部件及各连接管管道内的清污工作，将氧化皮、焊渣等其他机械性杂质彻底地清除出系统，以免损坏压缩机气缸和堵塞有关通道，影响制冷系统的正常运行。

3）各制冷设备和管道在安装前和安装过程中必须保持干燥。

一、压缩机的安装

1. 基础制作

在安装制冷压缩机前，应先检查压缩机基础的位置及尺寸是否符合技术要求。压缩机的基础应采用不低于150标号的水泥，与砂石和适量水拌合成混凝土，浇入事先预制好的基础框架中。基础的螺钉孔根据图样尺寸预先留出。在混凝土基础的浇制过程中应随时捣实，以排除空气，达到密实程度，以免运行中发生基础沉降、倾斜和机器振动过大等现象。

2. 定位安装

在基础面上采用拉线的方法，找出纵、横中心线，然后用钢丝绳将压缩机的整个机架吊起（吊装时钢丝绳不允许套在轴上起吊），将随机附带的地脚螺栓安在（连接在）公共底座上，然后将底座对准基础中心线，放置于基础上。在每个地脚螺栓的两侧放置斜垫铁，利用调整斜垫铁的厚度来找正机架的水平。调整高度和水平时，可用撬棒或小千斤顶将机架抬起。找平后，用与浇制基础相同的混凝土填满地脚螺钉孔，边浇边捣实，待混凝土干硬后，重新校正联轴器中心，并在校正后的电动机和压缩机的支座及公共底座上各配钻12 mm的锥孔，打入螺尾锥销，进行最后定位。然后拧紧地脚螺栓，在公共底座与基础间的空隙中用水泥砂浆填满、抹平。

如果电动机与压缩机无公共底座，则应用拉线的办法，使电动机和压缩机的皮带轮在同一个平面上，其端面偏差应在0.1~0.25 mm以下，径向偏差在0.05~0.12 mm以下（视带轮直径的大小）。若压缩机与电动机之间是用联轴器连接的，则首先固定压缩机，用千分表来调整电动机和压缩机两轴的同心度，其径向和端面允许偏差不大于0.15 mm。

对于整体机组设备、无管道连接等问题，只需放平、防振即可。

二、冷凝器的安装

对于立式冷凝器，应先将其放置在按图纸要求划线的基础上，用铅垂线来保证安装的垂直度，其偏差不超过2 mm/m，浇入水泥砂浆，待干硬后拧紧地脚螺栓。

卧式冷凝器通常与储液器一起安装，冷凝器在上，储液器在下。冷凝器用螺钉固定在支架上，支架一般用混凝土作基础，并装有半圆形垫木，用水平仪校正。其水平允差不大于1.5 mm/m，并略倾斜于放油端。冷凝器的冷却水管应从端盖下部进入、上部放出，制冷剂则从上端进入、下端流出。这样做一方面能保证整个冷凝器内的传热管中充满冷却水，另一方面可以提高换热效率。

三、蒸发器的安装

安装水箱式蒸发器时，先用混凝土做好基础，在基础上放置用沥青处理过的垫木。垫木的长度与水箱的宽度相同，数量视水箱及蒸发器的质量而定，然后将水箱放置在垫木上，再把蒸发器吊装在水箱中，并予以固定。在水箱四周敷设隔热层，箱顶用盖板覆盖。卧式蒸发器的安装与卧式冷凝器类似，在支座上放置与隔热层厚度相同并经沥青浸泡处理过的圆弧形垫木，然后在蒸发器外侧敷设隔热层。

四、辅助设备的安装

在制冷装置中，辅助设备有储液器、油分离器、中间冷却器、放空气器、气液分离器和过滤器等。这些设备的安装有各自的技术要求。较大型的设备应在容器的底座下放置垫铁，并浇水泥砂浆，待凝固后旋紧地脚螺栓。

1. 安装和接管的原则

1) 机房应宽敞，空气要畅通，必要时墙上应安装排风扇，加强机房通风。

2) 在保证满足操作人员操作位置和必要的检修位置的前提下，各设备应尽量靠近，以减小管道长度、减少管道中的流动阻力损失和冷量损失。各设备应远离热源。

3) 机组的电动机应用专线供电，冷却水管也应专管供水。水管的敷设应确保冬季能放尽冷凝器及水泵管路中的积水，以免冷凝器或水泵管路冻裂。

4) 因整台成套设备出厂前已进行过运转试验，且已充灌了制冷剂，故用户一般无须拆检整套设备或其组件。

5) 机组仪表盘的安放位置应便于操作和观察。

6) 冷凝器的安装应高于储液器，以利于冷凝器的出液。

7) 连接管道的内壁应保持清洁、干燥并无任何其他杂质。管路的布置应正确、合理和美观，尽量减少弯头。对氟利昂制冷系统，还应考虑润滑油顺利返回压缩机的问题。

8) 管道包扎隔热层应在系统检漏，确认无泄漏后进行。

2. 管道安装

制冷装置中的管道包括制冷剂管道、冷却水管道、冷媒水（制冷剂）管道等。管道的正确设计、布置与安装直接关系到制冷系统的运转稳定性和经济性。各管道管径大小应按产品说明书或设备要求规格配备，不应随便更改。

1) 氟利昂管道可采用铜管，也可采用无缝钢管。管径较大时（$d \geq 25$ mm）采用无缝钢管，连接方式与氨管路相同，管径较小时则多采用紫铜管。

紫铜管安装前可用四氯化碳溶液充灌清洗。如管内残留氧化皮等污物，则可用20%的硫酸溶液进行酸洗，然后用冷水冲洗，再用3%~5%碳酸钠溶液中和，最后用冷水冲洗并吹干，封存后待用。

紫铜管的连接可采用银钎焊或铜钎焊。银钎焊的焊接温度较低，焊料流动性好。铜钎焊的焊接强度高、价格便宜，但因焊接所需温度较高，焊接时易产生机械性氧化杂质。

同直径管子多采用胀口插入，并以钎焊的方式进行连接。

2)氨制冷系统的管道必须采用无缝钢管,不能采用铜管或其他有色金属管道。

管子安装前必须进行管道内壁的除锈、清洗和干燥工作。对于管径较大的管道可用钢丝刷在管道内部往返拖拉,然后用空气吹除。对于小直径管道,可用干净白布浸以四氯化碳液体,对管道内壁进行擦洗;也可灌以四氯化碳液体,10~15 min 后倒出,再将管道吹干,封存备用。

氨管道的连接一般采用电弧焊。钢管对接时,管口应事先加工成适当坡口,然后采用低碳钢焊条焊接,焊条直径按管壁厚度选择。在需要拆卸和检修处的管道连接,可采用法兰连接。当用这种方式连接时,法兰盘密封面与管道轴心的垂直偏差不允许超出 0.5 mm,两结合面用涂有黄油或石墨与机油混合密封剂的石棉橡胶垫加以密封,垫片厚度为 1.5~3 mm。管路中所需弯头,可采用热弯或冷弯两种方法。冷弯适用于小管径管,并须用专用的弯管器弯制。热弯则需要将管子加热后进行。若弯曲半径为 2.5~4 倍管径,则为防止管子弯瘪,须采用填砂法进行弯制,且弯制结束后必须对管内壁进行仔细的清砂处理。

3)冷却水及冷媒水管路一般采用无缝钢管、焊接钢管或镀锌钢管。其连接方式可采用电焊连接、法兰连接或丝扣连接。

丝扣连接时,先将管子挤轧出管牙螺纹,除去油污等杂物,在丝扣上涂抹一层由甘油和氧化铝配制而成的糊状密封剂,再缠绕细麻丝或聚四氟乙烯薄膜,最后用活接头将其拧紧。管道在 38(公称直径)×3 mm 以上时,一般不采用丝扣连接方法。

冷媒水管道一般采用无缝钢管,且用铜钎焊或锡钎焊连接。

所有管路安装完毕后,用氮气或干燥空气进行气密性试验。试验压力的大小应根据该管路实际工作时所要承受的压力来确定,如发现泄漏,则应采取补焊等措施。补焊时应注意:

1)不允许在管内有压力的情况下进行;

2)补焊部位需仔细清除焊渣及锈层等,并用砂纸将表面擦净;

3)钢管不允许用铜焊补漏;

4)原铜钎焊漏点可用银钎焊补焊,但原银钎焊漏点不允许用铜钎焊补焊;

5)焊缝修补次数不得超过两次,否则应割去或换管重焊。

3. 管道安装注意事项

1)管道在安装前,必须清除管内泥沙、铁锈、焊渣、氧化皮等脏物,并保持干燥。

2)管路的布置应符合制冷工艺流程的要求,并应考虑到施工安装及运行管理的方便。管道的布置应不妨碍压缩机及其他设备的运行和操作管理,不妨碍设备的检修以及门窗的开启。

3)管道与墙面、天花板以及管道与管道之间应有合适的距离,以便安装隔热层、管道吊架和支架。在同一个立面上,如果既有低温管道又有高温管道,高温管道应布置在低温管道上方,并保持适当距离。

4)管道穿过墙壁或天花板时应装上套管,以便管道因温度变化时有伸缩的余地。对于低温管道,还应考虑留有足够厚度的保温层位置。

5)压缩机的吸、排气接管都应有一定的坡度。为了防止压缩机停车后管道内的制冷剂蒸气凝结成的液体和润滑油倒流入压缩机,造成第二次启动时的液击现象,排气管的水平管段应有 0.01 的坡度,且倾向制冷剂的流动方向。对于水平段吸气管段,氨压缩机应有 0.01~0.03 的坡度,倾向低压循环桶(或气液分离器)。氟利昂压缩机则应有 0.01~0.02 倾向压缩机的坡度，以利于回油。

6）当冷凝器布置在压缩机上方，且当它们的高度差大于 2.5m 时，排气管的上升管下端应设积液弯头，如图 6-10（a）所示。

7）对于多台压缩机并联的制冷系统，应设均压管和均油管，以保证润滑油均匀地返回每台压缩机。

8）当蒸发器布置在压缩机上方时，蒸发器出口处立管应设 U 形弯头，如图 6-10（b）和图 6-10（c）所示。当多台蒸发器并联而总回气管又在蒸发器之上时，蒸发器回气管应采用如图 6-10（d）所示结构。对设有调节装置的氟利昂压缩机回气管，为确保压缩机输气量发生变化时，既不影响竖管中垂直向上的气流速度，又不会使管道中压降过大，可采用双吸气竖管的结构，如图 6-10（e）所示。通常两根竖管的有效截面积之和等于或稍大于单根竖管的有效截面积。在两根竖管间用一个集油弯管连接。当制冷系统处于低负荷运行时，气流流速较低，因而润滑油逐渐积聚，形成油封，制冷剂蒸气只能从 a 管上升，气流流速增加，将润滑油带回压缩机。如制冷机负荷增加时，气流速度增大，破坏油封，使制冷剂从 a 与 b 管同时上升流向压缩机，而不致使气流速度过大，导致压力损失过大。当多台蒸发器并联使用时，为了不因某一个或数个蒸发器的负荷变化而影响到其他蒸发器的正常工作，可采用如图 6-10（f）所示的连接方法。

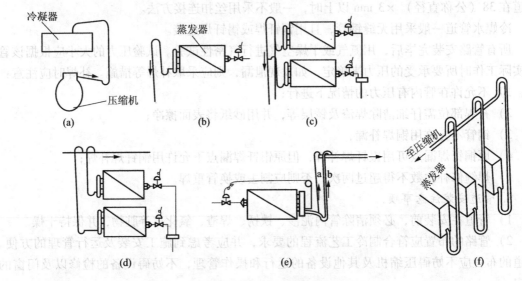

图 6-10 管路设计布置

9）从冷凝器（或储液器）至节流阀之间的输液管道，应尽量减少流动阻力和上升高度，避免因闪发现象而影响节流机构的正常工作及均匀供液。

10）对于不设回热器的氟利昂系统，压缩机的吸气管与蒸发器的供液管可紧贴在一起安装，以提高系统的制冷能力。

11）为了防止吸气管道和排气管道在制冷机工作时的振动，需设置一定数量的支架或吊架。在钢制的支架或吊架上安装吸气管道时，应安置经过防腐处理的木垫块，防止产生冷桥现象。管道很长时，应设有膨胀节或软接管，以适应热胀冷缩的现象。

12）节流机构应尽量靠近蒸发器，以减少冷损。如采用热力膨胀阀，则其感温包不允

项目6　冷库的安装与维护

许装在吸气管的积液处,否则将不能正确地反映过热度,从而使节流阀误动作。热力膨胀阀中的毛细管位置应高于感温包,以保证感温包内汽化为蒸汽的感温剂能在毛细管内顺利流动。

13) 管道高空敷设时,应尽可能沿墙、柱、梁布置,装在过道上方的管道,其安装高度(由室内地坪至管道)应不低于 2 m。如在室外架空敷设,管道横跨行车道路时,管道与地面之间的净距应取 4~4.5 m;如果在地面以下敷设管道,必须注意地沟的防水问题,要有防水措施,并用活动盖板覆盖。

14) 在安装前要检查设备及管道中的阀门,必要时应拆卸清洗,并重新进行气密性试验。安装时,阀体不允许朝下,而且流体应从阀底的一端进入阀体。

15) 所有测量温度、压力、流量等仪表,均应安装在光亮、清洁、干燥、便于观察和操作的地方。安装前须经过检查、校正,以保证其灵敏度和准确性。

五、管道的保温与防潮

为了减少制冷系统中不必要的冷量损失、提高设备运行的经济性能,低温的管道和设备均应采取隔热和防潮措施。

理想的用作隔热、防潮使用的材料应能符合下列要求。

1) 材料的换热系数要小,一般要求不超过 0.23 W/(m·K)。
2) 吸湿性小,不腐蚀金属。
3) 材料密度小,并且具有一定的孔隙率。
4) 抗冻性好,即材料在含水冻结后,应不降低其机械强度;在周期性的冻融循环后,能保持主要物理性质,不会出现裂缝和表面脱落现象。
5) 耐火性好,材料不会燃烧,即使能被引燃,在火源移去后应能立即停止燃烧。
6) 无气味,不易霉烂,并能避免虫蛀鼠咬。
7) 具有一定的机械强度,易于加工成形。
8) 价格低廉,易于获得并便于运输。

完全符合上述要求的材料是不存在的。因此,在实际选用绝热材料时,应根据隔热对象的种类和要求,对各种绝热材料的技术性能及货源情况进行全面的比较和分析,最后确定选用哪一种最合适的绝热材料。

绝热材料通常制成板块或管壳形,分层包在设备或管道的外面。敷设隔热层时,可用制成的管壳型材,也可将板材制成所需要的形状使用。在包扎隔热材料前,应预先清洗管道和设备表面的锈层、污垢和油脂,再涂上一层沥青油或红丹漆,形成防锈层后再敷设隔热材料。方法如下;先将沥青加热至黏糊状,再将隔热的型材蘸上沥青并砌敷在管道或设备的表面上。砌敷时应错缝排列,并在接缝处填以玛碲脂。第一层砌好后涂以热沥青,再用同样方法砌敷第二层、第三层、……直至达到所要求的厚度为止。隔热层外表还需敷设防潮层,通常采用的防潮层材料有玻璃布、沥青油毡及塑料薄膜等。

通常在隔热层外面还应包裹保护层,常用的保护层有以下几种:

1) 铝箔;
2) 金属丝网或玻璃丝布包扎后外涂一层水泥;
3) 玻璃钢外壳保护层或镀锌铁皮保护层。

有时还在管道保护层外表面涂上规定颜色的油漆,以区别于其他管道。

有些管道及设备的隔热层也可用松散材料制成,方法是预先用薄木板或铁皮在被隔热物周围制成圆形或正方形外套,然后将材料填入压紧。几条平行管道较为接近时,可将它们的隔热层制作在一起。当用软质泡沫作为保温材料时,可将其直接包扎在管道或设备上,然后再包以防潮材料及保护层。当用聚氨酯泡沫塑料作为保温材料时,可用现场发泡的方法,使其在管道或设备的表面直接成形,然后再加保温层。

对阀门、法兰、弯头等应采取特殊的隔热结构,如用聚氨酯现场发泡成形或用玻璃丝棉毡等加以妥善处理。应该注意,管道支架要托在管子的隔热层外部,隔热管道穿过楼板或墙壁时,隔热层不应中断,以防止产生"冷桥"现象。

任务 2　冷库制冷系统的安装与维护

学习任务单

学习领域	制冷设备安装调试与维修	
项目 6	冷库的安装与维护	学时
学习任务 2	冷库制冷系统的安装与维护	8
学习目标	1. 知识目标 (1) 掌握各冷库制冷设备的工作原理; (2) 掌握制冷设备的安装及制冷剂的充注; (3) 掌握冷库制冷设备的常见故障。 2. 能力目标 (1) 能正确按照设计要求对冷库各制冷设备进行安装; (2) 能够正确按照设计要求对冷库各管路进行安装,并进行气密性实验。 3. 素质目标 (1) 培养学生在冷库设备安装、管路安装过程中的安全操作意识; (2) 培养学生在整个安装过程中的团队协作意识和吃苦耐劳的精神	

一、任务描述
按照设计单位给出的设计图纸及设计要求,进行冷库各设备及管路系统的安装。
二、任务实施
(1) 学生分组,每小组 4~5 人;
(2) 每小组按任务工单进行分工,注意分工时工作量要尽量一致;
(3) 每小组经过认真讨论,确定冷库制冷方案,确定冷库各设备及管路,根据各小组的具体任务,对各个设备进行分组的安装;
(4) 小组之间要进行沟通,解决安装过程中出现的具体问题,并确定最后方案。
(5) 汇总各组的工作,完成冷库的总体安装。
三、相关资源
(1) 教材;
(2) 教学课件;
(3) 图片;
(4) 冷库设计施工图纸;
(5) 冷库设计说明书。
四、教学要求
(1) 认真进行课前预习,充分利用教学资源;
(2) 充分发挥团队合作精神,高效高质量地完成工作任务;
(3) 团队之间相互学习、相互借鉴,提高学习效率

【背景知识】

一、冷库的制冷设备

1. 冷凝器

在制冷系统中,冷凝器是一个制冷剂向外放热的热交换器。自压缩机经油分离器来的制冷剂蒸气进入冷凝器后,将热量传递给周围介质——水或空气,自身因受冷凝结为液体。冷凝器按其冷却介质和冷却方式不同可以分为水冷式、空气冷却式(或称风冷式)和蒸发式三种类型。

(1) 水冷式冷凝器

用水作为冷却介质,使高温高压的气态制冷剂冷凝的设备,称为水冷式冷凝器。由于自然界中水的温度一般比较低,所以水冷式冷凝器的冷凝温度比较低,这对压缩机的制冷能力和运行的经济性都比较有利。目前制冷系统中大多采用这种冷凝器。水冷式冷凝器中使用的冷却水可以一次流过,也可以循环使用。当使用循环水时,需建有冷却塔或冷却水池,使离开冷凝器的水得到再冷却,以便重复使用。

常用的水冷式冷凝器有壳管卧式冷凝器、壳管立式冷凝器和套管式冷凝器等形式。

1) 壳管卧式冷凝器。壳管卧式冷凝器是壳管式的一种,各种形式的制冷装置都可使用。壳管式的主体部分如图 6-11 所示。它是一个由钢板卷制焊接成的圆柱形筒体,筒体的两端焊有两块圆形的管板,两个管板钻有许多位置对应的小孔,在每对相对应的小孔中装入一根管子,管子的两端用胀接法或焊接法紧固在管板的管孔内,这样便组成了一组直管管束。

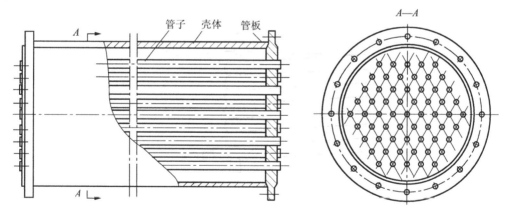

图 6-11 壳管式冷凝器筒体部分的结构

壳管卧式冷凝器水平放置,其结构如图 6-12 所示。在这种冷凝器中,制冷剂的蒸气是在管子外表面上冷凝,冷却水是在泵的作用下经管内流过。制冷剂蒸气从上部进入筒壳内,凝结成液体后由筒壳的下部流入储液器中。在正常运行中,筒壳的下部只存少量液体,但对于小型制冷装置,为了简化设备,有时不另设储液器,而是将制冷剂液体储存在冷凝器下部。冷凝器的出液管可以直接焊在筒体的下部,也可在筒体下部焊一个液包,而出液管接在液包上。对于氨冷凝器,通常在筒壳下还焊有一个集污包,以便集存润滑油及机械杂质。

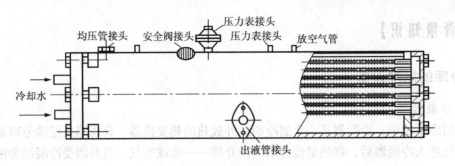

图 6-12 壳管式冷凝器筒体部分结构

小型氟利昂压缩机与壳管卧式冷凝器构成压缩冷凝机组,因此安装方便,占地面积小。壳管卧式冷凝器的缺点是:冷却水的水质要求高;冷却水流动的阻力比较大;水垢清洗较困难。

2) 套管式冷凝器。它由两种不同直径的管子套在一起组成,主要用于小型氟利昂空调器机组中,一般用在单机制冷量小于 25 kW 的制冷装置。图 6-13 所示为一套管式冷凝器,它的外管为内径 50 mm 的无缝钢管,管内套有几根紫铜管(称内管),装好后在弯管机上弯曲成螺旋形状。制冷剂蒸气从上方进入套管的空腔,在内管外表面上冷凝,液体在外管底部依次下流,从下端流入储液器中。冷却水从冷凝器的下方流入,其流动方向是自下而上,与氟利昂的流动方向相反,这样能够实现比较理想的逆流换热,因此传热系数较高。当内管为纵向外肋片铜管、肋化系数为 3.2、制冷剂为 R22 时,其传热系数约为 930 W/$(m^2 \cdot K)$。套管式冷凝器可以套放在压缩机的周围,不占用专门位置,还可以减少压缩冷凝机组的外形尺寸。这种冷凝器的缺点是冷凝液体积存在管内下端,使管子的传热表面得不到充分利用,且单位传热面积的金属消耗量大。

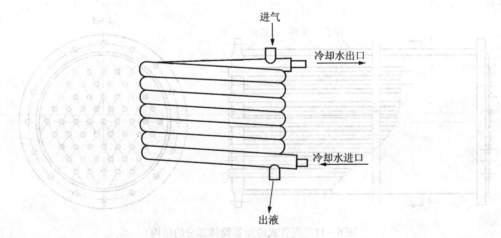

图 6-13 套管式冷凝器

2. 空气冷却式冷凝器

在空气冷却式冷凝器中,制冷剂冷凝放出的热量被空气带走。空气冷却式冷凝器多用于小型氟利昂制冷装置中,如电冰箱、冷藏柜、窗式空调器、汽车及铁路客车、冷藏车等移动式制冷装置,而在大型热泵型空调机组中亦有采用。空气冷却式冷凝器一般多为蛇管式,制冷剂蒸气在管内冷凝,空气在管外流过。根据空气流动的方式的不同,其又有自然对流式和强迫对流式之分。

自然对流式空气冷却式冷凝器依靠空气受热后产生的自然对流,将制冷剂释放出的热量带走。图 6-14 所示为几种不同结构形式的自然对流空气冷却式冷凝器,其冷凝管多由紫铜管或表面镀铜的特制钢管制成,管子的外径为 5~8 mm,管外通常装有各种型式的肋片。这种冷凝器的传热系数很低,为 5~10 W/(m²·K),主要用于家用冰箱和微型制冷装置。

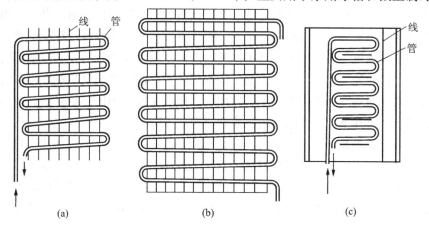

图 6-14 空气冷却(自然对流)式冷凝器结构举例
(a) 线管式(网式);(b) 百叶窗式;(c) 管板式

图 6-15 所示为强迫对流空气冷却式冷凝器的结构。为了使冷凝器的结构紧凑,通常由几根蛇形管并联在一起,做成长方体形。氟利昂蒸气从上部的分配集管进入几根蛇管中,凝结成的液体沿蛇管下流,汇于液体集管中,然后流入储液器内。空气在风机的作用下,从管外流过。管外也都做有肋片,而且多为套片式。这种冷凝器的传热系数也比较小,当迎面风速为 2~3 m/s 时,按全部外表面(包括肋片在内)计算的传热系数为 24~29 W/(m²·K)。

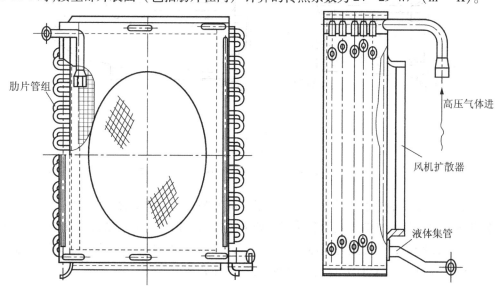

图 6-15 空气冷却(强制对流)式冷凝器的结构

由于夏季室外温度较高(可达 35℃),故采用空气冷却式冷凝器时,其冷凝温度也较高

（40℃~50℃），其更适用于冷凝压力较低的制冷剂。空气冷却式冷凝器的最大优点是不需要冷却水，因此特别适用于缺水地区或者供水困难的地方。

3. 蒸发式冷凝器

蒸发式冷凝器以水和空气作为冷却介质，它主要是利用部分冷却水的蒸发带走气体制冷剂冷凝过程放出的热量。

它的结构如图6-16所示，其外壳为一个薄钢板的长方形箱体，内部设有数组蛇形冷凝管组、淋水装置和挡水栅，底部设有集水盘，箱体外部设有循环水泵。箱体的顶部或侧面装有离心式或轴流式风机，蒸发式冷凝器工作时，冷却水由水泵送到冷凝管组上部的喷嘴，均匀地喷淋在冷凝管的外表面，形成很薄的一层水膜。高温制冷剂蒸气从蛇形冷凝管组的上部进入，被管外的冷却水冷凝的液体从下部流出。水吸收了制冷剂的热量以后，一部分蒸发变成水蒸气，其余滴落在下部的集水盘内供水泵循环使用。风机强迫空气以3~5 m/s的速度自下向上掠过冷凝管组，促进了水膜的蒸发，强化了冷凝管外的放热，并使吸热后的水滴在落下的过程中为空气所冷却，使蒸发形成的水蒸气随同空气流从挡水栅中排出。挡水栅的作用是阻挡空气流中未蒸发的水滴，并使其落回水盘，以减少冷却水的消耗。此外，水盘内还设浮球阀，当水分不断地蒸发损耗、水盘的水位过低时，浮球阀就自动打开补充冷却水。

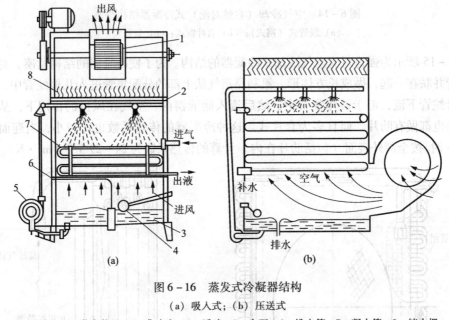

图6-16 蒸发式冷凝器结构
(a) 吸入式；(b) 压送式
1—风机；2—淋水装置；3—集水盘；4—浮球；5—水泵；6—排水管；7—凝水管；8—挡水栅

如果蒸发式冷凝器的通风机设在冷凝管组下部的侧面，向冷凝管组压送空气，则称为压送式蒸发冷凝器，其优点是电机不会受潮。如果风机设在顶部，吸入来自盘管的空气，则称为吸入式蒸发冷凝器，其优点是箱体内保持负压，水的蒸发温度较低；缺点是因高温高湿的空气必须流经风机，故风机的电机容易受潮而被腐蚀和烧毁。

4. 蒸发器

蒸发器是制冷系统中的另一种热交换设备，是制冷剂在低温下吸热的热交换器。在蒸发器中，制冷剂液体在较低的温度下沸腾，转变为蒸气，并吸收被冷却物体或介质的热量，所以蒸发器是制冷系统中制取冷量和输出冷量的设备。按被冷却介质的特性不同,可分为冷却液体载冷剂的蒸发器和直接冷却空气的蒸发器两大类。下面介绍常用的几种蒸发器的结构及工作特点。

(1) 冷却载冷剂的蒸发器

1) 壳管卧式蒸发器。它的结构如图 6-17 所示,这种蒸发器的结构形式与卧式冷凝器基本相似。工作时壳体内应充装相当数量的制冷剂液体,一般其静液面高度约为壳体直径的 70% ~ 80%,所以也称为满液式蒸发器,蒸发后的蒸气从上部引出。载冷剂(水或盐水)的进出口设在同一端盖上,从下方流入,在蒸发器管子及端盖中往返流过多次,再从上方流出。卧式壳管蒸发器在壳体下部有集污器,以便将沉积的润滑油及其他杂物排出。

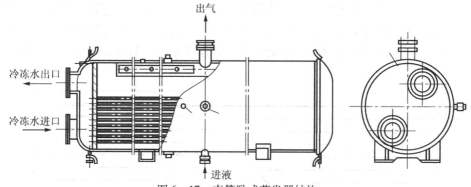

图 6-17 壳管卧式蒸发器结构

氨蒸发器管是用无缝钢管,氟利昂蒸发器多采用肋片式铜管,也有采用铜光管的。此外,用于氟利昂的壳管卧式蒸发器必须采取回油措施,将润滑油从蒸发器排出,并使其返回压缩机曲轴箱。

壳管卧式蒸发器结构紧凑、传热性能好,以盐水作为载冷剂时,可以实现盐水系统的封闭循环。它不仅系统简单,而且减轻了盐水对系统管路及设备的腐蚀。但是壳管卧式蒸发器制冷剂的充装量大,液体静压力对蒸发温度的影响较大,而且用于氟利昂时,需要采取一定的回油措施。所以在氟利昂制冷系统中,逐渐用壳管干式蒸发器来代替壳管卧式蒸发器。

2) 壳管干式蒸发器。它实际上就是管内蒸发的壳管卧式蒸发器。其制冷剂液体的充装量少,大约为管组内部容积的 35% ~ 40%,而且制冷剂在气化过程中不存在自由液面,所以称为干式蒸发器。如图 6-18 所示给出了一种干式壳管式蒸发器结构图。工作时制冷剂液体在蒸发器管内蒸发,而载冷剂(水或盐水)在管外被冷却。为了增加管外载冷剂的流动速度,在壳体内横跨管簇设折流板。折流板多做成圆缺形,而且缺口是上下相间装配。

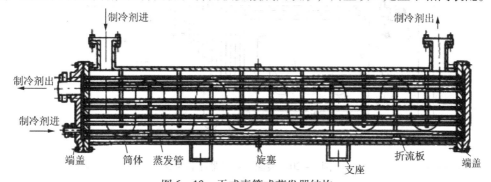

图 6-18 干式壳管式蒸发器结构

(2) 冷却空气的蒸发器

冷却空气的蒸发器都是制冷剂在管内蒸发直接冷却空气,其分为冷却盘管和冷风机两种。

1) 冷却盘管。它多用于冷库和试验用制冷装置中,特点是制冷剂在管内蒸发,管外空气的流动方式为自然对流。冷却盘管大多用肋片管组成。对于氨制冷系统应用钢管,且一般用套片式肋片管;对于氟利昂制冷系统多用铜管,肋片管则可以是绕片或套片式的。有的冷却盘管也可用光管制成。冷却盘管按其在室内的安装方式不同可分为墙盘管、顶盘管及搁架式盘管等。

图 6-19 所示为制冷中常用的盘管式蒸发器,简称蒸发盘管。它置于冷库即成为冷库的空气冷却盘管,实现冷库降温;在冷藏柜或陈列柜中,同样实现冷藏柜或陈列柜的降温。这类蒸发器是靠空气自然对流换热,换热效率低,降温速度慢,但盘管结构简单,方便安装。

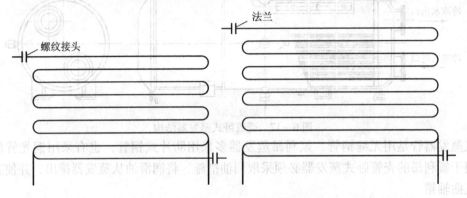

图 6-19 盘管式蒸发器的基本结构

2) 表面式蒸发器。表面式蒸发器常与风机同时使用,故常称冷风机。风机把空气高速吹入蒸发器,空气在流动过程中不断降温,然后被送入冷库或冷藏柜、陈列柜。因为空气是强迫对流通过蒸发器,所以换热效率高,冷库或冷柜降温速度快,而且温度分布比较均匀,如图 6-20 所示。

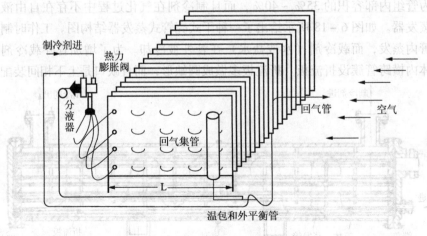

图 6-20 表面式蒸发器工作原理

二、其他辅助设备

在蒸气压缩式制冷系统中,除压缩机和各种换热器等主要设备外,还包括一些辅助设备。这些辅助设备的作用是保证制冷装置的正常运转、提高运行的经济性和保证操作安全可靠。下面介绍几种常见的辅助设备。

1. 油分离器

为了防止压缩机排出的润滑油大量进入系统,一般在压缩机和冷凝器之间设置润滑油分离器,简称油分离器。目前,比较常用的油分离器有离心式、填料式和过滤式等形式。

(1) 离心式油分离器

结构如图 6-21 所示。在分离器的内部焊有螺旋状的导向叶片,并在器内中间进气管的底部装设有多孔挡液板。压缩机的排气进入分离器后,沿导向叶片呈螺旋状运动。由于离心力的作用,其中携带的润滑油被甩至筒体内壁,并沿筒壁流到分离器底部,而蒸气则经多孔挡液板再次分油后,从出气管排出。有的离心式油分离器外部还设有水套,用水来冷却,其目的是提高分离油的效率。

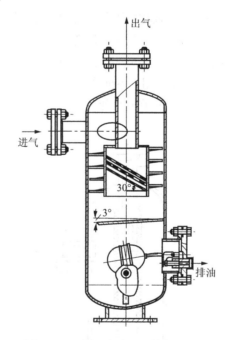

图 6-21 离心式分油器结构示意图

(2) 填料式油分离器

图 6-22 所示为填料式油分离器的结构。在分离器中有一层填料,填料可用不锈钢丝、陶瓷环或金属切屑等,其分离效果以不锈钢丝为最佳。制冷剂蒸气通过油分离器的填料层后,把润滑油分离出来,分离器内的蒸气流速应在 0.5 m/s 以下。填料式油分离器也可以卧式安装。填料式油分离器的效率较高,但是蒸气流通阻力也较大。

(3) 过滤式油分离器

如图 6-23 所示为一种过滤式油分离器的结构。目前在氟利昂制冷系统中,常使用这种油分离器。工作时高压蒸气由进气管上部进入,经滤网减速、过滤后,从侧部出气管排出,蒸气

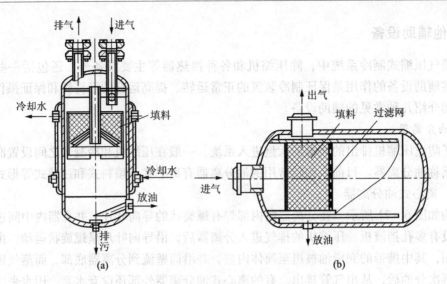

图 6-22 填料式分油器结构示意图

中携带的部分润滑油被分离出来，落入筒体的下部。这种油分离器的回油管和压缩机的曲轴箱连接。当器内积聚的润滑油足够使浮球阀开启时，润滑油就被压入压缩机的曲轴箱中。当油面逐渐下降到使浮球下落到一定位置时，则浮球阀关闭。正常运行时，由于浮球阀的断续工作，使得回油管时冷时热，回油时管子热，停止回油时管子就冷。如果回油管一直冷或一直热，则说明浮球阀已经失灵，必须进行检修。检修时可使用手动回油阀进行回油操作。

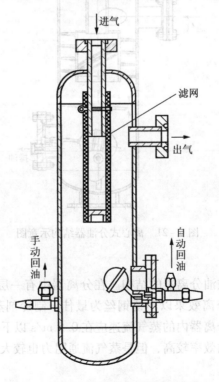

图 6-23 过滤式分油器结构示意图

2. 储液器

储液器分高、低压两种，是用来储存高压制冷剂液体的容器，通常安装在冷凝器下面，储存来自冷凝器的液体制冷剂，用以在工况变动时调节制冷剂的供给量或补充系统制冷剂泄漏。

储液器多为卧式筒体结构，要求能承受 2.0 MPa 以上的压力。图 6-24 所示为储液器结构。储液器除设有液体制冷剂进、出口接头外，还设有液位指示器、压力表、放油阀、安全阀及压力平衡管接头等。储液器的充液量为筒体直径 50% 左右，最多不超过 80%。对小型制冷装置可不专设储液器，而以冷凝器下部储液容积代替。为了保证在发生事故（如火灾等）时的安全性，储液器上应设有紧急泄放阀，以便在非常情况下将制冷剂释放掉。

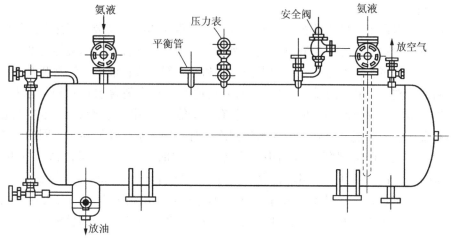

图 6-24 储液器结构示意图

3. 过滤—干燥器

过滤—干燥器是制冷系统的净化设备，其作用是清除系统中的水分和污物，防止系统产生冰塞或堵塞。压缩机吸入端过滤器还能去除系统的机械杂质等，以减少气缸的机械磨损。

图 6-25（a）所示为氟利昂制冷装置常用的过滤—干燥器结构图。它以一段铜管或无缝钢管作为筒体，筒体两端设有 100~120 目/英寸的铜丝网，两端有端盖，用螺纹与壳体连接，再用锡焊或钎焊封固。端盖外端焊有管接头，以便与系统管路连接。

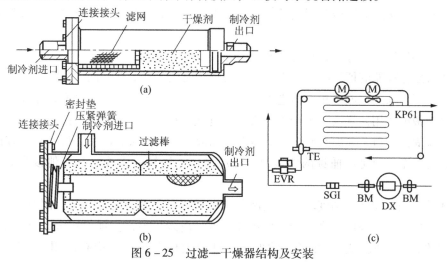

图 6-25 过滤—干燥器结构及安装

在过滤网及筒体中间装有吸湿干燥剂——硅胶或分子筛等。过滤—干燥器多装在膨胀阀前的液体管路中，当液体制冷剂从一端进入而从另一端流出时即得到过滤和干燥。一般在过滤—干燥器外以箭头标出液体流向。如果过滤—干燥器使用过久，则应将过滤网袋拆出清洗，同时应取出干燥剂进行再生或更换。图6-25（b）所示为一种带有颗粒过滤棒的过滤—干燥器，其过滤棒端为制冷剂出口端。图6-25（c）所示为这类过滤器（DX）在制冷系统中的安装位置与安装方式。

在某些小型制冷装置中，因制冷剂充注量不多，则在系统中只装过滤器，仅在充注制冷剂时外接过滤—干燥器将水分清除。

4. 示液镜

示液镜主要用在压缩机曲轴箱、供液管路、储液器等部位，以指示制冷系统供液、供油情况。示液镜根据其用途可分为液位示镜、液流示镜和制冷剂含水量示镜等类型。液位示镜多装在压缩机曲轴箱、储液器上指示润滑油油位和制冷剂液位；液流示镜常装在制冷供液管或分油器回油管路上，以显示制冷剂和回油流动情况；制冷剂含水量示镜（水量指示器）通常与液流示镜同样安装使用，但示镜中心装有一个能指示制冷剂含水量的纸质圆芯，在圆芯纸上涂有金属盐指示剂，遇到不同含水量制冷剂时，它的水化物能显示不同的颜色。所以使用中根据纸芯色变即可判断制冷剂中含水程度。例如，一种涂有溴化钴（$CoBr_2$）的纸芯，不含水时为绿色，而其对于R12，含水量为15~45 ppm（mg/kg，每千克制冷剂含水的毫克数）时为淡紫色；含水量少于15 ppm时为蓝色；含水量超过45ppm时为粉红色（温度20℃~40℃时）。选用不同的纸芯其色变情况不一致，一般在示镜上用颜色标明。

5. 气液分离器

制冷系统中的气液分离器装设在压缩机回气端，其作用是使回气中的润滑油和液体制冷剂与回气分离，防止压缩机内产生液击。气液分离器的工作原理是重力分离，通过气流速度方向的改变实现气液分离。

在冷库制冷系统中，起气液分离作用的主要有：低压循环储液桶和氨液分离器。

（1）低压循环储液桶

低压循环储液桶是氨泵供液系统的关键设备之一，作用是储存和稳定地供给氨泵循环所需的低压氨液，又能对库房的回气进行气液分离，以保证压缩机的干行程，必要时又可兼作排液桶。

低压循环储液桶可分立式和卧式两种。

立式低压循环储液桶是由钢板壳体和封头焊接而成，其上部侧面的进气管与库房回气总管相接。从库房来的气液两相流体进入容器后，速度骤降至0.5 m/s以下，并改变流向，加之伞形挡液板的作用使气液实现分离。为避免进气直接冲击桶底，影响氨泵的连续性供液，进气管下端周围开口，并焊有底板。低压循环储液桶的出液管有两个方位：一个方位是从底部引出，另一个方位是从桶身侧接出。低压循环储液桶的供液管和其他接头如图6-26所示。

立式低压循环储液桶高度较高，气液分离效果好，对安全运行有利，同时占地面积小，但设备间需要一定的高度；卧式低压循环桶气液分离效果差，占地面积大，钢材消耗量大，但设备间的高度较低。这两种形式的低压循环储液桶在冷库中均有使用，但以立式较为普遍。

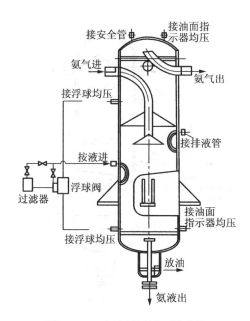

图 6-26 立式低压循环储液桶

（2）氨液分离器

氨液分离器是氨重力供液系统中的重要辅助设备，其作用为：一是分离出从蒸发器来的回气中所含的氨液微滴，使压缩机吸入回气，以防止压缩机湿行程；二是从储液器来的高压氨液经过节流阀节流降压产生的闪发气体，可以在氨液分离器中分离出来，避免闪发气体进入蒸发器中，以充分发挥蒸发器传热面的换热作用，同时还能保证向蒸发器均匀供液。

氨液分离器的工作原理如下：蒸发器中氨液沸腾产生大量气体，在压缩机吸入作用下，氨气以 8~12 m/s 的速度在蒸发管内运动，致使一些未蒸发的氨液微滴随氨气带出。当这些氨气（即回气）进入氨液分离器后，通道截面突然扩大 4~5 倍，流速降低到约 0.5 m/s，流向改变，从而使密度较大的氨液微滴从氨气中分离出来，并沉积在容器的下面，而氨气被压缩机吸回。分离下来的氨液可再次送回蒸发器蒸发。

氨液分离器分立式和卧式两种（图 6-27 所示为立式氨液分离器）。立式的优点是气体流速不受液面的波动的影响，分离效果好，同时供液高度易保证；其缺点是需要专门修建安装立式氨液分离器的阁楼，土建投资有所增加，卧式氨液分离器的优、缺点与立式相反。

实际应用较多的是立式氨液分离器，它是由一个钢板卷焊而成的圆筒。其中部有进气管，与蒸发器的回气管相接；上部是出气管，接压缩机的吸气管。进液管接在筒体的中部，可用手动膨胀阀或浮球阀供液。在筒体下部还设有出液管和排污放油管，分别向蒸发器供液和定期排污放油。此外筒体上还有压力表和金属液面指示器的管接头。

卧式氨液分离器的结构与立式相似。

除了在冷藏库内设置库房氨液分离器外，对负荷波动较大或库房氨液分离器到压缩机吸入管较长的重力供液系统，可在机房吸气总管上增设一个氨液分离器。此氨液分离器无供液任务，其下端与低压储液器或排液桶相连，以便收集机房氨液分离器分离出来的低压氨液。不同蒸发温度应分别设置氨液分离器。氨液分离器为低温容器，应包隔热层。

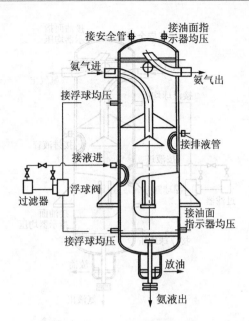

图 6-27 立式氨液分离器

6. 中间冷却器

中间冷却器用于双级压缩制冷系统，它的作用是将低压级排出的过热蒸气冷却到与中间压力相对应的饱和温度，以及将冷凝器后的饱和液体冷却到设计规定的过冷温度。为了达到这个目的，可向中间冷凝器供液，使之在中间压力下蒸发，并吸收低压级排出的过热蒸气与高压饱和液体所需要移去的热量。

如图 6-28 所示的中间冷却器用于一级节流中间完全冷却的氨双级压缩制冷系统中。其结构特点是：进气管从桶体顶部封头伸入桶内，一直往下浸沉在正常氨液面下 150～200 mm，以保证低压排气能充分被洗涤冷却。进气管下端开口焊有底板，以避免进气直接冲击桶底而将润滑油冲起。桶上部两块多孔伞形挡板可分离蒸气中的液滴。进气管液面以上的管壁上开有一个压力平衡孔，其可以避免停机时氨液进入氨气管道。已冷却的蒸气从上部侧面的出气管去高压压缩机。一组蛇形盘管设置于桶体下部，从储氨器来的高压氨液被管外中间温度的氨液冷却而过冷。桶上排放液管与排液桶或低压循环桶连接，且桶上还有放油管、压力表、安全阀及液位指示器等各种管接头。中间冷却器必须包隔热层。

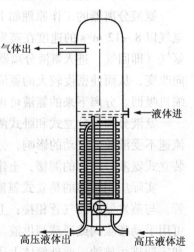

图 6-28 氨用中间冷却器

中间冷却器的供液方式有两种：从容器侧部壁面进液；从中间冷却器的进气管以喷雾状与低压排气混合后一起进入容器。目前常用的是后一种供液方式。

氟利昂双级压缩制冷系统用的中间冷却器与氨中间冷却器有所不同。常用的氟利昂 R22 和氟利昂 R12 的绝热指数分别为 $f=1.178$ 和 $f=1.13$，都比较小，低压级压缩机排气温度较低,所以通常采用中间不完全冷却的方式,即低压排气只与中间冷却器内处于中间温度的饱和蒸气混合,降低其过热度后为高压级压缩机吸入。与氨中间冷却器相比,由于低压级排气无须进入器内洗涤,故没有进液管,其结构也简单,此外,它的蛇形盘管用铜管弯制。图 6-29 所示为氟利昂中间冷却器的一种形式,其盘管为卧式。

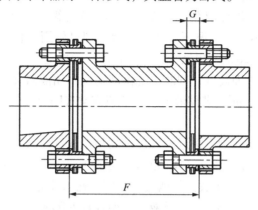

图 6-29 氟利昂系统用中间冷却器

7. 空气分离器

空气分离器是用来排放空气等不能在冷凝器中液化的气体——不凝性气体。制冷系统中,尤其是低温或低于大气压下运行的系统,不可避免地会混进空气等不凝性气体。因此,一般均设置空气分离器。但对于活塞式氟利昂制冷系统和其他小型制冷系统,通常不设置空气分离器,而直接从冷凝器、高压储液器或排气管上的放空阀把空气等不凝性气体放出,这样不可避免地会放出一些制冷剂,但制冷系统要简单些。

制冷系统中空气等不凝性气体实际上是与制冷剂蒸气混合存在的,空气分离器就是在冷凝压力下将混合气体冷却到接近蒸发温度,使混合气体中的大部分制冷剂蒸气凝结成液体,并把空气等不凝性气体分离出来,达到回收混合气体中制冷剂的目的,以减少制冷剂随着不凝性气体排出而造成对大气的污染。

三、氨系统制冷装置辅助设备的操作要求

制冷辅助设备操作关系到实际的制冷效果。操作不当,不仅会影响冷冻保藏质量,而且会令机毁库亡,甚至会给附近厂家、商场、周围居民生活区人民的人身安全带来重大事故。本文针对下面的各设备在操作过程中需要注意的方面及规程做了一番详细的说明,以供实际工作者参考、应用。

1. 冷凝器

1)水冷式冷凝器应有足够的冷却水量。如有两台以上冷凝器,则应调整好水阀,务必使每台水量基本相等。立式的分水器应全部装齐,不应缺少,避免水量分布不均或不沿管壁下流。

2)根据高压表所示的压力与冷凝压力差(差值越大,系统空气越多)及压力表指针摆动的情况(摆幅越大,空气越多)等,分析是否放空气。

3)正常工作时除放油阀应关闭外,其他阀应全开。经常观察冷凝压力,其压力最高不得超过 1.5 MPa/cm^2。

4) 一般一个月左右应放油一次，半年至一年清除 1~2 次水垢和污泥（视水质而定），水垢厚度不应超过 1.5 mm。每月用酚酞试剂（纸）检查其出水，如漏氨则试纸变红。

2. 储液桶（亦称高压储液桶）

1) 正常工作时，放油阀是关闭的，其余各阀均应开启，液面计阀要微开或全开。

2) 正常使用时，桶内液面应在 50% 左右，不宜忽高忽低。液面最高不应超过 70%，最低应不少于 30%。在氨不足的情况下，如有两台，则可停用一台。将不使用的桶的液氨送出，但其储液面不能低于 20%（出液管口不得在出液面之上）。

3) 要经常观察桶内液面高度，判断系统供液情况。储液器和冷凝器上的压力表读数应相同，不得超过 1.5 MPa/cm^2，若储液器内有油或有空气则应及时放出。

3. 低压循环桶

1) 液位应在液面计中间刻度附近。液位过高易造成低压机结霜，此时应设法在压缩机启动前先开启氨泵，送出部分液氨。玻璃液面计有时会显示假相，应清除。存油器应存满冷冻油。存油器换新油时，应先关放油阀两边的阀门，然后才能开下部的放油阀。

2) 停车前应减少或停止供液、降低液位。循环桶的膨胀阀开启度应适当，不应忽大忽小，应基本保持动态平衡。

3) 冲霜时应控制低压循环桶液位，不得过高。冲霜用的进液阀（膨胀阀）不宜常开，更不宜开得过大，应先开大后开小，开开关关间歇进行，否则将会使冷库温度上升过快。

4. 氨泵

1) 根据低压机耗油量和冲霜次数，每季度至少放油一次。系统中油多会影响氨泵正常工作、减少氨泵输液量，甚至会导致氨泵开不起来。油进入排管会降低蒸发器吸热量，影响制冷效果。

2) 氨泵启动前应检查降压阀是否微开，旁通管上的截止阀可根据需要调整开启度，由氨泵出液至冷库蒸发器进液，阀门应开启，中途不能有堵截。循环桶内应有足够氨液以供循环，防止氨泵断液。氨泵工作时，输液压力为 0.15~0.25 MPa，指针稳定，电流不超过规定的安培数，并发出比较沉重的输送液体的声音；压力与电流下降，指针摆动不定，氨泵发出尖锐无负荷声，说明氨泵运转不正常，供液不足或不输送氨液。氨泵不可以空转，以防轴承烧坏。

3) 原则上是先开机后开泵，先开风机后供液。压力表阀应微开，玻璃液面计阀应微开或全开，安全阀的控制阀应经常保持全开状；降压阀应微开，氨泵的抽气降压阀在运转时应关闭。

4) 氨泵进液端的过滤网应不定期进行清洗，尤其是投产初期应多洗，否则会影响氨泵进液量或出故障。

5. 中间冷却器

1) 中冷器的液面正常是双级压缩操作的一个重要条件。调节阀一般开启 1/8 圈左右。若装有自控装置，应经常观察电磁阀是否失灵（顶部应微热）。如是浮球阀，则上部均气阀和下部均液阀在使用时应开启。浮球阀工作压力不得高于 0.6 MPa，否则浮球会压破，导致失灵。

2) 放油时应注意低压级压缩机耗油情况。也可根据金属液面计上部结霜、下部不结霜来判断油的多少。放油前应严格检查同中冷器放油管相连接的其他设备放油阀（排液桶、低压桶或氨分离器等应关闭，否则极易引起严重事故）。

3）停车前应提前停止中冷器供液。开车前，若中冷器液面低于30%，则不得启动压缩机，应先适当补充液氨。中冷器正常工作压力应不大于0.4 MPa，停止工作时，压力不应高于0.6 MPa，否则应及时降压。液面超高时应排液。

4）中压急剧升高或高压机出现不明原缘而结霜、敲缸时，应紧急停车，查找原因，解决后才能恢复工作。常遇情况：过冷盘管破裂、供液太多、浮球失灵、排液桶放油时中冷器放油阀未关等。

5）当冷藏和冻结间分别各自使用一台中冷器时，若其中一台停止工作，则停止工作的中冷器其盘管进液阀要及时关闭，不然会导致中压过高。

6）中冷器如接有降压管，则冲霜降压时要防止降压过快而导致中压急剧上升。

6. 排液桶与充氨

1）正常情况下，压力保持为0.5~0.6 MPa较佳，不宜过低，否则不安全。为确保能容纳冲霜返回的氨液，冲霜前须检查桶内液面。而玻璃液面计易出假相，不能正确显示，当压力升高至0.3~0.4 MPa时，液面往往很快上升。

2）压力最高不能超过1.2 MPa，液面不准高于70%，不放油时压力以0.5~0.6 MPa为宜。放油后，放油管内油和液氨抽回集油器后，方能关闭集油器进油阀。严禁先关集油器进油阀，后关排液桶的放油阀。

3）不允许将排液桶内冲霜回来的低压氨液灌入氨瓶或氨槽。冲霜时，排液桶进液阀不能常开，也不能开得过大，要间歇开关，尤其到冲霜排液行将结束时更不能开启过大。排液桶上的加压、降压阀不能同时开启，开启度也不能太大。

4）对排液桶灌氨时，应先试一下接头是否漏氨，后开启排液桶降压阀，当压力降至0.2 MPa左右时，才缓慢开启氨槽出液阀；若有不正常情况，则应立即关闭。降压加氨管，放尽余氨。如氨槽底部化霜了，则可视加氨结束。

7. 冷风机

1）启动轴流风机，应观察其运动方向是否正确、电流表是否正常、螺丝是否松动、运行是否平稳等。

2）冷风机冷却管组表面应结有薄霜，太厚会影响降温，并会阻塞风机吹风能力。风机周围挡板不能漏风。为不影响进风，货物堆放要与冷风机保持一定距离。

3）每隔一段时间，需要热氨融霜，也可用水冲，但冲霜要彻底，以排出管内油污和融化表面的霜层；不要开风机，以防水盘溅水；不得用棍棒敲霜，以免翅片松动。检查下水口是否有冰屑等堵塞、配水量是否适当。

8. 油分离器

1）进气阀门应全部打开，出气管线上不可装设阀门。液面计阀应微开或全开，因此阀有倒关装置，当玻璃破裂时，在全开状态下弹子会堵塞阀孔，以防大量油、氨外溢。

2）如为洗涤式油氨分离器，为提高放油效果，则应在放油前提前半小时左右关闭供液阀，但不能关闭太久。

3）可用手摸分油器下部判断油量，若存油较多，则其下部温度会较低。

9. 空气分离器

1) 为减少阻力，混合气体阀应全开，而降压阀不宜开大，一般为半圈。

2) 微开节流阀，10 min 左右才可开始放空气。节流阀不一定常开，若开大，则氨液会进入低压系统，造成压缩机结霜。

3) 停止工作，应提前 15 min 以上关闭节流阀，相隔数分钟后再开启回流阀，停止放空气后，应抽出该设备内余氨，不要立即关闭降压阀。

10. 集油器（放油桶）

1) 一般在高压部分和低压部分各装一只，使用时，集油器降压阀开启 1/3 圈左右。当压力接近蒸发压力时可关闭。

2) 检查并关闭不放油设备的放油阀，再开启需放油设备的放油阀。微开进油阀进行放油，当压力升高后再降压，然后开进油阀。如此反复操作，当油管感觉发凉或结薄霜时，可视为结束。

3) 设备停止放油，应先关闭设备的放油阀。集油器内存油量不得超过 70%；内部压力应高于 0 MPa，以防空气进入；放油时应关闭降压阀。

11. 冷却塔及水泵

冷却塔冷却水量一般为 1 000kcal/h 的冷凝热负荷，并配 $0.3 \sim 0.4 \text{ m}^3$ 水量。水泵水量应与塔水量相一致。若泵水量小，则塔布水器就不能转动；若水量太大，则不经济，且会影响出口温度。

1) 冷却塔安装要垂直、平稳且四周无遮挡物，以使温热空气易散发。风流向应由下向上吹，风叶不能擦壳。布水器应平稳、缓慢转动，出水要均匀，要及时检查并清理布水器上的小孔，不能堵塞，填料应均匀。

2) 水泵若有空气就无法吸上水，应引水排放空气。运转时不能发出异声，如水表表头摆动剧烈，则说明有空气存在和其他问题（如：螺丝松动，填料破损等）。

3) 水泵反转不吸水原因是电动机柱头反接，应调换。水泵叶轮磨损会造成不输水或减少输水量。

12. 盐水池

1) 盐水蒸发器上表面应比盐水低 20 cm。

2) 每使用 1 m^3 氯化钙水溶液，要用去氯化钙为 275～300 kg，比重为 1.2～1.22（波美度为 24～26.2），冻结点为 -21.2℃～-25.7℃（按 95% 纯度计算）。比重最大不应超过 1.4（波美度为 28），其含盐量为 335 kg，盐水冻结点为 -31.2℃。

3) 每 1 m^3 氯化钠（食盐）水溶液（盐水）使用氯化钠为 265～275 kg，比重为 1.17～1.75（波美度为 21～21.5），冻结点为 -20℃～-21.2℃，建议一般不用食盐水溶液作载冷剂，因其效果不好。当盐水浓度稍低一点，温度就降不下来，甚至造成结冰，还要经常补充食盐，但不可过量，加多了，其冻结点反而上升。

四、典型的冷库制冷系统图

典型的冷库制冷系统图见书末附图 1、附图 2 和附图 3。

【任务实施】

将学生分组,进行冷库制冷设备的安装学习,各组安装的设备各不相同,安装完毕后进行互相打分、评价,最后由指导教师进行评价。

一、制冷设备的安装

在一个冷库机房,设备到达后,应根据装箱单逐一检查是否缺件,检查所有物品是否在运输过程中受损,设备在运输中造成的损坏应由收货人向运输公司或保险公司申报索赔。机组运行所需润滑油及制冷剂不在供货范围内。

1. 基础

1)机组安装在建筑底层时,按基础图浇灌混凝土基础,并预留螺栓孔,基础应建立在硬质土壤上。

2)机组也可安装在楼上,但应核算楼板结构的承受能力,并采取减振措施。

3)基础浇灌过程中,应注意检查水平,长边倾斜不得超过 0.4°,短边倾斜不得超过 0.5°。

2. 机组安装

1)机组周围应留出足够的维修空间,建议最小距离为 1.2 m。

2)机组落位前将地脚螺栓孔内的碎石泥土清理干净,不允许有积水存在。对基础进行外观检查,应无裂纹、蜂窝、空洞等缺陷,在基础检查合格后,方可开始吊装机组。将机组起吊或以滚棒滚至基础上落位,起吊时不允许利用机组上压缩机或电动机的吊环螺栓,而应利用机组上预留的起吊孔。用铲车或滚棒移动机组时,要利用滑动垫木,不允许铲或推动油分离器的筒体及支座。

在预留的地脚螺栓孔两侧放置垫铁组,每组垫铁有两块斜铁和一块平铁,以便调节机组的水平。当找正水平工作完成后,以混凝土浇灌将地脚螺栓固定。待混凝土干固后(7~10天),旋紧地脚螺栓,最后以垫铁再次找水平,当确认无误时固定垫铁,然后用水泥砂浆填满机组与基础空隙,并抹光基础表面。

3. 管路连接

1)对于压缩机组,所需的吸气、排气管路等应按所需的长度准备好,内部的氧化皮等应彻底清理干净并准备好必要的管路支架。连接吸气、排气系统管路,不可强制连接,以免造成连接件的变形和机器与电动机中心的偏移。连接水冷油冷却器的进、出水管路,在进水管路上装配水量调节阀。

在系统试压和真空试验后,吸气管路包扎绝热层,吸气、排气管路涂上代表压力范围的颜色,将各管路紧固在管路支架或吊架上。

2)对带有冷凝器、蒸发器的机组,冷却水、载冷剂循环系统由用户根据产品技术参数要求设计安装。强烈要求用户在蒸发器进水管前加装水流开关,对蒸发器进行断水保护。要保证有足够的流量,并在冷凝器、蒸发器水路上安装阀门以便于调节流量。为了便于操作和观察,可在冷凝器进、出水口和蒸发器载冷剂进、出口安装温度计、压力表。水系统和载冷剂系统管路安装完毕后应充以 1.0 MPa 压力的气体进行气密性试验,蒸发器的载冷剂进、出管路及阀门应包扎绝热层,绝热层外再做防潮密封处理。

3) 电气线路的连接和要求按电控使用说明书进行。

4. 电动机和压缩机的找正

压缩机轴封与轴承的寿命以及电动机轴承的寿命取决于联轴器正确的安装与校准。机组出厂前已对联轴器做了平行偏差及角偏差的调整，但在机组的运输搬运过程中，可能发生变形移动，因此，在现场安装后必须重新检测压缩机安装盘和电动机安装盘之间的距离并重新找正。机组在启动之前必须做初次找正并在热运行 4 h 后重新检查。

找正时可用指针百分表及连接工具来测量轴的角偏差与平行偏差。联轴器的调节就是交替测量角偏差和平行偏差并调整电动机位置直到偏差值在规定的范围内（见表 6-5）。

表 6-5 偏差值规定范围

压缩机型号	联轴器型号	百分表指示值/mm			间距 F	G	拧紧力矩	最大许用补偿量	
		角向	径向	轴向	mm	mm	N·m	角向/(°)	轴向/mm
LG16	D4—112	0.08	0.08	—	120	11.1	39~43	1	4.5
LG20	D4—220	0.11	0.10	0~+0.4	125	15.6	137~154	1	6.4
LG25	D6—440	0.10	0.10	—	120	13.5	95~100	2/3	3.4

（1）检测两安装盘之间的间距

拆下任意一个安装盘与间隔轴的连接螺栓及金属叠片，另一个安装盘与间隔轴仍保持连接，检查电动机安装盘与压缩机安装盘是否处于正确的安装位置，然后测取它们的间距 F（在圆周方向取 3~4 个读数的平均值）并通过调整使此尺寸符合表 6-4 的要求。若采用补偿，要考虑以补偿值来调两安装盘的间距。

（2）冷状态下的初次找正

1）检查角偏差。

①按图 6-30（a）所示安装好指针百分表，使百分表的触头与压缩机安装盘接触，方向指向电动机。用两螺栓连接安装盘与间隔轴，旋转两个安装盘若干转，确保百分表的触头略微受力。

②使百分表位于时钟零点钟的位置 ［见图 6-30（a）］，并将百分表读数设为 0。将电动机安装盘与压缩机安装盘同时旋转 180°至时钟六点钟位置 ［见图 6-30（b）］，这时百分表上的测量值为最大的角偏差值（注：当安装盘旋转时，可借助镜子观察百分表上的读数）。

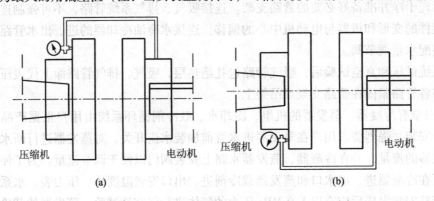

图 6-30 角偏差百分表安装

③松开电动机地脚螺栓,移动电动机或调整电动机脚板下的调整垫片以纠正角偏差。角偏差调整好后,重新拧紧电动机地脚螺栓,重复步骤①~③,对所做的纠正进行检查,对角偏差做进一步调整和检查,直到百分表读数在规定范围内。

2) 检查垂直方向平行偏差。

①按图6-31 (a) 所示安装好百分表,使百分表触头与压缩机安装盘外圆接触并略微受力。

②使百分表位于时钟零点钟位置[见图6-31 (b)],并将电动机与压缩机安装盘同时旋转180°至时钟六点钟位置,这时百分表的读数为垂直平行偏差的两倍。

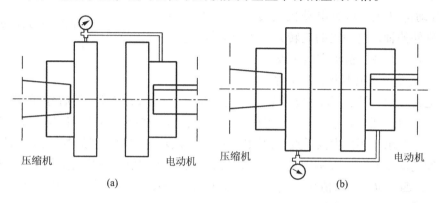

图6-31　垂直方向平行偏差百分表安装

③松开电动机地脚螺栓,调整电动机脚板下的调整垫片直到垂直平行偏差在电动机地脚螺栓被旋紧时不超过规定范围。

注意:纠正平行偏差时应谨防轴向间距和角偏差值受到影响。

垂直平行偏差调整好后,拧紧电动机地脚螺栓,重复步骤①~③,直到角偏差合乎要求。

3) 检查水平平行偏差。

使百分表位于时钟三点钟位置[见图6-32 (a)],并将百分表的读数设置为零,将电动机与压缩机的安装盘同时旋转180°至时钟九点钟位置[见图6-32 (b)],这时百分表的读数为水平平行偏差的两倍,利用电动机脚板旁的调节螺钉调节水平平行偏差直到该值达到要求。

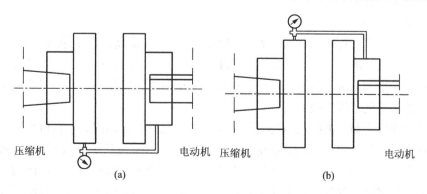

图6-32　水平平行偏差百分表安装

4) 重新检查角偏差并根据需要重新加以调节。

5) 拧紧电动机地脚螺栓并同时旋转两个联轴节，在 0°～360°全程以 90°为一个增量对角偏差与平行偏差进行检查。如果测量值超过规定值，则重新进行调节。

6) 当联轴器调整好后，记录平行偏差值及角偏差值，作为此后的热调节的参考。

7) 在现场可采取以下简便方法进行找正，如图 6-33 所示。用两个百分表在联轴器安装盘的外圆上同时测得数据。

8) 点动电动机，检查电动机旋转方向是否正确。面向电动机外伸轴，电动机的旋转方向为逆时针。检查油泵转向是否与泵体上箭头方向一致。

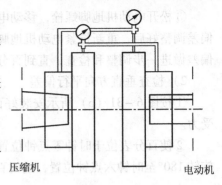

图 6-33 联轴器安装盘百分表安装

（3）安装驱动隔离器及叠片组件

按标记将叠片组件、间隔轴放在两安装盘之间，并按标记对准。然后分别将两端的精密螺栓、衬套、自锁螺母对号装入，先紧固一端螺母，紧固时要尽量注意使螺栓不要转动，严格按拧紧力矩要求，用扭力扳手按对角顺序分 3～5 次均匀拧紧，然后复测另一端安装盘与间隔轴之间的间距 G 值，在圆周上测四个位置，G 值的平均值应在片组实际厚度基础上再加 0～0.4 mm，四个位置的数值相互差不允许大于 0.1 mm，若不符合要求则应重新调整，全部调整合格后才可按拧紧力矩要求均匀拧紧螺母。

自锁螺母装配时，应涂少量中性润滑油。自锁螺母允许多次使用，但用手能自由地将自锁螺母锁紧部位拧入螺栓或自锁螺母收口部位有裂纹等缺陷时应报废，严禁再使用。

（4）热运行后的调节

在机组连续运行 4 h 且所有部件都达到运行温度时，停机并迅速将百分表安装在联轴节上，检查平行偏差值及角偏差值，将它们与冷调节时的记录加以比较，并调整其偏差。初次调整完后重新启动机组并使其达到运行温度。停机并再次检查两个偏差值，重复上述步骤直到达到要求。

（5）最终热运行调节

机组运行约一周后，停机并立即重新检查同轴度（角偏差和平行偏差），若不正常，则重新调节直到满足要求。

5. 机组的排污和检漏

机组安装完毕后，首先旋下油分离器和油冷却器底部螺塞，放尽余油（由于机组出厂前进行了试车，机组内可能有少量余油）后以 0.6 MPa 压力的氮气或干燥空气吹尽管路和各容器内的氧化物等，由各容器底部孔口排出，完毕后在各容器底部孔口安装截止阀供再次排污用。严禁用氧气定压、检漏。

排污后，进行检漏。关闭机组与大气及外系统相通的所有阀门，开启机组内各设备间的阀门（对机组中有供液电磁阀的，将电磁阀底部的调节杆旋进使电磁阀开启），将氮气或干燥空气充入系统内，使气体压力（表压）到 0.6 MPa，用肥皂水检漏，初检阀门、焊缝、螺纹接头、法兰连接部分等处，若无异常，继续加压到 1.4 MPa 后再检漏，检漏后应保持系统压力。24 h 内，在外界温度变化不大的情况下，前 6 h 允许降 0.03 MPa，以后 18 h 除环境温度变化引起的微小波动外，应基本保持不变（系统检漏中，不允许用本机组作空压机用）。定压符合要求后，将气体由油分离器上的放空阀处放掉，待压力降到 0.6 MPa 时，关闭放空阀，对机组再次进行排污。

6. 冷冻机油的加入

（1）初次加油

关闭油粗过滤器进口和油精过滤器出口的管道截止阀，将加油管连在油粗过滤器前的加油阀上，启动机组中的油泵，油经加油阀、油粗过滤器、油泵及单向阀进入油冷却器，充满后流入油分离器，直至油分离器中的油面到达上视液镜中心时，停止加油。

（2）补充加油

当机组内已有制冷剂需补充加油时，首先应停机，关闭吸、排气阀，通过油分离器放空阀卸压至 0.1~0.2 MPa，再按初次加油方法加油。

7. 抽真空

用真空泵或抽氟机，从干燥过滤器附近的充液阀处将机组抽真空，使其绝对压力保持 5.33 kPa（40 mmHg）左右 2 h 以上。对压缩机组而言，抽真空的范围应扩大至整个系统。

一般不允许用本机组抽真空，因为用本机组抽真空时，油分离器内一部分空气不能排出而存留在系统中。抽真空时，应开启系统或机组内的全部阀门（包括表阀），关闭所有与大气相通的阀。

8. 制冷剂的加入

抽真空后，即可加入制冷剂。冷水、盐水、乙醇、碱水等机组的制冷剂种类及充灌量可见机组的性能参数表；压缩机组的充灌量可根据机组所在的系统中的设备大小及型式来定。R717 的比重取 0.65，R22 的比重取 1.3，根据各设备的容量计算后所得的总量来计算制冷剂容量（参见表 6-6）。

首先开启冷凝器及蒸发器进、出水阀，启动水泵，使水路循环，然后将制冷剂称重，使制冷剂瓶倾斜，瓶头朝下，通过外接管将制冷剂出液接头与机组或系统中的充液阀连接。打开制冷剂瓶出液阀少许，松开充液阀接头的螺母，利用制冷剂将连接管中的空气排出，再将螺母拧紧。打开充液阀、冷凝器出液阀、节流阀、电磁阀（将调节杆旋进）和制冷剂瓶出液阀，制冷剂即借助压差进入系统中，当系统压力与制冷剂瓶压力达到平衡时，将电磁阀底部的调节杆旋出，按正常开车程序，机组在部分负载下运行，使蒸发器内压力降低，便于制冷剂的加入，直到制冷剂的加入量达到要求为止。

表 6-6 系统中各设备的制冷剂容量　　　　　　　　　　%

设备名称	加入量	设备名称	加入量
立管式蒸发器	60~80	储液器	60~80
直接蒸发排管	50	再冷却器	100
干式蒸发器	20	中间冷却器	30
蒸发式冷凝器	20	液体分离器	20
立式冷凝器	20	液管	100
低压循环桶	50~70	卧式冷凝器	15

注：以上仅为参考值。当低压系统取上限时，高压系统应取下限。

二、冷库系统制冷设备的调试

1. 启动前的准备

1）检查机组的几个自动保护项目的设定值是否符合要求。正确的设定值见电控使用说明。

2）检查各开关装置是否正常。

3）检查油位是否符合要求，油位应保持在油分离器的上视油镜中心处。

4）检查系统中所有阀门状态，吸气截止止回阀、加油阀、旁通阀应关闭，其他油、气循环管道上的阀门都应开启，特别注意压缩机排气口至冷凝器之间管路上所有阀门都必须开启，油路系统必须畅通。

5）检查冷凝器、蒸发器、油冷却器水路是否畅通，且调节水阀、水泵是否能正常工作。

2. 第一次启动

（1）自动操作

见电控使用说明书。

（2）手动操作

微机控制机组将"手动/自动"旋钮旋至"手动"位置。

1）打开冷凝器供水阀，启动水泵，使水路循环，蒸发器处于正常工作状态，盘动压缩机联轴器，看压缩机转子是否可用手轻易转动，能轻易转动属正常，否则应检查；也可先启动油泵，使油循环几分钟，停止油泵运行，再用手盘动联轴器检查。

注意：盘动压缩机联轴器时要切断电源。

2）检查电压是否正常。

3）检查各阀门状态是否符合要求。

4）合上电源控制开关，检查控制灯指示是否正确。

5）按下"油泵启动"按钮，将"增载/减载"旋钮旋至"减载"，使能量显示为0%，按下"压缩机启动"按钮，开启吸气截止阀。

6）分数次增载，并相应调节供液阀，注意观察吸气压力、排气压力、油温、油压、油位及机组是否有异常声音，若一切正常则可增载到满负荷。

注意：若油温低于30℃时，应空载运行一段时间，待油温升高到35℃时，开始增载。

7）初次运转，时间不宜过长，可运转30 min左右，然后将"增载/减载"旋钮旋至"减载"，关闭供液阀，关小吸气截止阀，待能量显示为0%时，按下压缩机停止按钮并关闭吸气截止阀，待压缩机停止转动时按下油泵、水泵停止按钮，关闭电源开关。

3. 正常开车

1）启动水泵使水路循环。

2）检查排气截止阀、表阀是否已开启。

3）打开电源控制开关，检查电压、控制灯、油位是否正常。

4）启动油泵检查能量显示是否为0%。

5）启动压缩机，开启吸气截止阀。

6）分数次增载并相应开启供液阀，注意观察吸气压力，并观察机组运行是否正常，若正常可继续增载至所需能量位置,然后将"增载/减载"旋钮旋至"定位"。机组在正常情况下继续运转。

7)调节油分底部回油阀的开启度,以保证油分后段视油镜中油面稳定为准,不允许油面超出视油镜,视油镜中无油亦属正常。

8)正常运转时,应每天定时按记录表记录。

4. 正常停车

1)将"增载/减载"旋钮旋至"减载"位置,关闭供液阀。

2)待能量显示为0%时,按下压缩机停止按钮,关闭吸气截止阀。

3)压缩机停止运转后按下油泵停止按钮,水泵视使用要求确定停止还是处于开启状态。

4)切断机组电源。

5. 自动停车

机组装有自动保护装置,当压力、温度超过规定范围时,控制器动作使压缩机立即停车,表明有故障发生,机组控制盘或电控柜上的控制灯亮,指示出发生故障的部位。必须排除故障后才能再次启动压缩机。

6. 紧急停车

1)按下紧急停车按钮,使压缩机停止运转。

2)关闭吸气截止阀。

3)关闭供液阀。

4)切断电源。

7. 做好运行记录

做好制冷装置的运行记录有助于操作者熟悉系统的运行,及早发现异常情况,并有利于设备出现故障时分析原因。建议每隔 1 h 做一次记录。

【任务测试】

安装后冷库设备运行记录见表6-7。

表6-7 安装后冷库机房设备运行记录

设备号:					日期:			
项目		正常范围	测量值					
			8:00	9:00	10:00	11:00	12:00	13:00
环境气温								
压缩机	吸气温度							
	吸气压力							
	排气温度							
	排气压力							
	油压							
	油压差							
	油滤压差							

续表

	设备号:						日期:		
压缩机	油温								
	油位								
	内容积比								
	能量百分比								
	补充油量								
电机	电压								
	电流								
	进水温度								
冷凝器	进水压力								
	出水温度								
	出水压力								
	流量								
蒸发器	吸气温度								
	排气温度								
	吸气压力								
	排气压力								
	流量								
	自我评价								
	学生互评								
	教师评价								

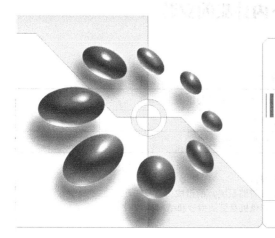

项目7 中央空调的安装与维修

【项目描述】

中央空调系统是指系统的所有空气处理设备和送、回风机等都集中在空调机房内,空气经处理后由送、回风管道送入空调房间。中央空调系统主要包括空气处理设备、空气输送设备、空气分配装置、热源设备、冷源设备、热冷媒管道系统及自动控制和自动检测系统。通过本项目的学习,学生具体应达到以下要求:

一、知识要求

1. 认识中央空调系统(制冷系统和管路系统)的组成类型及特点
2. 熟悉中央空调安装与安全操作规程
3. 熟练掌握主机、水系统、风系统的安装操作方法

二、能力要求

1. 掌握中央空调系统的安装要求
2. 能正确安装各类设备,能进行所有设备的启停操作和测试,并能对各操作设备进行调整
3. 能对中央空调系统进行维护、管理及一般故障的分析判断和排除
4. 了解中央空调系统的安装工艺,了解中央空调系统的工作范围调整和对应的规范要求,能按调试程序要求进行调试

三、素质要求

1. 整理整顿拆装工具、量具,保持实训场地清洁,及时清扫垃圾
2. 具有团队意识和协作精神
3. 自主学习,主动建构自己的经验和知识

任务 1　中央空调系统室内外机的安装

学习任务单

学习领域	制冷设备安装调试与维修	
项目 7	中央空调安装与维修	学时
学习任务 1	中央空调系统室内外机的安装	8
学习目标	**1. 知识目标** （1）熟悉中央空调安装与安全操作规程； （2）认识中央空调系统（制冷系统和管路系统）的组成类型及特点； （3）了解冷水机组、水泵、冷却塔和风机盘管的型号和结构； （4）画出制冷系统和管路系统原理图。 **2. 能力目标** （1）能正确识读常用的中央空调系统图； （2）能认知中央空调系统中常用的各类元件的符号，并说明其功用； （3）能熟练安装水冷机组的内外机。 **3. 素质目标** （1）培养学生的安全操作和文明安装意识； （2）培养学生的团队协作意识和吃苦耐劳的精神	
一、任务描述 　　有一中央空调系统，学生分组讨论，能应用所学知识认知系统中各组成部分名称、结构、原理及功用，并能认知各元件符号图。仔细阅读中央空调系统的安装工艺，对机组内外机进行安装。 二、任务实施 　　（1）学生分组，每小组 4～5 人； 　　（2）小组按工作任务单进行分析和资料学习； 　　（3）小组经过讨论确定工作方案，每小组由中心发言人讲解，经过全体同学讨论，确定最佳工作方案； 　　（4）各小组成员分工明确，进行实际操作； 　　（5）检查总结。 三、相关资源 　　（1）教材； 　　（2）教学录像； 　　（3）教学课件； 　　（4）图片； 　　（5）冷水机组。 四、教学要求 　　（1）认真进行课前预习，充分利用教学资源； 　　（2）充分发挥团队合作精神，制定合理的工作方案； 　　（3）团队之间相互学习、相互借鉴，提高学习效率		

【背景知识】

　　空气调节系统一般由空气处理设备和空气输送管道以及空气分配装置组成，根据需要，能组成许多种不同形式的系统。在工程上应考虑建筑物的用途和性质、热湿负荷特点、温湿度调节和控制的要求、空调机房的面积和位置、初投资和运行维修费用等许多方面的因素，选择合理的空调系统。因此，首先要研究一下空调系统的分类。

一、空气调节系统的分类

1. 按空气处理设备的设置情况来分

（1）集中式空调系统

集中式空调系统的所有空气处理机组及风机都设在集中的空调机房内。集中式空调系统的优点是作用面积大，便于集中管理与控制；其缺点是占用建筑面积与空间大，且当各被调房间负荷变化较大时，不易精确调节。集中式空调系统适用于建筑空间较大、各房间负荷变化规律类似的建筑物。

（2）半集中式空调系统

半集中式空调系统除设有集中空调机房外，还设有分散在各房间内的二次设备（又称末端装置），其中多半设有冷热交换装置（也称二次盘管），其功能主要是处理那些未经集中空调设备处理的室内空气，例如风机盘管空调系统和诱导器空调系统就属于半集中系统。半集中式空调系统的主要优点是易于分散控制和管理，设备占用建筑面积或空间少，安装方便；其缺点是无法常年维持室内温湿度恒定，维修量较大。这种系统多用于大型旅馆和办公楼等多房间建筑物。

（3）分散式系统

分散式系统是将冷热源和空气处理设备、风机以及自控设备等组装在一起的机组，分别对各被调房间进行调节。这种机组一般设在被调房间或其邻室内，因此不需要集中空调机房。分散式系统使用灵活，布置方便，但维修工作量较大，室内卫生条件有时较差。常用的局部空调机组有以下几种：

1）恒温恒湿机组。它能自动地调节空气的温湿度，维持室内温、湿度恒定。

2）普通空调器。有窗式、分体式和柜式空调器等几种形式。它与恒温恒湿机组的差别在于无自动控制和电加热、加湿设备，只是用于房间降温除湿。

3）热泵式空调器。有窗式和柜式等几种形式。该机组夏季可用来降温，冬季用来加热。

2. 按负担室内负荷所用的介质种类来分

（1）全空气空调系统

空调房间的热湿负荷全部由经过处理的空气来承担的空调系统称为全空气空调系统。它利用空调装置送出风，调节室内空气的温度、湿度。由于空气的比热较小，需要用较多的空气量才能达到消除余热余湿的目的。因此，要求有较大断面的风道或较高的风速。

（2）全水系统

空调房间的热湿负荷全靠水作为冷热介质来负担的空调系统称为全水系统。它是利用制冷机制出的冷冻水（或热源制出的热水）送往空调房间的盘管中对房间的温度和湿度进行处理的。由于水的比热比空气大，所以在相同条件下只需较小的水量，从而使管道所占的空间减小许多，但该系统不能解决房间的通风换气问题。

（3）空气—水系统

由经过处理的空气和水共同负担室内热湿负荷的系统称为空气—水空调系统。风机盘管加新风空调系统是典型的空气—水系统，它既可解决全水系统无法通风换气的困难，又可克服全空气系统要求风道截面大、占用建筑空间多的缺点。

(4) 冷剂系统

冷剂系统是将制冷系统的蒸发器直接放在室内来吸收余热余湿的。这种方式通常用于分散安装的局部空调机组。例如普通的分体式空调器、水环热泵机组等都属于冷剂系统。日本的大金公司最早开发出的由一台室外机连接多台室内机的 VRV（变制冷剂）空调系统，这种系统也是典型的冷剂系统。目前国内已有多个厂家生产这种空调机组。

3. 按系统风量的调节方式分

(1) 定风量系统

如果送入空调房间的风量一定，则此系统称为定风量系统。普通空调系统的送风量是全年固定不变的，并且按房间最大热湿负荷确定送风量，称为定风量系统。实际上房间热湿负荷不可能经常处于最大值，而是在全年的大部分时间低于最大值。当室内负荷减少时，定风量系统靠提高送风温度来维持室内温度的恒定，这样既浪费热量，又浪费冷量。

(2) 变风量系统

如果送入空调房间的风量可以改变，则此系统称为变风量系统。由于空调房间的负荷是逐时变化的，如果能采用减少送风量（送风参数不变）的方法来保持室内温度不变，则不仅节约了提高送风温度所需的热量，而且还由于处理的风量减少，降低了风机功率电耗以及制冷机的制冷量。这种系统的运行费用相当经济，对于大容量的空调系统尤为显著。

二、集中式空调系统的组成

1. 集中式空调系统的分类

集中式空调系统是典型的全空气系统，它广泛应用于舒适性或工艺性空调工程中，例如商场、体育场馆、餐厅以及对空气环境有特殊要求的工业厂房中。

(1) 根据所处理的空气来源分

1) 封闭式空调系统。

封闭式空调系统所处理的空气全部来自于空调房间本身，没有室外空气补充，全部为再循环空气。封闭式系统用于密闭空间且无法或不需要采用室外空气的场合。这种系统冷热量消耗最少，但卫生效果差，一般用于战时的地下庇护所等战备工程以及很少有人进出的仓库。

2) 直流式系统。

它所处理的空气全部来自于室外，室外空气经过处理后进入室内，然后全部排出室外。直流式系统卫生条件好，但能耗大、经济性差，适用于散发有害气体、不宜采用回风的场合。

3) 混合式系统。

在实际工程中，最常用的空调系统是混合式系统，根据回风混合次数的不同可分为一次回风系统和二次回风系统。一次回风系统就是将新风和室内回风混合后，再经过空调机组进行处理，然后通过风机送入室内。一次回风系统应用较为广泛，被大多数空调系统所采用。二次回风系统是在一次回风的基础上将室内回风分为两部分分别引入空调箱中，一部分回风在新回风混合室混合，经过冷却或加热处理后与另一部分回风再一次进行混合。二次回风系统比一次回风系统更节省能量。

(2) 根据风机设置的不同分

1) 单风机系统。

所谓单风机系统就是在全空气空调系统中，只有送风机而没有回风机。单风机系统内空气处理设备的阻力、送风管道的阻力损失及回风管道的阻力损失均由送风机来克服。单风机系统的特点是系统简单，易于管理；缺点是在室内静压要求恒定的场合，过渡季节不能完全利用室外新风而达到节能的目的。

2）双风机系统。

所谓双风机系统就是在风机系统的送风管道与回风管道分别设置送风机和回风机。送风机的任务是克服空调机组和送风管道的阻力，将空气送入各个被调房间。回风机用于克服回风管道的阻力损失，将空气由房间抽回到空调机组内。双风机系统的优点是噪声低、回风量易于调节，常用于净化空调系统。

2. 集中式空调系统的组成

（1）进风部分

空气调节系统必须引入室外空气，常称"新风"。新风量多少主要由系统的服务用途和卫生要求决定。新风的入口应设置在其周围不受污染的建筑物部位。新风口连同新风道、过滤网及新风调节阀等设备，组成空调系统的进风部分。

（2）空气处理设备

空气处理设备包括空气过滤器、预热器、喷水室（或表冷器）、再热器等，是对空气进行过滤和热湿处理的主要设备。它的作用是使室内空气达到预定的温度、湿度和洁净度。

（3）空气输送设备

空气输送设备包括送风机、回风机、风道系统以及装在风道上的调节阀、防火阀和消声器等设备。它的作用是将经过处理的空气按照预定要求输送到各个房间，并从房间内抽回或排出一定量的室内空气。

（4）空气分配装置

空气分配装置包括设在空调房间内的各种送风口和回风口。它的作用是合理组织室内空气流动，以保证工作区内有均匀的温度、湿度、气流速度和洁净度。

（5）冷、热源

除了上述四个主要部分以外，集中空调系统还有冷源、热源以及自动控制和检测系统。空调装置的冷源分为自然冷源和人工冷源。自然冷源的使用受到多方面的限制。人工冷源是指通过制冷机获得冷量，目前主要采用人工冷源。

空调装置的热源也分为自然的和人工的两种，自然热源指太阳能和地热，它的使用受到自然条件等多方面的限制，因而使用并不普遍。人工热源指通过燃煤、燃气、燃油锅炉或热泵机组等产生热量。

三、风机盘管空调系统

1. 风机盘管空调系统的特点

虽然集中式空调系统是一种最早出现，并得到广泛应用的空调系统。但由于它具有系统大、风道粗、占用建筑面积和空间较多、系统的灵活性差等方面的缺点，故难以在许多民用建筑特别是高层建筑中广泛应用。风机盘管空调系统是为了克服集中式空调系统在这方面的不足而发展起来的一种半集中式空气—水系统，它的冷热媒是集中供给，新风可单独处理和供给。

风机盘管系统的主要优点如下：

1) 布置灵活，各房间能单独调节温度，房间不住人时可关掉机组，不影响其他房间的使用；

2) 节省运行费用，运行费用与单风道系统相比少 20%～30%，比诱导器系统少 10%～20%，而综合费用大体相同，甚至略低；

3) 与全空气系统比较，节省空间；

4) 机组定型化、规格化，易于选择安装。

风机盘管空调系统的缺点如下：

1) 机组分散设置，维护管理不便；

2) 过渡季节不能使用全新风；

3) 对机组制作有较高的要求，在对噪声有严格要求的地方，由于风机转速不能过高，风机的剩余压头较小，使气流分布受到限制，一般只适用于进深 6m 内的房间；

4) 在没有新风系统的加湿配合时，冬季空调房间的相对湿度偏低，对空气的净化能力较差；

5) 夏季室内空气湿度往往无法保证，使室内湿度偏高。

2. 风机盘管的构造

风机盘管机组是由风机和表面式热交换器组成的，其构造如图 7-1 所示。它使室内回风直接进入机组进行冷却去湿或加热处理。和集中式空调系统不同，它采用就地处理回风的方式。与风机盘管机组相连接的有冷、热水管路和凝结水管路。由于机组需要负担大部分室内负荷，故盘管的容量较大，而且通常都是采用湿工况运行。风机盘管采用的电动机多为单相电容调速电动机，通过调节输入电压改变风机转速，使通过机组盘管的风量分为高、中、低三挡，达到调节输出冷热量的目的。风机盘管有立式、卧式等型式，可根据室内安装位置选定，同时根据室内装修的需要可做成明装或暗装，近几年又开发了多种形式，如立柱式、顶棚式以及可接风管的高静压风机盘管，使风机盘管的应用更加灵活、方便。风机盘管一般的容量范围为：风量为 250～1000 m^3/h；冷量为 2.3～7 kW；风机电动机功率一般为 30～100 W；水量为 500～800 L/h；盘管水压损失为 10～35 kPa。

3. 风机盘管机组的调节性能

为了适应空调房间瞬变负荷的变化，风机盘管通常有三种局部调节方法，即调节水量、调节风量和调节旁通风门。

(1) 风量调节

通常采用：

1) 手动调节风机转速挡数（高、中、低挡）。这种方法最简单，但调节质量差，容易引起室内过冷、过热，室内温湿度随之波动。

2) 自动切换风机转速，由室内恒温器控制风机的开、停或交换挡数。随着风速的降低，盘管内平均温度下降，室内相对湿度不会偏高，能提高调节质量，但在风机停止运行时，气流组织欠佳，机组外壳表面易结露（盘管内仍有冷冻水流通）。高、低挡风量调节范围为 1∶0.5 时，负荷调节范围为 1∶0.7。

(2) 水量调节

当冷负荷减小时，由室内恒温器控制三通阀或两通阀减少进入盘管的水量，盘管中冷水温度随之上升，送风含湿量增大，室内相对湿度将增加。当水量调节比值为 1∶0.3 时，负荷

项目7 中央空调的安装与维修

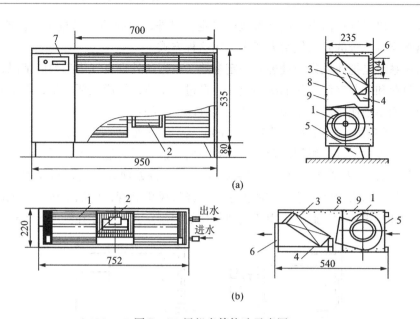

图7-1 风机盘管构造示意图
(a) 立式；(b) 卧式
1—风机；2—电动机；3—盘管；4—凝水盘；5—循环风进口及过滤器；6—出风栅；
7—控制器；8—吸声材料；9—箱体

调节比值为1:0.75，故负荷调节范围较小。但不存在风量调节中的结露和气流分布问题。

(3) 旁通风门调节

这种方法是调节通过盘管的风量来改变机组的加热或冷却能力，初投资较低，且调节质量好。负荷调节范围大（100%～20%），室内气流分布均匀。缺点是：在低负荷时，风机功率消耗不变，噪声也不能降低。这种风机盘管仅用在要求较高的场合。

4. 风机盘管系统的新风供给方式

风机盘管系统的新风供给方式有如图7-2所示的几种方式。

(1) 靠室内机械排风渗入新风 [见图7-2 (a)]

这种新风供给方式是靠设在室内卫生间、浴室等处的机械排风，在房间内形成负压，使室外新鲜空气渗入室内。其初投资和运行费用都比较经济，但室内卫生条件差。受无组织进风的影响，室内温度场分布不均匀，因此这种方式只适合旧建筑增设空调系统且布置新风管有困难的地方。

(2) 墙洞引入新风方式 [见图7-2 (b)]

这种新风供给方式是把风机盘管放在外墙窗台下，立式明装，在风机盘管背后的墙上开洞，把室外新风用短管引入机组内。这种新风供给方式能较好地保证新风量，但要使风机盘管适应新风负荷的变化则比较困难，只适用于对室内空气参数要求不高的场合。

(3) 独立新风供给系统

以上两种新风供给方式的共同特点是：在冬、夏季，新风不但不能承担室内冷、热负荷，而且要求风机盘管负担对新风的处理，这就要求风机盘管机组必须具有较大的冷却和加热能力，使风机盘管的尺寸加大。为了克服这些不足，引入了独立新风系统。我国近年来新建的宾馆大多数采用这种方式向空调房间供应新风。这种新风供给方式可随室外空气状态的变化进行调节,以保证室内空气状态参数的稳定,另外,房间的新风量全年都能得到保证。目前风机盘管空调系统的新风供给方式多采用这种方式。

独立新风系统是把新风集中处理到一定参数。根据所处理空气终参数的情况,新风系统可承担新风负荷和部分空调房间的冷热负荷。在过渡季节,可增大新风量,必要时可关掉风机盘管机组,而单独使用新风系统。具体方法有以下两种:

1) 新风管单独接入室内[见图7-2 (c)],这时新风管可以紧靠风机盘管的出口,也可以不在同一地点。从气流组织的角度讲是希望两者混合后再进入工作区。

2) 新风接入风机盘管机组[见图7-2 (d)]。这种处理方法是将新风和回风混合,经风机盘管处理后再送入房间。这种方法由于新风经过风机盘管,增加了机组的风量负荷,使运行费用增加和噪声增大。此外,由于受热湿比的限制,盘管只能在湿工况下运行。

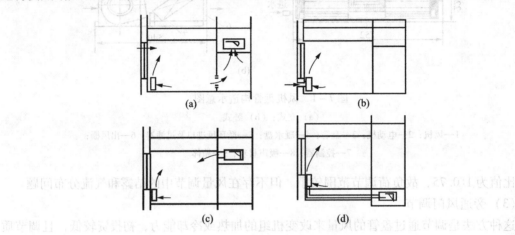

图7-2 风机盘管系统新风供给方式

四、变风量空调系统

1. 变风量空调系统的特点

变风量空调系统于20世纪60年代诞生在美国。变风量技术的基本原理很简单,就是通过改变送入房间的风量来满足室内变化的负荷。由于空调系统大部分时间在部分负荷下运行,所以风量的减少带来了风机能耗的降低。变风量系统有以下优点:

1) 由于变风量系统通过调节送入房间的风量来适应负荷的变化,同时在确定系统总风量时还可以考虑一定的同时使用情况,所以能够节约风机运行能耗和减少风机装机容量。

2) 系统的灵活性较好,易于改、扩建,尤其适用于格局多变的建筑。

3) 变风量系统属于全空气系统,它具有全空气系统的一些优点,可以利用新风消除室内负荷,没有风机盘管凝水问题和霉变问题。

虽然变风量系统有很多优点,但也暴露出了一些问题,主要有以下几点:

1) 缺少新风,室内人员感到憋闷。

2) 房间内正压或负压过大导致房门开启困难。

3) 室内噪声偏大。

4) 节能效果有时不明显;系统的初投资比较大。

5) 对于室内湿负荷变化较大的场合，如果采用室温控制而又没有末端再热装置，往往很难保证室内湿度要求。

2. 变风量空调装置的型式和原理

变风量空调系统都是通过特殊的送风装置来实现的，这种送风装置统称为"末端装置"。变风量末端装置的主要作用是根据室内负荷的变化，自动调节房间送风量，以维持室内所需室温。除此之外，还应满足以下几点：

1) 当系统风量发生改变、风道内静压发生变化时，能自动恒定所需风量，以抵消系统风量变化而引起的干扰作用（稳定风量装置）；
2) 为满足卫生要求所规定的最小换气量，当室内负荷减少时能自动控制最小风量；
3) 当室内停止使用时能完全关闭；
4) 噪声小、阻力小。

目前常用的末端装置有节流型、旁通型和诱导型。

(1) 节流型

典型的节流型风口如图 7-3 所示：阀体呈圆筒形，中间收缩似文氏管的形状，故又称"文氏管型变风量风口"。内部具有弹簧的锥体构件就是风量调节机构。它具有两个独立的动作部分：一个是随室内恒温调节器的信号动作的部分；另一个部分是定风量机构，所谓"定风量"就是指不因调节其他风口（影响风口内静压）而引起风量的再分配，该定风量机构是依靠锥体构件内弹簧的补偿作用来工作的，根据设计要求在上游静压的作用下使弹簧伸缩而使锥体沿阀杆位移，以平衡管内压力的变动，锥体与文氏管之间的开度再次得到调节，因而维持了原来要求的风量。这种风口处理风量为 0.021～0.56 m^3/s（75～2 000 m^3/h），筒体直径有 ϕ150～ϕ300 mm多种，上游压力在 75～750 Pa 变化时都有维持定风量的能力。另一种性能比较优越的节流型风口如图 7-4 所示，其风口呈条缝形，并可多个串接在一起，与建筑配合，成为条缝送风方式。送风气流可形成贴附于顶棚的射流并具有较好的诱导室内气流的特性。

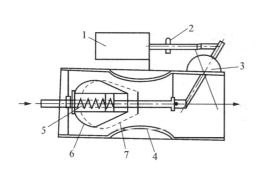

图 7-3 节流型变风量末端装置（文氏管型）示意图
1—执行机构；2—限位器；3—刻度盘；4—文氏管；
5—压力补偿弹簧；6—锥体；7—定流量控制和压力补偿时的位置

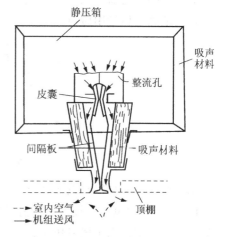

图 7-4 节流型变风量末端装置（条缝型）示意图

(2) 旁通型

当室内负荷减少时，通过送风口的分流机构来减少送入室内的空气量，而其余部分送入顶棚内从而进入回风管循环。其系统原理如图7-5所示。由图7-5可见，送入房间的空气量是可变的，但风机的风量仍是一定的。图7-5中所表示的末端装置是机械型旁通风口，旁通风口与送风口上设有动作相反的风阀，并与电动执行机构相连接，且受室内恒温器的控制。

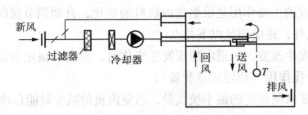

图7-5 旁通型变风量系统

旁通型装置的特点是：
1）即使负荷变动，风道内静压大致不变化，也不会增加噪声，风机也不必进行控制；
2）当室内负荷减少时，不必增大再热量（与定风量系统比较），但风机动力没有节约，且需加设旁通风的回风管道，使投资增加；
3）大容量的装置采用旁通型时经济性不明显，它适用于小型的并采用直接蒸发式冷却器的空调装置。

（3）诱导型

另一种变风量末端装置是顶棚内诱导型风口，其作用是一次风高速诱导由室内进入顶棚内的二次风，经过混合后送入室内，其系统原理如图7-6所示。诱导型末端装置有两种：一种是一次风、二次风同时调节的，室内冷负荷最大时，二次风阀门全关，随着负荷的减小，二次风阀门开大，以改变一、二次风的混合比来提高送风温度。由于它随着一次风阀的开度而改变诱导比例，所以控制困难。另一种结构即在一次风口上安装定风量机构，随着室内负荷的减小，逐渐开大二次风门，提高送风温度。这种诱导型送风口还可与照明灯具结合，直接把照明热量用做再热。

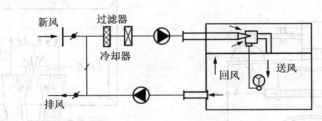

图7-6 诱导型变风量系统

诱导型变风量装置有以下特点：
1）由于一次风温可较低，所需风量少了，同时又采用高速，所以断面较小，然而为了达到诱导作用却提高了风机压头；
2）可利用室内热量，特别是照明热量，故适用于高照度的办公楼等；
3）室内二次风不能进行有效的过滤；
4）即使室内负荷减少而房间风量变化不大，故对气流分布影响比节流型小。

【任务实施】

一、空调设备安装工艺流程

测量、放线——支吊架安装——安装机组——安装风阀等设备——待吊顶完成后安装风口——系统检测。

二、空调机组安装前准备工作

1）首先开箱检查设备主体和零部件是否完好及设备基础的强度、各部分尺寸是否符合设计要求，并形成验收文字记录。
2）设备吊装时，其受力点不得使机组底座产生变形。
3）认真阅读设备安装说明书，严格按照其要求安装顺序进行安装、调整。
4）机组与供回水管的连接应正确，机组下部冷凝水排、放管的水封高度应符合设计要求。
5）机组应清扫干净，箱体内无杂物、垃圾和积尘。
6）机组内空气过滤器（网）和空气热交换器翅片应清洁、完好。

三、室内机的安装

1. 室内机安装位置与安装（如图7-7所示）

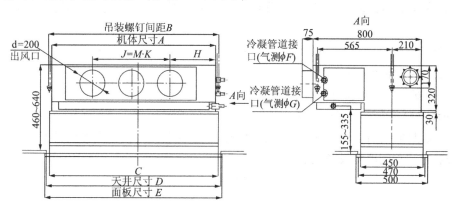

图7-7 室内机安装

2. 室内机安装要求

应避免在下列场所安装室内机：
1）可燃性气体易泄漏场所；
2）含油（包括机油）较多处；
3）盐分含量高（海岸地区）的地方；
4）存在硫化气体等腐蚀性气体的地方（铜管和焊接的部位会被腐蚀损坏，进而造成制冷剂外漏等情况）；
5）充满矿物油或诸如厨房等有油花和油气的地方（会发生塑料部位变坏、以及部件脱

落或漏水等现象);

  6)靠门或窗,与高湿度空气接触处;

  7)不能承重处;

  8)具有产生电磁波的机器(干扰空调机控制系统)。

 3.室内机电气安装安全注意事项

  1)空调器应使用专用电源,电源电压应符合额定电压。电源容量、电源线径的选择,应根据设计手册进行,空调电源线的线径要大于一般电动机的电源线径。

  2)空调器外部供电电路必须具有接地线,室内机电源接地线要与外部接地线可靠连接,室内外机必须分开接地。

  3)配线施工必须根据专业技术员安装电路图标贴进行。

  4)按照国家有关电器设备技术标准的要求,设置好漏电保护开关。

  5)电源线和信号线布置应整齐、合理,不能互相干扰,同时不与连接管和阀体接触。

  6)所有接线施工完成后,经仔细检查无误后才可以接通电源。

四、室外机安装

 1.安装场所的选择

  1)能提供足够的安装和维护空间处;

  2)进出风无障碍和强风不可吹到处;

  3)干燥通风处;

  4)支撑面平坦,能承受室外机重量,可以水平安装室外机,且不会增加噪声及振动处;

  5)运行噪声及排出空气不影响邻居处;

  6)无可燃气体泄漏处;

  7)便于安装连接管和电气连接处。

 2.安装维护所需空间(如图7-8所示)

  1)在安装时,留出图7-8所示的检修空间后,安装室外机,电源设备安装在室外机的侧面,安装方法参阅电源设备安装说明书。

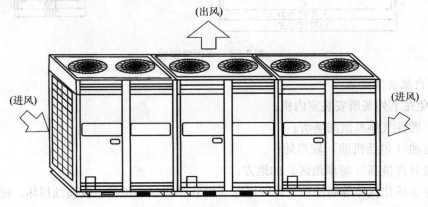

图7-8 安装维护所需空间

项目 7 中央空调的安装与维修

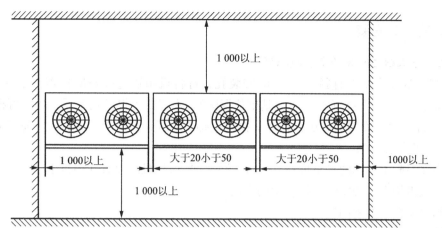

图 7-8 安装维护所需空间（续）

2）应确保必要的安装检修空间，且同一系统内模块必须摆放在同一高度；

3）当室外机上方有障碍物时：

① 大于 45°；

② 大于 300 mm；

③ 大于 1 000 mm；

④ 导流板。

4）冷媒配管从下部引出时，作为横梁基础，应取在 500 mm 以上；

5）降雪地区要安装防雪设施。（防雪设施不完备时，易发生故障）为不受积雪影响，应架高架台，并在进风口和出风口安装防雪棚，如图 7-9 所示。

3. 室外机的安装

（1）可以使用钢丝搬入

用 4 根 φ6 mm 以上的钢丝把室外机吊起来搬入，注意机组重心，防止外机滑动、倾倒，为避免室外机表面擦伤、变形，应在钢丝接触空调表面的地方加上护板。搬运完毕，应撤掉运输用垫板。

（2）可以使用叉车搬入

不要倾斜 45°以上搬运，不要横卧存放；安装本机时，应以螺栓（M10）固定本机的支脚。安装一定要牢固，以免地震或突然吹大风时倒塌（如图 7-10 所示）。

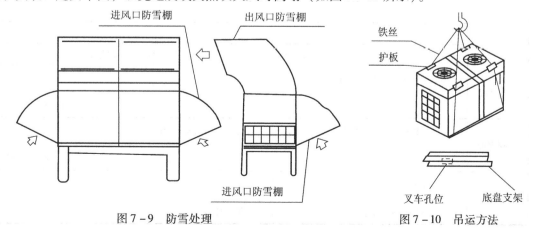

图 7-9 防雪处理　　　　　　图 7-10 吊运方法

五、减振装置的安装

1. 机组与基础之间务必安装减振装置

利用机组底盘支架上直径 25 mm 的安装孔，可将机组通过弹簧减振器固定在基础上，安装孔中心距详见图 7-8（机组安装基础位置图）。本机组不提供减振器，用户可根据相关要求自行选配，对于安装在高层楼顶或对振动敏感的地区，则选择减振器时应先咨询。

2. 减振器安装步骤

1）确保混凝土基础的平整度在 ±3 mm 之内，然后将机组放置在垫板上。

2）将机组抬高适合安装减振装置的高度。

3）卸去减振器的紧固螺母。

4）将机组放置在减振器上，使减振器的固定螺栓孔对准机座上的固定孔。

5）将减振器紧固螺母重新装进机座上的固定孔并拧入减振器中。

6）调整减振器座的工作高度，拧入校平螺栓，必须沿着周边顺序上紧螺栓一周，使减振器高度调整的变形量相等。

7）在达到正确的工作高度后便可拧紧锁紧螺母。

【任务测试】

任务评价见表 7-1。

表 7-1 任务评价单

作品评价							评分（满分 60）
自我评价	标准：真实，客观，理由充分。						评分（满分 10）
组内互评	学号	姓名	评分（满分 10）	学号	姓名	评分（满分 10）	
	注意：最高分与最低分相差最少 3，同分人最多 3，某一成员分数不得超平均分 ±3。						
组间互评	标准：真实，客观，理由充分。						评分（满分 10）
教师评价	标准：根据学生答辩情况真实、客观地进行打分，并给出充分理由。						评分（满分 10）
签字	任务完成人签字： 日期：年 月 日						
	指导教师签字： 日期：年 月 日						

【拓展知识】

一、中央空调系统运行调节的必要性

中央空调系统的空气处理方案、处理设备的容量、输送管道的尺寸等，都是根据夏、冬季节室内外设计参数和相应室内最大负荷确定的。系统安装好后，经过调试，一般都能达到设计要求。但是，无论在我国的什么地区，在空调使用期间的大部分时间里，室外空气参数都会因气候的变化而与设计参数有差异，即使是在一天之内室外空气参数也会有很大变化。此外，室内冷、热、湿负荷也会因室外气象条件的变化以及室内人员的变化、灯光和设备的使用情况而变化，显然在大部分时间里也不会与设计时的室内最大负荷相一致。在上述情况下，如果中央空调系统在运行过程中不做相应调节，则不仅会使室内空气控制参数发生波动，偏离控制范围，达不到要求，而且会浪费所供应的能量（冷量和热量），增加系统运行的能耗（电、气、油、煤等消耗）和费用开支。因此，在中央空调系统投入使用后，必须根据当地的室外气象条件，室内冷、热、湿负荷的变化规律，结合建筑的构造特点和系统的配置情况，制定出合理的运行调节方案，以保证中央空调系统既能发挥出最大效能，满足用户的空调要求，又能用最经济节能的方式运行，并延长使用寿命。

二、全空气一次回风系统的运行管理

目前，大面积房间的舒适性空调一般都是采用全空气一次回风空调系统。如大型商业、餐饮、娱乐场所以及飞机场的候机楼、火车站的售票厅和候车厅等。这里所说的全空气一次回风空调系统是指空调房间的冷、热、湿负荷全部由经过空气处理机或单元式空调机处理后的空气来承担的空调系统，没有另外的独立新风系统相配合，采用单风管低速送风。

下面对全空气一次回风系统在室内负荷变化时的运行调节、空气处理机组和风管系统的运行管理等问题分别进行讨论。

1. 室内负荷变化时的运行调节

由于室内人体、照明装置和设备的散热、散湿量随着室内人数的多少、照明装置的开启情况以及设备的使用情况而变化，同时房间维护结构的传热量也会随着室外气象条件的变化而变化，因此，室内冷、热、湿负荷也会随之变化。为了保证室内温湿度的控制要求，必须根据室内负荷的变化情况对中央空调系统进行相应的调节。

对以人体散湿为主的舒适性空调来说，运行调节主要考虑室内空调冷热负荷变化引起的室温变化，湿负荷变化产生的影响很小，为了分析和调节方便，通常不考虑。常用的调节方式可分为质调节、量调节以及混合调节三种。

（1）质调节

只改变送风参数，不改变送风量的调节方式称为质调节。对于全空气一次回风系统来说，可以通过调节新回风量的混合比例、表冷器（或盘管）的进水流量或温度、单元式空调机制冷压缩机开停或多台制冷压缩机的同时工作台数等来实现质调节，以适应室内负荷的变化，保持室内空气状态参数不变或在控制范围内。

表冷器或盘管的进出水流量可以采用直通阀或三通阀来调节。使用直通阀造价低，管路简单,但在调节水量时,由于干管流量要发生相应变化,会影响同一水系统中其他表冷器或盘管的正常工作,此时可以在供水管路上加装恒压或恒压差的控制装置来避免产生相互干扰的现象。使用三通阀(如图7-11所示)则可以达到理想的效果,但其造价要比用直通阀高,管路也要复杂一些。

调节装置示意图如图7-12所示。这种方法调节性能较好,但每台空气处理机组都要增加一台水泵,不太经济,一般只有在温度控制要求极为精确时才采用。

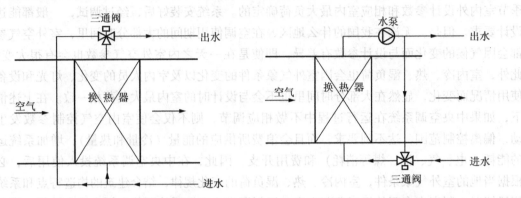

图7-11 用三通阀调进水量　　　图7-12 用三通阀加水泵调进水温度

以单元式空调机为主机组成的全空气一次回风系统,通常由设置在机组回风口处的感温部件,根据设定的回风温度值自动控制制冷(热泵)压缩机的开停来改变送风温度,以适应室内空调冷热负荷的变化。有些制冷(热)量较大的单元式空调机,装有两个以上的压缩机(俗称多机头),可以根据设定的回风温度值自动控制同时工作的压缩机台数,从而达到随室内空调冷热负荷的变化而改变送风参数的目的。

(2) 量调节

只改变送风量,不改变送风参数的调节方式称为量调节。对于全空气一次回风系统来说,可以通过调节风机的风量和送风管上的阀门来实现量调节,以适应室内负荷的变化,保持室内空气状态参数不变或在控制范围内。

变风量可以用调节风阀来实现,这是最简单易行的方法,但会增大空气在风管内流动的阻力,增加风机的动力消耗。最常用的风量调节方法是改变风机的转速,通过加装机械或电子的辅助装置或使用多速电动机就可以达到调速进而变风量的目的。目前发展前景最好的是变频调速方法。其他改变风机风量的方法还有调风机入口导流器的叶片角度、改变轴流风机叶片角度、更换风机皮带轮等。

(3) 混合调节

既改变送风参数,又改变送风量的调节方式称为混合调节,是前述质调节和量调节方式的组合。在运用时要注意,此时进行的质调节和量调节的目的应该是一致的。用得好,就能快速适应室内负荷的变化。如果不注意,使两种调节的效果相反,则所产生的作用就会互相抵消,这样不仅达不到调节的目的,而且还会浪费能量。

2. 空气处理机组的运行管理

空气处理机组是全空气中央空调系统的主要组成装置之一,对空调房间冷热量的需求和冷热源的冷热量供应起着承上启下的作用,同时空调房间的空气参数也要通过它来控制。因此，其运行管理工作至关重要。中央空调系统采用的大型空气处理机组主要是柜式风机盘管机组和组合式空调机组两种。

（1）柜式风机盘管机组的运行管理

柜式风机盘管机组属于空气处理机组中的整机（体）式空气处理机组一类，俗称风柜或空调箱，主要由风机、盘管、过滤装置组成，是以水为冷热媒，将经过冷却去湿或加热处理了的空气通过风管和风口送入空调房间，来达到控制室内空气参数目的的空调设备。

其结构形式有立（柜）式和卧式（见图7-13）；安装形式有落地式和吊顶式。它既可以用于处理新回风混合空气，又可以用于处理全新风（此时俗称新风机或新风柜）。

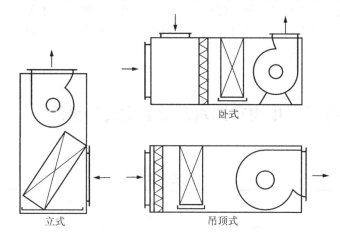

图7-13 柜式风机盘管机组示意图

柜式风机盘管机组不同于空气处理机组中的另一种类型机组——组合式空气处理机组或称组合式空调机组（见图7-14），它不是以各功能段为基本组合单元组合而成，而是将风机（含电动机及传动装置）、盘管、过滤装置组装在一个箱体里。但组合式空调机组将空气输送及混合、表冷器、过滤器等几个功能段组合在一起运行时，可以达到与柜式风机盘管机组相同的功效。由于组合式空调机组的最大优点是能够根据需要任意开停各功能段、组合若干个功能段进行工作，因此，其功能要比柜式风机盘管机组功能全面得多，适用范围也要广得多。

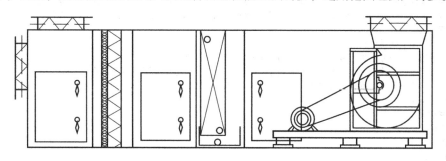

图7-14 组合式空调机组示意图

此外，柜式风机盘管机组也不同于单元式空调机，它没有自带的制冷或热泵装置，要依靠专门的冷热源提供冷热水。但二者又有基本相同的室内机外部造型、风机及电动机、传动装置和过滤装置等。

(2) 组合式空调机组的运行管理

组合式空调机组是由若干功能段根据需要组合而成的空气处理机组。用于舒适性空调工程的组合式空调机组通常采用的功能段包括：空气混合、过滤（还可细分为粗效过滤、中效过滤等几段）、表冷器、送风机和回风机等基本组合单元，组合起来与一个卧式的柜式风机盘管机组功能差不多，因此，其运行调节、维护保养、常见问题和故障的分析与解决方法也可以参照风机盘管、单元式空调机以及风机的相关内容进行。

在舒适性空调工程中，由于一般不需要采用喷水方式来处理空气，因此使用组合式空调机组的很少，只是在送回风距离特别长，要设置送回风两台风机或对空气净化要求比较高、处理风量又比较大、单台柜式风机盘管机组的容量不能满足要求时才选用。需要引起注意的是，组合式空调机组的检修门运行时一定要关闭严密，发现密封材料老化或由于破损、腐蚀引起漏风时要及时修理或更换。

任务 2　中央空调水系统的安装与维修

学习任务单

学习领域	制冷设备安装调试与维修	
项目 7	中央空调安装与维修	学时
学习任务 2	中央空调水系统的安装与维修	6
学习目标	1. 知识目标 （1）了解中央空调水系统的分类； （2）掌握中央空调水系统的布置方法。 2. 能力目标 （1）会布置中央空调水系统管线； （2）能熟练安装各种水管路及设备。 3. 素质目标 （1）培养学生的安全操作和文明安装意识； （2）培养学生的团队协作意识和吃苦耐劳的精神	
一、任务描述 有一中央空调管路安装现场，学生分组讨论，能应用所学知识并仔细阅读中央空调系统的安装工艺。根据图纸要求判断水管路走向及安装位置，能熟练进行主、配管路及附属配件的安装，并能熟练制作管路的保温、防腐层。 二、任务实施 （1）学生分组，熟悉中央空调水系统； （2）小组按工作任务单进行分析和资料学习，对设备进行安装准备； （3）小组经过讨论确定工作方案，每小组由中心发言人讲解，经过全体同学讨论，确定最佳工作方案； （4）各小组成员分工明确，进行中央空调水系统的安装与维修； （5）检查总结。 三、相关资源 （1）教材； （2）教学录像； （3）教学课件； （4）图片； （5）冷水机组。 四、教学要求 （1）认真进行课前预习，充分利用教学资源； （2）充分发挥团队合作精神，制定合理的工作方案； （3）团队之间相互学习、相互借鉴，提高学习效率		

项目7 中央空调的安装与维修

【背景知识】

一、中央空调系统冷源

1. 冷源的分类

(1) 按中央空调系统的冷源分

空气调节系统的冷源有天然冷源和人工冷源,天然冷源主要有地下水或深井水。在地面下一定深度处,水的温度在一年四季中几乎恒定不变,接近于当地年平均气温,因此,它可作为空调系统中喷水室或表冷器的冷源,而且所花的成本较低、设备简单、经济实惠。

但这种利用通常是一次性的,也无法大量获取低于零度的冷量;而且我国地下水储量并不丰富,有的城市因开采过量,会造成地面下陷。

对于大型空调系统,利用天然冷源显然是受条件限制的,因此在多数情况下必须建立人工冷源,即利用制冷机不间断地制取所需低温条件下的冷量。人工制冷设备种类繁多,形态各异,所用的制冷机也各不相同,有以电能制冷的,如用氨、氟利昂为制冷剂的压缩式制冷机;有以蒸汽为能源制冷的,如蒸汽喷射式制冷机和蒸汽型溴化锂吸收式制冷机等;还有以其他热能为能源制冷的,如热水型和直燃型溴化锂吸收式制冷机以及太阳能吸收式制冷机。

(2) 根据人工制冷设备的制冷原理来分

根据人工制冷设备的制冷原理来分,我国目前使用的人工制冷设备有以下几类:

1) 蒸汽压缩式制冷机;

2) 溴化锂吸收式制冷机;

3) 蒸汽喷射式制冷机。

蒸汽压缩式制冷机又分为活塞式、离心式和螺杆式三种;溴化锂吸收式可分为蒸汽型、热水型和直燃型三种;而蒸汽喷射式制冷机在空调制冷中比较少见。

2. 冷水机组

把压缩机、辅助设备及附件紧凑地组装在一起,专供各种用冷目的使用的整体式制冷装置称为制冷机组。制冷机组具有结构紧凑、外形美观、配件齐全、制冷系统的流程简单等特点。机组运到现场后只需简单安装,接上水、电即可投入使用。与将制冷系统的各个设备分散安装于机房之内的各部位,再用很长的管道连接在一起的布置方式相比,制冷机组不仅选型设计和安装调试大为简捷,节省占地面积,而且操作管理也方便,在很大程度上提高了设备运行的可靠性、安全性和经济性。因此,在工程设计中应优先选用制冷机组。采用水作为被冷却介质的制冷机组称为冷水机组。目前,空调工程中应用最多的是蒸汽压缩式冷水机组和溴化锂吸收式冷水机组。

(1) 冷水机组的分类

常用冷水机组的种类及分类方式见表7-2。

表7-2 常用冷水机组的种类及分类方式

分类方式	种类	分类方式	种类
按压缩机形式分	活塞式（往复式）螺杆式	略	燃油型 { 柴油 / 重油
	离心式		燃气型 { 煤气 / 天然气
按冷凝器冷却方式分	水冷式 风冷式		
按能量利用方式分	单冷式 / 热泵式 / 热回收式 / 单冷、冰蓄冷双功能型	按冷水出水温度分	空调型 { 7℃ / 10℃ / 13℃ / 15℃
按密封方式分	开式 / 半封闭式 / 全封闭式		低温型：5℃~30℃
按能量补偿不同分	电力补偿（压缩式）/ 热能补偿（吸收式）	按载冷剂分	水 / 盐水 / 乙二醇
按热源不同分（吸收式）	热水型 / 蒸汽型 / 直燃型	按制冷剂分	R22 / R123 / R134a

（2）各种冷水机组的优缺点

各种冷水机组的优缺点见表7-3。

表7-3 各种冷水机组的优缺点

名称	优点	缺点
活塞式冷水机组	1. 用材简单，可用一般金属材料，加工容易，造价低； 2. 系统装置简单，润滑容易，不需要排气装置； 3. 采用多机头、高速多缸，性能可得到改善	1. 零部件多，易损件多，维修复杂、频繁，维护费用高； 2. 压缩比低，单机制冷量小； 3. 单机头部分负荷下调节性能差，卸缸调节，不能无级调节； 4. 属上下往复运动，振动较大； 5. 单位制冷量重量指标较大
螺杆式冷水机组	1. 结构简单，运动部件少，易损件少，仅是活塞式的1/10，故障率低，寿命长； 2. 圆周运动平稳，低负荷运转时无"喘振"现象，噪声低，振动小； 3. 压缩比可高达20，机组能效比较高； 4. 调节方便，可在10%~100%范围内无级调节，部分负荷时效率高，节电显著； 5. 体积小，重量轻，可做成立式全封闭大容量机组； 6. 对湿冲程不敏感； 7. 属正压运行，不存在外气侵入腐蚀问题	1. 价格比活塞式高； 2. 单机容量比离心式小，转速比离心式低； 3. 润滑油系统较复杂，耗油量大； 4. 大容量机组噪声比离心式高； 5. 要求加工精度和装配精度高
离心式冷水机组	1. 系活塞式和螺杆式的改良型，它是由多个冷水单元组合而成； 2. 机组体积小，重量轻，高度低、占地小； 3. 安装简便，无须预留安装孔洞，现场组合方便，特别适合于改造工程	1. 价格较贵； 2. 模块片数一般不宜超过8片

续表

名称	优点	缺点
水源热泵机组	1. 节约能源，在冬季运行时，可回收热量； 2. 无须冷冻机房，不需要大的通风管道和循环水管，可不保温，降低造价； 3. 便于计量； 4. 安装便利，维修费低； 5. 应用灵活，调节方便	1. 在过渡季节不能最大限度利用新风； 2. 较大机组的噪声大； 3. 机组多数暗装在吊顶内，给维修带来一定难度
溴化锂吸收式冷水机组（蒸汽、热水和直燃型）	1. 运动部件少，故障率低，运行平稳，振动小，噪声低； 2. 加工简单，操作方便，可实现10%~100%无级调节； 3. 溴化锂溶液无毒，对臭氧层无破坏作用； 4. 可利用余热、废热及其他低品位热能； 5. 运行费用少，安全性好； 6. 以热能为动力，电能耗用小	1. 使用寿命比压缩式制冷机短； 2. 节电不节能，耗汽量大，热效率低； 3. 机组长期在真空下运行，外气容易侵入，若空气侵入，则会造成冷量衰减，故要求严格密封，给制造和使用带来不便； 4. 机组排热负荷比压缩式大，对冷却水水质要求较高； 5. 溴化锂溶液对碳钢具有强烈的腐蚀性，影响机组寿命和性能

二、活塞式冷水机组

冷水机组中以活塞式压缩机为主机的称为活塞式冷水机组。它是由活塞式压缩机、蒸发器、冷凝器和节流机构、电控柜等设备组装在一个机座上，其内部连接管已在制造厂完成装配，用户只需在现场连接电气线路和外接水管即可投入运行。制冷剂一般采用氟利昂，目前常用 R22。

1. 活塞式冷水机组的分类

1）按冷凝器的冷却介质分，活塞式冷水机组分为水冷式和风冷式两种。目前，国产活塞式冷水机组多为水冷式的。水冷式机组按总体结构型式分为普通型和模块型两种。制冷循环均为单级压缩制冷循环。

2）按压缩机的结构型式分，活塞式冷水机组分为开启式活塞压缩机、半封闭活塞压缩机和全封闭活塞压缩机。

3）按机组的功能分，活塞式冷水机组分为单冷型、热泵型和热回收型。

2. 活塞式冷水机组型号表示方法（见图7-15）

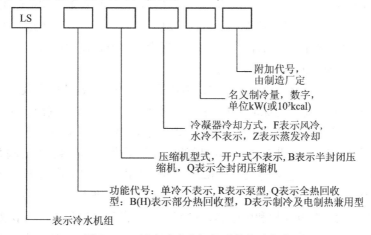

图7-15 活塞式冷水机组型号表示方法

3. 活塞式冷水机组技术参数

活塞式冷水机组的名义工况及主要技术参数（见表7-4）。

表7-4 机组名义工况及主要技术参数

冷水温度/℃		冷却水温度/℃		风冷空气温度/℃		热泵制热温度/℃		单位制冷量冷却水流量/(m³·kW⁻¹)	单位制冷量冷却水流量/(m³·kW⁻¹)	冷冻水、冷却水侧污垢系数/(m²·℃·kW⁻¹)	冷凝器、蒸发器水侧阻力/MPa	噪声/(dB·A⁻¹)		机组振动振幅/mm
进口	出口	进口	出口	夏季	冬季	进口	出口					开启式压缩机	半封闭式压缩机	
12	7	30	35	35	7	40	45	0.215	0.172	0.086	<0.1	≤85	<80	<0.03

4. 活塞式冷水机组的外形及典型流程

图7-16和图7-17所示为活塞式水冷型冷水机组的外形和典型流程。

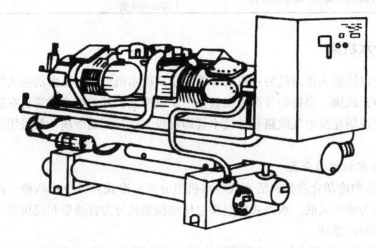

图7-16 活塞式水冷型冷水机组外形示意图

机组主机有开启式、半封闭式和全封闭式，主机由单台压缩机组成，也有的由多台压缩机组成，多台压缩机组成的机组多采用两个独立的制冷回路，当一组发生故障或保护装置跳脱时，另一组仍能继续运行。冷凝器为水冷卧式壳管式，冷却管多采用低肋滚压螺纹管，冷却水在管内流动，制冷剂蒸气在管外壁凝结。冷凝器筒体一端为冷却水进、出管接口，冷却水为下进上出。冷凝器筒体上装有高压安全阀，当冷凝压力超过设定值时，安全阀起跳，使冷凝器压力下降，从而保证机组安全运行。

如图7-17所示，蒸发器为干式壳管式，传热管采用内外带翅片的高效传热管，R22在管内气化，冷水在管外被冷却。为保证压缩机的干压行程，机组中设有气液热交换器3。低压氟利昂气体进入压缩机1，经压缩后，进入冷凝器2，蒸汽冷凝成液体，进入气液热交换器3中，被来自蒸发器的低压蒸汽进一步过冷，过冷后的液体经干燥过滤器4、电磁阀5，并在热力膨胀阀6内节流到蒸发压力后进入蒸发器，R22液体在干式蒸发器7内气化，吸收冷水的热量后，经气液热交换器3，被来自冷凝器的高温液体加热，重新进入压缩机，如此不断循环。

冷水机组上一般装有电控柜和微电脑，设有安全、自动保护和自动调节装置，对冷水水温可进行调控，机组故障可显示、可自动诊断，对多机头机组，压缩机可自动轮流启动，机组参数与运行时间可进行显示和自动存储。安全保护装置有冷却水断水、油压、冷水低温防

项目7 中央空调的安装与维修

冻、缺相、欠电压、过载和压缩机内埋温度保护等。

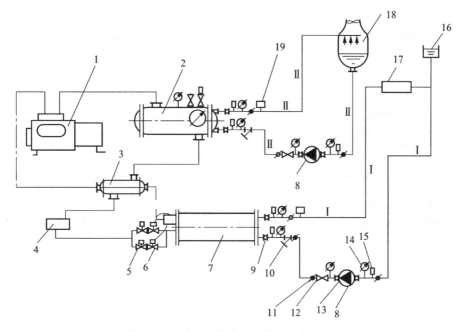

图 7-17 活塞式水冷型冷水机组典型流程

1—活塞式压缩机；2—冷凝器；3—气液热交换器；4—干燥过滤器；5—电磁阀；6—热力膨胀阀；7—干式蒸发器；8—冷却水泵；9—橡胶软接头；10—水过滤器；11—碟阀；12—止回阀；13—冷水泵；14—压力表；15—温度计；16—膨胀水箱；17—空调末端设备；18—冷却塔；19—流量开关

三、螺杆式冷水机组

1. 机组的特点、分类及型号表示方法

(1) 特点

螺杆式压缩机是一种回转式的容积式气体压缩机，与活塞式压缩机相比，其特点是：运转部件少（仅有 2~7 个）；结构简单、紧凑，重量轻，可靠性高；正常工作周期长；由于采用滑阀装置，制冷量可在 10%~100% 内进行无级调节，并可在无负荷条件下启动；容积效率高；绝对无"喘振"，对湿冲程不敏感，当湿蒸汽或少量液体进入机内，没有"液击"的危险；排气温度低（主要因油温控制<100℃）；由于冷凝温度可高和蒸发温度可低，机组可设置双工况运行，用于冰蓄冷系统。

(2) 机组类型

螺杆式冷水机组类型见表 7-5。

表 7-5 螺杆式冷水机组类型

分类方式	种类
压缩机于电动机连接结构形式	开启式 半封闭式 封闭式

续表

分类方式	种类
压缩机结构形式（一）	双螺杆 单螺杆
压缩机结构形式（二）	立式 卧式
冷凝器冷凝方式	水冷式 风冷式
制冷剂种类	R22 R134a
用途	单冷型 热泵型

（3）型号表示方法

例如 LSBLGD215 表示半封闭双螺杆水冷型冷水机组，制冷量为 215 kW，如图 7 - 18 所示。

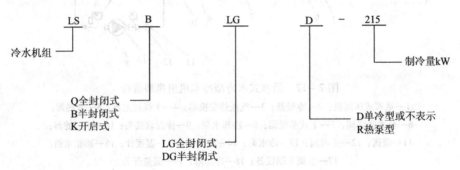

图 7 - 18　LSBLGD215 表示方法

2. 机组典型流程

螺杆式冷水机组典型流程如图 7 - 19 所示。

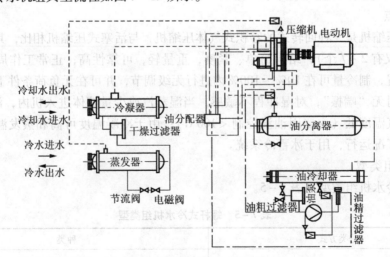

图 7 - 19　螺杆式冷水机组典型流程

螺杆式制冷机组有多种形式。根据采用压缩机台数的不同，可分为单机头机组与多机头机组；根据机组使用目的不同可分为单冷型和热泵型机组，这些机组各有特点。

（1）水冷式机组

1）单机头机组。

单机头螺杆式冷水机组是传统型式，其制冷量为 120~1 300 kW，其由螺杆压缩机、蒸发器、冷凝器、油分离器、经济器、控制箱和启动柜等主要部件组成。

单机头机组的主要优点是满负荷运行效率高，在相同容量下，效率与离心机组不相上下，机组结构简单、工作可靠，维修保养方便。

单机头机组主要缺点是虽然各制造商推出的产品绝大多数均能实现容量在 10%~100% 无级调节，但在低负荷下，由于压缩机摩擦功引起的损失加大、电动机效率下降等因素，机组效率有所下降，特别是目前绝大多数空调用螺杆式压缩机均采用压差式供油，在负载减小的情况下，压缩机供油困难，不得不借助于热气旁通装置，降低了机组效率。故单机头机组主要应用在负载较为稳定、机组常年运行的场合，或在大中型项目中与离心式机组配合使用。

2）多机头机组。

随着螺杆式压缩机半封闭化、小型化及控制系统的发展，近几年，多机头螺杆式冷水机组取得很大发展，其适用冷量范围为 240~1 500 kW。多机头机组主要特点如下：

①可以根据负载需要调节运行压缩机台数，能大大提高冷水机组在部分负荷下运行的效率。由于绝大多数空调用冷水机组在不同季节、每天不同时段负载变化很大，故对使用冷水机组台数不多的中小项目，多机头机组可大大节省运行费用。

②对于部分使用多回路设计的机组，在某一回路需维修保养时，其他回路仍可正常运行，提高部分负荷制冷量，大大方便了用户。

③相对于单机头机组，多机头机组由于使用的压缩机容量小，故机组满负荷效率相对较低。尽管如此，由于它的部分负荷效率较高，多机头机组仍是 20 世纪 90 年代用户乐于选用的机型。

（2）风冷式冷水机组

目前市场上常见的风冷螺杆式机组，绝大多数为多机头机组。风冷式冷水机组工作流程与水冷机组大致相同，所不同的是水冷式机组的冷凝器采用壳管式换热器，而风冷式机组的冷凝器采用翅片式换热器。

风冷式冷水机组的特点如下：

1）冷水机组的效率与冷凝温度有关，水冷式机组冷凝温度决定于室外湿球温度，对于湿球温度变化不大且较低的地方较适用。风冷式机组冷凝温度决定于室外干球温度，在室外干球温度下降时，可大幅度降低耗电量，故风冷式机组在南方地区应用相当广泛。

2）风冷式机组无须配水泵、冷却塔，无须冷却塔补水，水系统清洁，使用方便。在缺水地区及超高层建筑、环境要求较高的场合也具有优势。

3）其在满负荷状态下，风冷机组耗电量大于水冷机组，但在室外干球温度下降时，其耗电量可大大降低，研究表明，总的来看，风冷式机组全年耗电量并不比水冷式机组高多少。加上水冷机组在设备保养方面的费用较风冷高，故风冷机组费用可能还低于水冷机组。

(3) 风冷热泵式冷热水机组

风冷热泵式冷热水机组的优点是安装使用方便，省却了复杂的冷却水系统和锅炉加热系统，具有夏季供冷水和冬季供热水的双重功能。由于空气作为热源和冷源，故可以大大节约用水，也避免了水源水质的污染。将风冷热泵式冷热水机组放在建筑物顶层或室外平台即可工作，省却了专用的制冷机房和锅炉房。但风冷热泵机组由于采用翅片式换热器，故体积较大；另外由于空气中含有水分，故空气侧表面温度低于0℃时，翅片表面会结霜，结霜后传热能力就会下降，使制热量减少，所以风冷式热泵机组在制热工况下工作时要定期除霜。

四、离心式冷水机组

1. 机组的特点和分类

离心式制冷压缩机是一种速度型压缩机，它通过高速旋转的叶轮对气体做功，使其流速增加，然后通过扩压器使气体减速，将气体的动能转化为压力能，这样就使气体的压力得到提高。离心式制冷机组大多用于大型空调系统的制冷站。

(1) 机组类型

1) 按机组组合形式：组装型、分散型。

2) 按压缩机与主电动机连接方式：开启式、封闭式（半封闭、全封闭）。

3) 按蒸发器、冷凝器的组装方式：单筒式、双筒式（双筒竖放、双筒水平放）。

4) 按压缩机级数：单级、双级、三级。

5) 按驱动方式：蒸汽轮机、燃气轮机、电动机（低电压 380 V、高电压 4 000 ~ 6 000 V）。

6) 按冷凝器冷凝方式：水冷式、风冷式。

7) 按能量利用程度：单一制冷型、热泵型、热回收型。

8) 按能耗指标（单位制冷量耗电量）：一般型 0.253 kW/kW、节能型 0.238 kW/kW、超节能型 ≤0.222 kW/kW。

9) 按制冷剂种类：R22、R123、R134a。

(2) 特点

根据机组的组合形式、压缩机与电动机的关系、冷凝器与蒸发器的结构形式、制冷剂的种类等来分，机组的特点分别见表7-6、表7-7。

表7-6 机组组合形式

比较项目 \ 比较种类	组装式	分散式
结构、占地	紧凑、小	松散、大
维护管理	方便	欠方便

项目 7　中央空调的安装与维修

表 7-7　压缩机与电动机连接方式

比较项目＼比较种类	开启式	封闭式
噪声	较高	较低
启动电流	大	小
部分负荷电机效率	低	高
电动机冷却	用空气冷却，电机散热	用制冷剂冷却电动机
检修	方便	不便
制造成本	低	高

2. 机组流程及结构

1）离心式冷水机组的典型流程如图 7-20 所示。

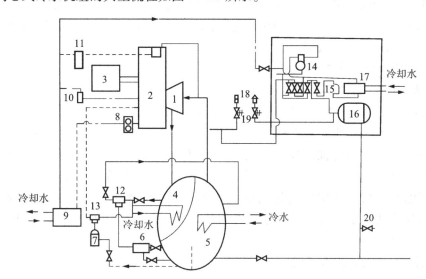

图 7-20　R134a 离心式冷水机组流程

1—离心式制冷压缩机；2—增速器；3—电动机；4—冷凝器；5—蒸发器；6—制冷剂干燥器；
7—回油装置过滤器；8—油泵；9—油冷却器；10—油压调节阀；11—供油过滤器；12，13—射流器；
14—制冷剂传送系统压缩机；15—制冷剂传送系统储液瓶；16—制冷剂传送系统储液缸；
17—制冷剂传送系统冷凝器；18—防爆膜；19—安全阀；20—充液阀

2）离心式冷水机组的构成。

空调用离心式冷水机组多为单级压缩，一般完全由工厂组装。它主要包括压缩机、蒸发器、冷凝器、电动机、润滑系统和微电脑控制中心等。

离心式压缩机主要由吸气室、叶轮、扩压器、弯道、回流器、蜗壳、主轴、轴承机体、轴封等零件组成。

蒸发器和冷凝器筒体是由钢板卷焊而成，管束为内部强化型，蒸发器一般是满液式壳管蒸发器，分液槽使制冷剂在整个筒体长度上均匀分布。冷凝器是壳管式换热器，用排气折流板来防止高速流体直接撞击管束。

离心式压缩机的润滑一般需要采用"组装式"，即将油浸式油泵、油泵电动机、油冷却器、油过滤器以及调节系统组装在一起，全部密封在蒸发器左端的油槽内，油槽外壳将油槽与蒸发器分开，有的则装在压缩机底部。为保证停电或事故停机时使润滑系统仍能向压缩机关键部位供应润滑油，在机组高位处设有高位油槽，可利用油位的落差以保持压缩机旋转部分的润滑。

五、模块化冷水机组

1. 机组的特点、分类及型号表示方法

模块化冷水机组是由澳大利亚工程师 R·库瑞在 1986 年利用模块化的概念和设计方法开发研制出的一种新型冷水机组。

模块化冷水机组是由单台或两台结构、性能完全相同的单元模块组合而成的。每片制冷量有 30 kW、65 kW、79 kW、96 kW、130 kW、158 kW、276 kW 等规格，决定于所配压缩机型号规格。冷水机组内有一个或两个完全独立的制冷系统，一台压缩机配一套蒸发器和冷凝器，多片模块合用一个控制器。模块片之间靠冷水和冷却水供回水管总管端部的沟槽以 V 形管接头连接起来，组成一个系统。

2. 模块化冷水机组特点

1) 振动小、噪声低，符合环保要求。

2) 结构紧凑，节省空间，安装简单，费用低。

模块体积小，所需机房面积和空间大约是常规冷水机组的 40%~50%，而且不需要留出蒸发器、冷凝器的抽管距离。特别适用于改扩建工程，可安装于走廊端头、屋顶、地下室以及楼板上。无须专用基础，不必使用昂贵的吊装设备及专用安装工具，模块单元间的组合只需使用快速接头将其相邻的两水管连接，再接通电源及控制线即可，方法简便快捷。重量轻、尺寸小，无须预留吊装孔，可用小推车穿门和走廊运输，也可用电梯运至高层。

3) 设计选用方便，组合灵活。

4) 任何负荷下均以最高效率运行。

5) 运行可靠，寿命长。

6) 启动时冲击电流低。

7) 扩大机组容量简单易行。

3. 类型和型号含义

模块化冷水机组根据冷却方式不同分为模块化水冷冷水机组和风冷冷水机组两种，风冷型又分为风冷冷水机组和风冷热泵机组。

机组型号含义（见图 7-21）。

项目 7 中央空调的安装与维修

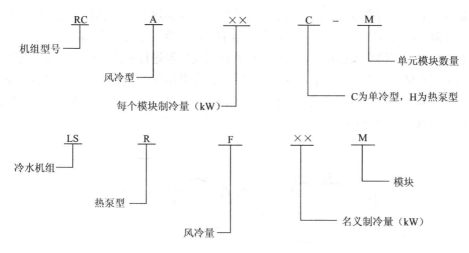

图 7-21 机组型号含义

4. 技术参数

表 7-8 列出了单元水冷型模块化冷水机的主要技术参数。

表 7-8 单元模块化冷水机的主要技术参数

型号			RC130	LS158M
制冷量/kW			65×2	79×2
压缩机功率/(kW×台数)			17×2	20.3×2
制冷剂 R22 充注量/kg			9.4	8.0
冷水	进出水温度/℃		12.6/7	12/7
	水量/h		19.8	27.2
	蒸发器水阻力/kPa		38	70
冷却水	进出水温度/℃		29.4/35	30/35
	水量/h		25.2	34.8
	冷凝器水阻力/kPa		56	70
外形尺寸（长×宽×高）/mm			460×250×1 622	580×1 050×1 620
噪声/dB（A）			65~75	—
运行质量/kg			542	650

六、溴化锂吸收式冷水机组

1. 溴化锂吸收式制冷机工作原理

溴化锂吸收式冷水机组是利用水在低压状态下（当绝对压力为 6.54 mmHg 时，水的蒸发温度为 5℃）低沸点汽化吸取被冷却物质的热量，从而制取温度较低的冷水。冷水机组是以水为制冷剂，以溴化锂溶液为吸收剂，以热能为能源，制取 5℃ 以上冷水的制冷设备。

制冷循环过程：由热源（蒸汽、热水或油、天然气、煤气等燃料）将溴化锂稀溶液进行加热浓缩（在高压发生器中进行），溴化锂溶液沸腾，浓缩了的溴化锂溶液经高温热交换器后进入低温发生器,被由高温发生器产生的冷剂蒸气进一步加热浓缩,浓缩了的溴化锂溶液经低温热交换器降温后进入吸收器,吸收来自蒸发器中的冷剂蒸气而又变成稀溶液,稀溶液经泵打入低温热交换器、凝结水换热器、高温热交换器返回发生器进行溶液循环。由高压发生器分离出的冷剂蒸气经低压发生器,与来自发生器的浓溶液在低压发生器中进一步被加热浓缩分离出的冷剂蒸气一起进入冷凝器冷却变成冷剂水,经减压后进入蒸发器,吸收蒸发器管内的热量,使冷水温度降低,供用户使用。图7-22所示为蒸气双效制冷循环原理。

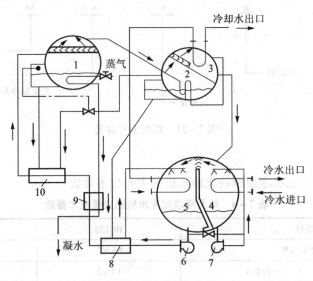

图7-22 蒸气双效制冷循环原理
1—高压发生器；2—低压发生器；3—冷凝器；4—蒸发器；5—吸收器；6—溶液泵；
7—冷剂泵（蒸发泵）；8—低温热交换器；9—凝水热交换器；10—高温热交换器

2. 直燃式溴化锂机组的结构

直燃机的结构与蒸气型双效溴化锂制冷机构造基本相同。一般由高压发生器、低压发生器、冷凝器、蒸发器、吸收器、高温热交换器、低温热交换器和热水器组成。

直燃型溴化锂冷温水机是由各种热交换器组成的,现将各部分的结构及工作流程分述如下：

(1) 高压发生器（简称高发）

高压发生器由内筒体、外筒体、前管板、后管板、螺纹烟管及前、后烟箱组成。燃烧机从前管板插入内筒体,喷出火焰（约1400℃）,使内筒体及烟管周围的溴化锂稀溶液沸腾,产生水蒸气,同时使溶液浓缩,产生的水蒸气进入低压发生器；而浓溶液经高温热交换器吸入吸收器。高发内压力约为700 mmHg（表压：-0.01 MPa）。

(2) 低压发生器（简称低发）

低压发生器由折流板及前后水室组成。高发产生的水蒸气进入前水室,将铜管外侧的溴化锂稀溶液加热,使之沸腾产生水蒸气,同时使溶液浓缩。水蒸气进入冷凝器,而浓缩后的溶液经低温热交换器进入吸收器。同时铜管内的水蒸气被管外溶液冷凝后,经过一内节流阀（针阀）流进冷凝器。低压发生器内压力约为57 mmHg。

(3) 冷凝器

冷凝器由铜管及前后水盖组成,冷却水从后水盖流进铜管内,使管外侧来自高发的冷剂水冷却和来自低发的冷剂水蒸气冷凝;而冷却水从铜管流经前水盖进入冷却塔。在这里,冷却水带走了高压发生器、低压发生器的热量(即燃烧热量)。冷凝器与低压发生器同在一个空间(上筒体),其压力相当。

(4) 蒸发器

蒸发器由铜管、前后水盖、喷淋盘、水盘和冷剂泵组成。由用户空调系统来的冷媒水从水盖进入铜管(约12℃),而管外来自冷凝器的冷剂水由于滴于铜管上获得热量而蒸发,部分未蒸发的水落到水盘中,被冷剂泵吸取再次送入喷淋盘循环,使其蒸发;冷媒水失去热量后降为7℃,流出蒸发器进入用户空调系统,从而完成了制冷循环。蒸发器内的压力约为 6 mmHg。

(5) 吸收器

吸收器由铜管、前后水盖及喷淋盘、溶液箱、吸收泵和发生泵组成。由冷却塔来的冷却水从水盖进入铜管,使喷淋在管外的来自高发和低发的浓溶液冷却。溴化锂溶液在一定温度和浓度条件下(如浓度63%及温度40℃),具有极强的吸水性能,这时它大量吸收了由同一空间的蒸发器所产生的冷剂水蒸气,并把吸收来的气化热量传给冷却水带走。在这里,冷却水带走了用户空调系统的热量。吸收了水蒸气的溴化锂溶液变为稀溶液,从而丧失了吸收能力。这时稀溶液又由发生泵送入高发和低发,再次产生冷剂水蒸气并使稀溶液浓缩。

(6) 高、低温热交换器

高、低温热交换器由铜管、折流板及前、后液室组成,分为稀液侧和浓液侧。其作用是使稀溶液升温及浓溶液降温,以达到节省燃料及减少冷却水负荷、提高吸收效果的双重目的。

(7) 热水器

热水器实质上为壳管式气水换热器,使高压发生器产生的水蒸气进入热水器进行热交换,以加热采暖热水或卫生热水,而水蒸气自身冷凝成液态水又流回高发。

七、水源热泵机组

热泵是一种利用制冷原理将热量从低温热源(例如空气、水或大地)传递给接收热量高温介质(如水、空气)中的一项供暖和制冷技术。热泵与制冷机的工作原理和过程是完全相同的,热泵与制冷机在名称上的差别只是反映在应用目的上的不同:如果以得到高温为主要目的,则一般称为热泵;反之则称为制冷机。根据热泵供热时所采用的低品位热源不同可分为:空气源热泵(也称风冷热泵)和水源热泵。

由于热泵是能够充分利用和回收各种低品位热源的一种节能设备,国内近年来已得到大量应用,特别是在我国的南方地区,风冷热泵得到了广泛的应用。前面的叙述中,已经讲述了风冷热泵的一些特性,本部分重点讲述水源热泵。

1. 水源热泵的分类及特点

空气源热泵的缺点是机组的供热量随着室外空气温度的变化而变化,并且温度越低时供热量越小,热泵的效率也越低,它的使用受到气候条件的限制。因此,近几年水源热泵在国内的应用越来越多。

水源热泵根据所使用的水源不同可分为地下水源热泵、地表水源热泵和水环热泵。

(1) 地表水源热泵

地表水源热泵就是利用江、河、湖、海的水作为热泵机组的热源或热汇。当建筑物的周围有大量的地表水可以利用时,可通过水泵和输配管路将水体的热量传递给热泵机组或将热泵机组的热量释放到地表蓄水体中。根据热泵机组与地表水连接方式的不同，可将地表水源热泵分为两类，即开式地表水源热泵系统和闭式地表水源热泵系统。地表水源热泵的特点与空气源热泵类似，即机组的制冷量和制热量随着室外气候的变化而变化。另外，在中央空调系统中，若采用地表水热泵就需要大量的自然水体，这就使地表水热泵的使用受到了一定的限制。目前，地表水源热泵在国内的应用较少。

（2）地下水源热泵

地下水源热泵就是利用地下水作为热泵的热源或热汇。地下水源热泵有两种形式，一是开式环路；二是闭式环路。所谓开式系统就是通过潜水泵将抽取的地下水直接送入热泵机组。这种形式的系统管路连接简单，初投资低，但由于地下水含杂质较多，故当热泵机组采用板式换热器时，设备容易堵塞。另外，由于地下水所含的成分较复杂，易对管路及设备产生腐蚀和结垢，因此，在使用开式系统时，应采取相应的措施。所谓闭式系统就是通过一个板式换热器将地下水和建筑物内的水系统隔绝开来。

在地表一定深度处，地下水的温度几乎是恒定的，近似为当地的年平均温度，因此，水源热泵的效率大大高于空气源热泵，而且它的制冷量和制热量不受室外空气温度的影响。

水源热泵的优点主要有以下几个方面：

1）高效节能。夏季，由于地下水的温度远低于室外空气温度，因此可降低制冷循环的冷凝温度；冬季，由于地下水的温度远高于室外空气温度，因此可提高制冷循环的蒸发温度。所以热泵的性能系数大大提高，它比空气源热泵一般可节约20%~30%的运行费用。

2）运行稳定可靠。地下水的温度一年四季相对稳定，能保证热泵机组运行更可靠，也不存在空气源热泵冬季除霜等难点问题。

3）一机多用，应用范围广。水源热泵系统可供暖、空调，还可供生活热水，一机多用，特别是对于同时有供热和供冷要求的建筑物，水源热泵有明显的优点，即减少了设备的初投资。水源热泵不仅能够应用于宾馆、商场等商业建筑，更适合于别墅住宅的采暖空调。

（3）水环热泵

水环热泵空调系统是一种热回收的空调系统，它可以从建筑物内区回收热量用于外区，并且可以实现同时供冷和供热，从而使系统内部实现能量平衡，减少冷却塔和加热设备的运行时间，达到节能的目的。

水环热泵系统的主要特点如下：

1）由于水环热泵系统充分利用了建筑物内区的热量，因此节约了能源。

2）由于系统设备分散布置，故系统不需要集中的制冷机房和空调机房，节省了机房占地面积。

3）可以安装独立的电表，分户计量，便于管理。

4）系统只需安装水管，且管路简单，安装方便。

5）可同时对不同房间供冷和供热，调节灵活，可满足各种用户需要。

6）运行费用低。

7）过渡季节不能最大限度地利用新风，机组暗装给维修带来不便。

2. 水源热泵的系统组成

（1）水环热泵系统组成

水环热泵空调系统是由许多并联的水源热泵机组加上双管封闭式环流管路组成，水环热泵机组的系统流程如图7-23所示。

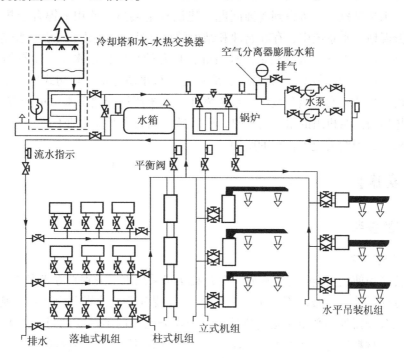

图7-23 典型的水环热泵空调系统

系统主要部件有：
1）排热设备——冷却塔和水—水换热器或闭式蒸发冷却塔。
2）供热设备——各式热交换器或锅炉。
3）膨胀水箱、补水装置和排气阀。
4）水源热泵机组。
5）循环水泵。
6）蓄热水箱及其他辅助设备。

夏季机组运转时，全部或大多数机组为供冷，热量通过循环水由冷却塔排至室外，水环路温度一般保持在32℃以下；冬季运转时，全部或大多数机组为供热，热量从循环水中吸收，由加热设备（锅炉或其他热源）补给，水环路温度一般保持在16℃以上。春、秋季运转时，当所有机组有40%供冷和60%供热时，水循环系统接近平衡，无须开启加热设备或冷却设备，系统水温保持在16℃～32℃。

冬季内部区域供冷运转、周边区域供热运转时，在建筑物内部区域，由于灯光、人体和设备的散热量，使内区房间全年需要供冷，而周边房间需要供热。此时，可利用内部区域房间放出的热量传递给循环水，而由循环水传给周边房间，其不足部分可开动水系统中的加热设备补充。因此，对于具有多余热量或内部区域面积较大的建筑物，采用这种系统是最理想的。

（2）地下水源热泵系统

地下水源热泵系统有两种类型：开式地下水系统和闭式地下水系统。所谓开式地下水系统就是将地下水通过潜水泵直接供给水—水热泵机组或多台并联连接的热泵，吸收了房间的热量（或放出热量）后排入地表或回灌井中。系统定压由潜水泵和隔膜式膨胀罐来完成。

在供水管上设置电磁阀或电动阀可以控制供给系统地下水的流量。对于使用开式地下水系统的热泵或水—水热泵机组，考虑到腐蚀问题，建议机组换热器使用铜镍合金热交换器（经验表明，在低温地下水系统中，存在腐蚀和结垢的可能性）。使用开式地下水热泵系统时应具备以下几个条件：地下水水量充足，水质好，具有较高的稳定水位，建筑物高度低（降低潜水泵能量消耗）。在采用开式系统时，应首先进行水质分析。在闭式地下水系统中，使用板式热交换器把地下水和热泵机组水系统隔开。系统所用的地下水由单个或多个井提供，经过板式换热器与热泵机组的水系统换热，然后排向地表或者排入地下回灌井。由于地下水不进入热泵机组，因此避免了机组的腐蚀。

【任务实施】

一、冷媒管的安装

1. 配管注意事项

冷媒配管必须使用指定管径的配管。分歧接头可采用水平或垂直方式安装，分歧集管必须采取水平方向安装（分歧部不要使用 T 形管）。冷媒配管及冷媒分配器须用氮封焊接。冷媒配管及冷媒分配器外侧必须保温绝热处理。冷媒分配器的绝热要用附件的聚苯 EPP 保温套同现场的隔热材料进行缠绕处理，冷媒配管的绝热要用发泡橡胶管缠绕处理。在向室内机通电前，冷媒配管及冷媒分配器须经气密性试验和气洗操作。

冷媒管的固定。横向走管（铜管）支持物间隔原则见表 7 - 9。

表 7 - 9　横向走管支持物间隔

公称直径/mm	20 以下	25 ~ 40	50
最大间隔/m	1.0	1.5	2.0

2. 安装顺序及位置要求

1）冷媒配管接头在室外机右侧面，如图 7 - 24 所示。

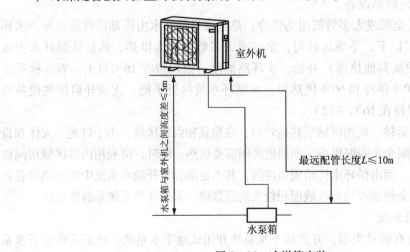

图 7 - 24　冷媒管安装

2) 配管从冷媒配管接头接出。
3) 从冷媒配管接头接出后,再向左、向右或者向后安装。
4) 各室内机型的对应接口,详见阀安装板上的系统区分标贴。
5) 室外机阀安装板示意如图 7-25 所示。

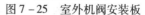

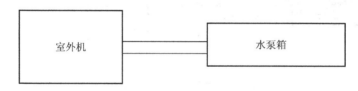

图 7-25 室外机阀安装板

3. 冷媒配管允许长度和高度差（见表 7-10）

表 7-10 冷媒配管允许长度和高度差 m

		允许值
最远配管实长/L		10
最大高度差	水泵箱—室外机间的高度差 H 室外上	5
	室外下	5

4. 室外机与水泵箱之间冷媒配管连接
1) 安装制冷剂管道,制冷剂管道安装示意如图 7-26。

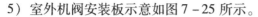

图 7-26 安装制冷剂管道安装示意图

注意事项:
①检查水泵箱与室外机之间的高度差、制冷剂管道的长度和弯曲数目是否符合下列要求:
  a. 高度差最大——5 m（如果高度差略大于 5 m,室外机最好放在水泵箱上方）。
  b. 管道长度——最大 10 m;
  c. 弯曲数目——最多 15 处;
②安装制冷剂管道过程中不要让空气、灰尘、水分和其他杂物侵入系统中。
③室外机与水泵箱固定好后,才能连接制冷剂管道。
④安装制冷剂管道时必须检查室外机高低压阀,全部关闭后方可进行。
2) 接管步骤。
①用软接头连接水泵箱与室内机的进水管、出水管,注水后检查有无漏水,然后连接室外机配管。配管弯曲排布要仔细,不要损坏配管。
②外机的截止阀应该处于完全关闭状态（如出厂状态）。每次连接应该从截止阀处拧下螺母,即刻接上扩口管（在 5 min 内）。在接管之前,应使用制冷剂冲出管内空气。
③可挠部分的管道应该用于水泵侧。
可挠部分的管道注意事项:
  a. 弯曲角度不要超过 90°;
  b. 弯曲处应该尽可能位于管长中心,弯曲半径越大越好;
  c. 不要把可挠管前后弯曲 3 次以上。

④弯曲薄壁制冷剂管的情形：做弯管操作时，在弯曲处绝热管中切掉需要量的凹口，然后弯曲管道；弯曲半径应尽量大，以防止管路变形或压坏；使用弯管器做小半径的弯曲。

二、水路系统安装

1. 安装示意图（见图 7-27）

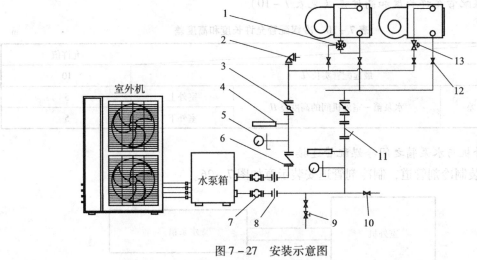

图 7-27 安装示意图

1—电动三通阀；2—安全阀；3—碟阀；4—温度计；5—压力表；6—止回阀；
7—软接头；8—活接头；9—自动补水阀；10—排水阀；11—Y 形过滤器；
12—截止阀；13—电动二通阀

2. 注意事项

1）蒸发器出、入水管要确实包扎好，以利于保温及防止冷凝水的产生。

2）为避免机组的振动经水管传到室内，水管与机组的进、出水管连接处要用防振软管。

3）机组的进、出水管都要安装压力表和温度计，以便于调试和日常运行中的检查。

4）家庭中央空调系统中水流量比较小，少量的气体就会导致循环水中断、冻坏蒸发器或形成断水保护，为了避免水系统中滞留空气，在水配管的最高点必须安装自动排气阀。

注意：自动排气阀不能安装于吊顶内，而应装在室外，以防排气时有水排出破坏房间天花吊顶。

5）机组内部已设有膨胀水箱，能缓和水温变化所引起的水体积变化对水配管的影响。为了隔离补给水对水配管水压的影响，机组的进水口必须安装一个自动补水阀对系统进行自动定压补水。

6）蒸发器进出管附近应安装活接头，以便检修时可将机体与水配管轻易分离，蒸发器的各出、入水管前要装阀门，并在进水口安装排水阀。

7）机组的进水口要安装不小于40目的水过滤器，以防杂物进入蒸发器造成堵塞，同时要经常清洗水过滤器，以保证水流正常。

8）水管的布置尽量隐蔽，尽量减小局部阻力，同时要避免增加装修工程量，阀门的安装要考虑其维修方便，风机盘管位置必须要留检修口。

水系统安装好后,必须进行水压实验,通过增压泵使系统的压力逐渐达到 0.6 MPa 后,保持 30 min,检查系统管路有无泄漏。否则必须予以整改。

9) 系统水管路必须冲洗,严禁管道在未冲洗前就与机组连接。

三、排水管安装

1. 排水管的倾度要求与支持

1) 排水管以 1/100 以上向下倾斜(见图 7-28)。

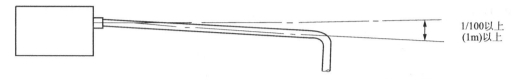

图 7-28 排水管倾斜

2) 排水管布置得要尽可能短。

3) 横向走管尽可能短。如果较长时,为了保持 1/100 倾斜度,在支撑间隔位,用吊装螺钉吊起(要防止弯曲)。其规格见表 7-11。

表 7-11 支持工具间隙

	公称直径/mm	支撑工具间隔/m
硬质 PVC 管	25~40	1.5~2

2. 集水

1) 排水配管连接部有负压的室内机,要设计排水集水器。

2) 每台室内机都要设计排水集水器(两台以上室内机排水配管合流后,即使安装集水器效果也不佳)。

3) 排水集水器要设计塞(开关),以便于清扫(见图 7-29)。

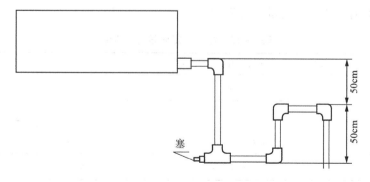

图 7-29 排水集水器要设计塞

4) 排水配管注意事项:

①排水配管应和室内机排水管接口的尺寸一致或偏大。

②排水配管要认真执行保温措施,不保温会造成结露。保温部位一定要保温到室内机连接部,具体尺寸见表 7-12。

表7-12 配管尺寸及保温材料 (mm)

配管尺寸	公称直径25
保温材料	聚乙烯发泡厚6

③要认真连接(特别是硬质管),注意要记得涂粘结剂。

3. 集中排水配管(见图7-30)

1)从上部连接到横向主配管,而且使用的集中排水配管(总配管)公称直径在 φ30 mm以上。

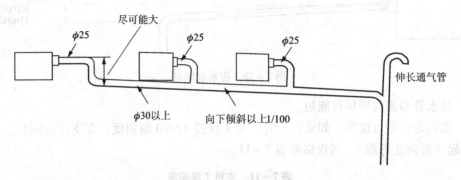

图7-30 集中排水配管

2)为了使横向主配管不要太长,应尽可能少接室内机,即室内机台数尽可能少。

3)内附带排水泵的室内机和自然排水的室内机配管集中至各自的横向引出管。

4. 集中排水配管的直径选择

连接到集中配管的室内机台数→计算出排水量→选择配管直径。

(1) 容许流量的计算

容许流量 = 连接到集中排水管上所有室内机的制冷量(单位:匹,HP)× 2 l/hr

注:从室内机出来的排水量,1HP相当于 2 l/hr。

(2) 根据计算所得容许流量查表7-13。

表7-13 根据计算所得容许流量

集中排水管	容许流量(坡度为1/100)/(l·hr^{-1})	内径/mm	壁厚/mm
硬质PVC	∽≤14	φ25	3.0
硬质PVC	14<∽≤88	φ30	3.5
硬质PVC	88<∽≤175	φ40	4.0
硬质PVC	175<∽≤334	φ50	4.5
硬质PVC	334<∽	φ80	6.0

注意:适用于横向引出配管时的情况。

项目 7 中央空调的安装与维修

【任务测试】

任务评价见表 7-14。

表 7-14 任务评价

作品评价	标准：中央空调安装规范					
						评分（满分 60）
自我评价	标准：真实，客观，理由充分。					
						评分（满分 10）
组内互评	学号	姓名	评分（满分 10）	学号	姓名	评分（满分 10）
	注意：最高分与最低分相差最少 3，同分人最多 3，某一成员分数不得超平均分 ±3。					
组间互评	标准：真实，客观，理由充分。					
						评分（满分 10）
教师评价	标准：根据学生答辩情况真实、客观地进行打分，并给出充分理由。					
						评分（满分 10）
签字	任务完成人签字：　　　　　　　　日期：年　月　日					
	指导教师签字：　　　　　　　　　日期：年　月　日					

【拓展知识】

一、冷水机组运行前的检查与准备工作

1. 离心式机组开机前的检查与准备工作

离心式冷水机组因开机前停机的时间长短不同和所处的状态不同而有日常开机和年度开机之分，这同时也决定了日常开机前与年度开机前的检查和准备工作的侧重点不同。

（1）日常开机前的检查与准备工作

日常开机指每天开机（如写字楼、大型商场的中央空调系统，通常晚上停止运行、早上重新开机）或经常开机（如影剧院、会展场馆的中央空调系统，不一定每天要运行，但运行的次数也比较频繁）的情况。

离心式冷水机组日常开机前的检查与准备工作以特灵 CVHE 型三级压缩离心式冷水机组为例，介绍如下：

1）确认油位和油温油箱中的油位必须达到或超过低位视镜，油温为 60℃~63℃；

2）确认导叶的控制旋钮是在"自动"位置上，而导叶的指示是关闭的；

3) 确认油泵开关是否在"自动"位置上,如果是在"开"的位置,则机组将不能启动;

4) 检查抽气回收开关,确认抽气回收开关设置在"定时"上;

5) 确认机组各有关阀门的开、关或阀位应在规定位置;

6) 检查冷冻水供水温度设定值,冷冻水供水温度设定值通常为7℃,不符合要求可以进行调节,但不是特别需要最好不要随意改变该值;

7) 确认制冷剂的高低压显示值应在正常停机范围内;

8) 检查主电机电流限制设定值,通常主电机(即压缩机电机)最大负荷的电流限制应设定在100%位置,除特殊情况下要求以低百分比电流限制机组运行外,不得任意改变设定值;

9) 检查电压和供电状态,三相电压应均在380 V±10 V,冷水机组、水泵、冷却塔的电源开关、隔离开关、控制开关均在正常供电状态;

10) 如果是因为故障原因而停机维修的,在故障排除后要将因维修需要而关闭的阀门打开。

(2) 年度开机前的检查与准备工作

年度开机或称季节性开机,是指冷水机组停用很长一段时间后重新投入使用,例如机组在冬季和初春季节停止使用后,又准备投入运行。离心式机组年度开机前要做好以下检查与准备工作:

1) 检查电路中的随机熔断管是否完好无损,对主电动机的相电压进行测定,其相平均不稳定电压应不超过额定电压的2%;

2) 检查主电动机旋转方向是否正确、各继电器的整定值是否在说明书规定的范围内;

3) 检查油泵旋转方向是否正确、油压差是否符合说明书的规定要求;

4) 检查制冷系统内的制冷剂是否达到规定的液面要求、是否有泄漏情况;

5) 因冬季防冻而排空了水的冷凝器和蒸发器及相关管道要重新排除空气,充满水;

6) 润滑导叶调节装置外部的叶片控制连接装置;

7) 检查冷冻水泵、冷却水泵、冷却塔(检查项目参见项目4中的相关内容);

8) 检查机组和水系统中的所有阀门是否操作灵活,有无泄漏或卡死现象;各阀门的开、关位置是否符合系统的运行要求。

完成上述各项检查与准备工作后,再接着做日常开机前的检查与准备工作。当全部检查与准备工作完成后,合上所有的隔离开关即可进入冷水机组及其水系统的启动操作阶段。

2. 螺杆式机组开机前的检查与准备工作

螺杆式冷水机组日常开机前的检查与准备工作因其压缩机类型不同,部分内容有别于离心式冷水机组,年度开机前的检查与准备工作则基本相同。

(1) 日常开机前的检查与准备工作

螺杆式冷水机组日常开机前的检查与准备工作以特灵RTHA型双螺杆冷水机组为例,介绍如下:

1) 启动冷冻水泵;

2) 把冷水机组的三位开关拨到"等待/复位"的位置,此时,如果冷冻水通过蒸发器的流量符合要求,则冷冻水流量的状态指示灯亮;

3) 确认滑阀控制开关是设在"自动"的位置上;

4) 检查冷冻水供水温度的设定值,如有需要可改变此设定值;

5) 检查主电动机电流极限设定值,如有需要可改变此设定值。

(2) 年度开机前的检查与准备工作

螺杆式机组年度开机前的检查与准备工作的主要内容和离心式机组相同,要注意的是:在螺杆式机组运转前必须给油加热器先通电 12 h,对润滑油进行加热。

3. 活塞式机组开机前的检查与准备工作

活塞式冷水机组开机前的检查与准备工作,因工作侧重点和内容的不同分为日常开机前与年度开机前的检查和准备工作两种情况。

(1) 日常开机前的检查与准备工作

目前广泛使用的活塞式冷水机组均为多台(最多可达 8 台)半封闭压缩机组合的机型,俗称多机头机型,其日常开机前的检查与准备工作以开利 30 HK/HR 型活塞式冷水机组为例,介绍如下:

1) 检查每台压缩机的油位和油温。

① 油面在 1/8 ~ 3/8;

② 油温在 40℃ ~ 50℃,手摸加热器感到发烫。

2) 检查主电源电压和电流。

① 电源电压在 340 ~ 440 V;

② 三相电压不平衡值 < 额定电压 2% (> 额定电压 2% 绝对不能开机);

③ 三相电流不平衡值 < 额定电压 10%。

3) 启动冷冻水泵和冷却水泵,两个水系统的循环建立起来以后,调节蒸发器和冷凝器进出口阀门的开度,使两器的进出口压差均在 0.05 MPa(0.5 kg/cm^2)左右。

4) 检查冷冻水供水温度的设定值是否合适,不合适可改设。

(2) 年度开机前的检查与准备工作

活塞式机组年度开机前的检查与准备工作的主要内容与离心式机组相同,可参见离心机组中的有关部分。需要注意的是:活塞式机组正式启动前必须打开吸排气阀门,并接通电加热器对曲轴箱的润滑油预加热 24 h 以上。

二、冷水机组及其水系统的启动

1. 离心式机组及其水系统的启动

仍以特灵 CVHE 型三级压缩离心式冷水机组为例。当机组启动前的检查(包括前述运行值班人员的检查和机组自控装置的自检)和准备工作(包括两个水系统工作循环的建立)全部完成后,油泵将会被启动,并在 33 s 内达到足够的油压,当油压成功建立时,紧接着自动进行 15 s 的预润滑,完成预润滑后压缩机电动机启动,并加速达到正常运转速度。

对于特灵 CVHE 型三级压缩离心式冷水机组来说,机组的启动是由机组控制柜按既定的逻辑顺序控制的,当给冷水机组送上电并将控制柜上的冷水机组开关设置在"等待/复位"位置后,控制柜即开始自动顺序检查或启动相关装置。在此过程中,如果某一状态或动作达不到要求,就会有自锁故障诊断代码在显示器上显示出来,并停止后续检查或启动相关装置的工作。此时,该故障状态不排除,机组就不能再启动。

2. 螺杆式机组及其水系统的启动

对于特灵 RTHA 型双螺杆冷水机组来说，在做好了前述启动前的各项检查与准备工作后，接着将机组的三位开关从"等待/复位"调节到"自动/遥控"或"自动/就地"位置，机组的微处理器便会依次自动进行以下两项检查，并决定机组是否启动。

1）检查压缩机电机的绕组温度。如果绕组温度小于 74℃（165 ℉），则延时 2 min；如果绕组温度大于或等于 74℃（165 ℉），则延时 5 min 进行下一项检查。

2）检查蒸发器的出水温度。将此温度与冷冻水供水温度的设定值进行比较，如果两值的差小于设定的启动值差，则说明不需要制冷，即机组不需要启动；如果大于启动值差，则机组进入预备启动状态，制冷需求指示灯亮。

当机组处于启动状态后，微处理器马上发出一个信号启动冷却水泵，在 3 min 内如果证实冷却水循环已经建立，微处理器又会发出一个信号至启动器屏去启动压缩机电动机，并断开主电磁阀，使润滑油流至加载电磁阀、卸载电磁阀以及轴承润滑油系统。在 15~45 s 内，润滑油流量满足启动要求，则压缩机电动机开始启动。压缩机电动机的 Y-△ 启动转换必须在 2.5 s 之内完成，否则机组启动失败。如果压缩机电动机成功启动并加载，运转状态指示灯会亮起来。

在上述冷水机组启动过程中，机组微处理器会自动检查与控制每一个参数和步骤，达不到要求就会停止机组的启动。如果有故障，则故障不排除，机组就不能启动。

3. 活塞式机组及其水系统的启动

仍以开利 30HK/HR 型活塞式冷水机组为例，由于这两种型号的机组大都具有两组独立的制冷回路，分别叫作 A 系统和 B 系统，每一回路都有若干台活塞式压缩机。因此，在机组启动时先要确定哪个回路首先开始启动，即在机组的控制面板上要确定将选择旋钮放在"A"还是"B"的位置上。确定好后按"ON"或"L"按钮，机组就可以启动了。

如果选择旋钮放在"A"的位置，则 A 系统的第一台压缩机首先启动，当需要增载时，若干分钟后机组会自动启动 B 系统的第一台压缩机；如果还要增载，则再过若干分钟后机组又会自动再启动 A 系统的第二台压缩机，依次交替启动，直至两个制冷回路的压缩机全部启动运行为止。

显然，如果将选择旋钮放在"B"的位置，则首先启动的是 B 系统的第一台压缩机，根据需要，若干分钟后机组又会自动启动 A 系统的第一台压缩机，其后依次交叉启动。

任务3　中央空调风系统的安装与维修

学习任务单

学习领域	制冷设备安装调试与维修	
项目 7	中央空调安装与维修	学时
学习任务 3	中央空调风系统的安装与维修	6

续表

学习领域	制冷设备安装调试与维修
学习目标	1. 知识目标 （1）了解中央空调风系统的分类； （2）掌握中央空调风系统的布置方法。 2. 能力目标 （1）会布置中央空调风系统管线； （2）能熟练安装各种风管路及设备。 3. 素质目标 （1）培养学生的安全操作和文明安装意识； （2）培养学生的团队协作意识和吃苦耐劳精神

一、任务描述
（1）有一中央空调风管路安装现场，学生分组讨论，能应用所学知识并仔细阅读中央空调系统的安装工艺；
（2）根据图纸要求判断风管路走向及安装位置，能熟练进行管路及附属配件的安装，并能熟练制作管路的保温、防腐层。

二、任务实施
（1）学生分组，熟悉中央空调通风系统；
（2）小组按工作任务单进行分析和资料学习；
（3）小组经过讨论确定工作方案，每小组由中心发言人讲解，经过全体同学讨论，确定最佳工作方案；
（4）各小组成员分工明确，进行实际维修操作；
（5）检查总结。

三、相关资源
（1）教材；
（2）教学录像；
（3）教学课件；
（4）图片；
（5）冷水机组。

四、教学要求
（1）认真进行课前预习，充分利用教学资源；
（2）充分发挥团队合作精神，制定合理的工作方案；
（3）团队之间相互学习、相互借鉴，提高学习效率。

风机和水泵是中央空调系统中使用最多的流体输送机械，由于其数量多、分布广、耗能大，因此，精心做好风机和水泵的运行管理工作显得意义重大。

一、风机的运行管理

风机是通风机的简称，在中央空调系统各组成装置中用到的风机主要是离心式通风机（简称离心风机）和轴流式通风机（简称轴流风机）。通常空气处理机组（如柜式、吊顶式风机盘管和组合式空调机组）、单元式空调机以及小型风机盘管都采用离心风机。由于使用要求和布置形式的不同，各装置所采用的离心风机还有单进风和双进风、一个电动机带一个风机或两个风机之分。轴流风机主要是在冷却塔和风冷冷凝器中使用，并不是所有型号的叶片角度都能随意改变，一般小型轴流风机的叶片角度是固定不变的。

1. 检查与维护保养

风机的检查分为停机检查和运行检查，检查时风机的状态不同，检查内容也不同。风机的维护保养工作一般是在停机时进行的。

（1）停机检查及维护保养工作

风机停机可分为日常停机（如白天使用，夜晚停机）或季节性停机（如每年四至十一月份使用，十二至三月份停机）。从维护保养的角度出发，停机（特别是日常停机）时主要应做好以下几方面的工作。

1）皮带松紧度检查。

对于连续运行的风机，必须定期（一般一个月）停机检查调整一次；对于间歇运行（如一般写字楼的中央空调系统一天运行 10h 左右）的风机，则在停机不用时进行检查调整工作，一般也是一个月做一次。

2）各连接螺栓螺母紧固情况检查。

在做上述皮带松紧度检查时，同时进行风机与基础或机架、风机与电动机以及风机自身各部分（主要是外部）连接螺栓螺母是否松动的检查紧固工作。

3）减振装置受力情况检查。

在日常运行值班时要注意检查减振装置是否发挥了作用，是否工作正常。主要检查各减振装置是否受力均匀，压缩或拉伸的距离是否都在允许范围内，有问题要及时调整和更换。

4）轴承润滑情况检查。

风机如果常年运行，轴承的润滑脂应半年左右更换一次；如果只是季节性使用，则一年更换一次。

（2）运行检查工作

风机有些问题和故障只有在运行时才会反映出来，风机在转并不表示它的一切工作正常，需要通过运行管理人员的摸、看、听及借助其他技术手段及时发现风机运行中存在的问题和故障。因此，运行检查工作是不能忽视的一项重要工作，其主要检查内容有：电动机温升情况；轴承温升情况（不能超过 60℃）；轴承润滑情况；噪声情况；振动情况；转速情况；软接头完好情况。

如果发现上述情况有异常，要及时处理，避免产生事故，造成损失。

2. 运行调节

风机的运行调节主要是改变其输出的空气流量，以满足相应的变风量要求。调节方式可以分为两大类：一类是风机转速改变的变速调节，一类是风机转速不变的恒速调节。

（1）风机变速风量调节

风机变速风量调节实质上是改变风机性能曲线的调节方法，改变风机转速的方式很多，但常用的主要是改变电动机转速和改变风机与电动机间的传动关系。

1）改变电机转速。

常用的电动机调速方法按效率高低顺序排列有：

①变极对数调速；

②变频调速、串级调速、无换向器电机调速；

③转子串电阻调速、转子斩波调速、调压调速、涡流（感应）制动器调速。

有关电动机调速原理和应用的详细内容可参阅有关文献。

2）改变风机与电动机间的传动关系。

调节风机与电动机间的传动机构，即改变传动比，也可以达到风机变速的目的。常用的方法有：

①更换皮带轮；

②调节齿轮变速箱；

③调节液力偶合器。

①和②两种调节方法显然是不能连续进行的,需要停机,其中更换皮带轮调节风量比较麻烦,需要做传动部件的拆装工作。液力偶合器倒是可以根据需要随时进行风量的调节,但作为一个专门的调节装置,需要投入专项资金另外配置。

(2) 风机恒速风量调节

风机恒速风量调节即保持风机转速不变的风量调节方式,其主要方法有以下几点:

1) 改变叶片角度。

改变叶片角度是只适用于轴流风机的定转速风量调节方法,其是通过改变叶片的安装角度,使风机的性能曲线发生变化,这种变化与改变转速的变化特性很相似。由于叶片角度通常只能在停机时才能进行调节,调节起来很麻烦,而且为了保持风机效率不至太低,这个角度的调节范围较小,再加上小型轴流风机的叶片一般都是固定的,因此,该调节方法的使用受到很大限制。

2) 调节进口导流器。

调节进口导流器是通过改变安装在风机进口的导流器叶片角度,使进入叶轮的气流方向发生变化,从而使风机性能曲线发生改变的定转速风量调节方法。导流器调节主要用于轴流风机,并且可以进行不停机的无级调节。从节省功率情况来看,其虽然不如变速调节,但比阀门调节要有利得多;从调节的方便、适用情况来看,又比风机叶片角度调节优越得多。

(3) 启动注意事项

风机从启动到正常工作转速需要一定时间,而电动机启动时所需要的功率超过其正常运转时的功率。由离心风机性能曲线可以看出,风量接近于零(进风口管道阀门全闭)时功率较小,风量最大(进风口管道阀门全开)时功率较大。为了保证电动机安全启动,应将离心风机进口阀门全关闭后启动,待风机达到正常工作转速后再将阀门逐渐打开,避免因启动负荷过大而危及电动机的安全运转。轴流风机无此特点,因此不宜关阀启动。

3. 常见问题与故障的分析和解决方法

风机不论是在制造、安装,还是选用和维护保养方面,稍有缺陷即会在运行中产生各种问题和故障。了解这些常见问题和故障,掌握其产生的原因和解决方法,是及时发现与正确解决这些问题和故障,保证风机充分发挥其作用的基础。风机常见问题与故障的分析和解决方法参见表7-15。

表7-15 风机常见问题与故障的分析和解决方法

问题或故障	原因分析	解决方法
电机温升过高	1. 流量超过额定值; 2. 电动机或电源方面有问题	1. 关小阀门; 2. 查找电动机和电源方面的原因
轴承温升过高	1. 润滑油(脂)不够; 2. 润滑油(脂)质量不良; 3. 风机轴与电动机轴不同心; 4. 轴承损坏; 5. 两轴承不同心	1. 加足; 2. 清洗轴承后更换合格润滑油(脂); 3. 调整同心; 4. 更换; 5. 找正
皮带方面的问题	1. 皮带过松(跳动)或过紧; 2. 多条皮带传动时,松紧不一; 3. 皮带易自己脱落; 4. 皮带擦碰皮带保护罩; 5. 皮带磨损、油腻或脏污	1. 调电动机位张紧或放松 2. 全部更换; 3. 将两皮带轮对应的带槽调到一条直线上; 4. 张紧皮带或调整保护罩; 5. 更换

续表

问题或故障	原因分析	解决方法
噪声过大	1. 叶轮与进风口或机壳摩擦； 2. 轴承部件磨损，间隙过大； 3. 转速过高	1. 更换或调整； 2. 降低转速或更换风机
振动过大	1. 地脚螺栓或其他连接螺栓的螺母松动； 2. 轴承磨损或松动； 3. 风机轴与电动机轴不同心； 4. 叶轮与轴的连接松动； 5. 叶片重量不对称或部分叶片磨损、腐蚀； 6. 叶片上附有不均匀的附着物； 7. 叶轮上的平衡块重量或位置不对； 8. 风机与电动机两皮带轮的轴不平衡	1. 拧紧； 2. 更换或调紧； 3. 调整同心； 4. 紧固； 5. 调整平衡或更换叶片或叶轮； 6. 清洁； 7. 进行平衡校正； 8. 调整平衡
叶轮与进风口或机壳摩擦	1. 轴承在轴承座中松动； 2. 叶轮中心未在进风口中心； 3. 叶轮与轴的连接松动； 4. 叶轮变形	1. 紧固； 2. 查明原因，调整； 3. 紧固； 4. 更换
出风量偏小	1. 叶轮旋转方向反了； 2. 阀门开度不够； 3. 皮带过松； 4. 转速不够； 5. 进风或出风口、管道堵塞； 6. 叶轮与轴的连接松动； 7. 叶轮与进风口间隙过大； 8. 风机制造质量问题，达不到铭牌上标定的额定风量	1. 调换电机任意两根接线位置； 2. 开大到合适开度； 3. 张紧或更换； 4. 检查电压、轴承； 5. 清除堵塞物； 6. 紧固； 7. 调整到合适间隙； 8. 更换合适风机

二、水泵的运行管理

在中央空调系统的水系统中，不论是冷却水系统还是冷冻水系统，驱动水循环流动所采用的水泵绝大多数是各种卧式单级单吸或双吸清水泵（简称离心泵），只有极少数的小型水系统采用管道离心泵（属于立式单吸泵，简称管道泵）。这两种水泵的工作原理相同，其最大区别是管道泵的电动机为立式安装，而且与水泵连为一个整体，不需要另外占安装位。即其占地面积小，与管道连接方便，使用灵活，但同时其流量和扬程也受到了限制，这就是它只能在小型水系统中使用的根本原因。

由于这两种水泵不仅工作原理相同，而且基本组成和构造也相似，因此在维护保养、运行调节以及运行中常见问题和故障的产生原因及解决方法等方面都有许多相同之处。为了节省篇幅，后面有关内容都以卧式离心泵为主进行讨论，管道泵可以参考。

1. 检查与维护保养

水泵启动时要求必须充满水，运行时又与水长期接触，由于水质的影响，使得水泵的工作条件比风机差，因此，其检查与维护保养的工作内容比风机多，要求也比风机高一些。

（1）检查工作

对水泵的检查工作，根据检查的内容所需条件以及侧重点的不同，可分为启动前的检查与准备工作、启动检查工作和运行检查工作三个部分。

1）启动前的检查与准备工作。

当水泵停用时间较长或是在检修及解体清洗后准备投入使用时，必须要在开机前做好以

下检查与准备工作:

①水泵轴承的润滑油充足、良好。

②水泵及电动机的地脚螺栓与联轴器(又叫靠背轮)螺栓无脱落或松动。

③水泵及进水管部分全部充满了水,当从手动放气阀放出的水没有气时即可认定充满。如果能将出水管也充满水,则更有利于一次开机成功。在充水的过程中,要注意排放空气。

④轴封不漏水或为滴水状(但每分钟的滴数符合要求)。如果漏水或滴数过多,要查明原因并改进到符合要求。

⑤关闭好出水管的阀门,以有利于水泵的启动,如装有电磁阀,则手动阀应是开启的、电磁阀为关闭的。同时要检查电磁阀的开关是否动作正确、可靠。

⑥对卧式泵,要用手盘动联轴器,看水泵叶轮是否能转动,如果转不动,则要查明原因,消除隐患。

2) 启动检查工作。

启动检查工作是启动前停机状态检查工作的延续,因为有些问题只有水泵"转"起来了才能发现,不转是发现不了的。例如泵轴(叶轮)的旋转方向就要通过点动电动机来看泵轴的旋转方向是否正确、转动是否灵活。以 IS 型水泵为例,正确的旋转方向为从电动机端往泵方向看泵轴(叶轮)是顺时针方向旋转。如果旋转方向相反要改过来;转动不灵活要查找原因,使其变灵活。

3) 运行检查工作。

水泵有些问题或故障在停机状态或短时间运行时是不会出现或产生的,必须运行较长时间才能出现或产生。因此,运行检查工作是检查工作中不可缺少的一个重要环节。

同时,这种检查的内容也是水泵日常运行时需要运行值班人员经常关照的常规检查项目,应给予充分重视。

①电动机不能有过高的温升,且无异味产生。

②轴承温度不得超过周围环境温度 35℃~40℃,轴承的极限最高温度不得高于 80℃。

③轴封处(除规定要滴水的型式外)、管接头均无漏水现象。

④无异常噪声和振动。

⑤地脚螺栓和其他各连接螺栓的螺母无松动。

⑥基础台下的减振装置受力均匀,进出水管处的软接头无明显变形,都起到了减振和隔振作用。

⑦电流在正常范围内。

⑧压力表指示正常且稳定,无剧烈抖动。

(2) 定期维护保养工作

为了使水泵能安全、正常地运行,为整个中央空调系统的正常运行提供基本保证,除了要做好其启动前、启动以及运行中的检查工作,保证水泵有一个良好的工作状态,发现问题能及时解决,出现故障能及时排除以外,还需要定期做好以下几方面的维护保养工作。

1) 加油。

轴承采用润滑油润滑的,在水泵使用期间,每天都要观察油位是否在油镜标识范围内。油不够就要通过注油杯加油,并且要一年清洗换油一次。根据工作环境温度情况,润滑油可以采用 20 号或 30 号机械油。

轴承采用润滑脂（俗称黄油）润滑的，在水泵使用期间，每工作2 000 h换油一次。润滑脂最好使用钙基脂，也可以采用7019号高级轴承脂。

2）更换轴封。

由于填料用一段时间就会磨损，当发现漏水或漏水滴数（mL/h）超标时就要考虑是否需要压紧或更换轴封。对于采用普通填料的轴封，泄漏量一般不得大于30~60 mL/h，而机械密封的泄漏量则一般不得大于10 mL/h。

3）解体检修。

一般每年应对水泵进行一次解体检修，内容包括清洗和检查。清洗主要是刮去叶轮内外表面的水垢，特别是叶轮流道内的水垢要清除干净，因为它对水泵的流量和效率影响很大。此外还要注意清洗泵壳的内表面以及轴承。在清洗过程中，应对水泵的各个部件进行详细认真的检查，以便确定是否需要修理或更换，特别是叶轮、密封环、轴承、填料等部件要重点检查。

4）除锈刷漆。

水泵在使用时，通常都处于潮湿的空气环境中，有些没有进行保温处理的冷冻水泵，在运行时泵体表面更是被水覆盖（结露所致），长期这样，泵体的部分表面就会生锈。为此，每年应对没有进行保温处理的冷冻水泵泵体表面进行一次除锈刷漆作业。

5）放水防冻。

水泵停用期间，如果环境温度低于0℃，就要将泵内的水全部放干净，以免水的冻胀作用胀裂泵体。特别是安装在室外工作的水泵（包括水管），尤其不能忽视。如果不注意好这方面的工作，会带来重大损坏。

2. 运行调节

在中央空调系统中配置使用的水泵，由于使用要求和场合的不同，既有单台工作的，也有联合工作的；既有并联工作的，也有串联工作的，形式多种多样。例如在循环冷却水系统中，常见的水泵使用形式就有以下三种：

1）冷水机组、水泵、冷却塔分类并联然后连接组成的系统，简称群机群泵对群塔系统，如图7-31所示。

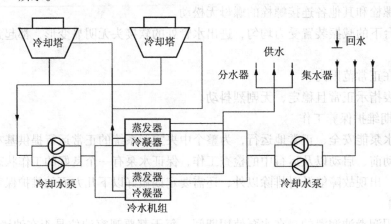

图7-31 群机群泵对群塔系统

2）冷水机组与水泵一一对应与并联的冷却塔连接组成的系统，简称一机一泵对群塔系统,如图 7-32 所示。

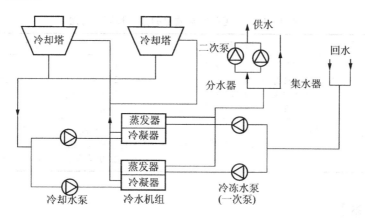

图 7-32 一机一泵对群塔系统

3) 冷水机组、水泵、冷却塔一一对应分别连接组成的系统,简称一机一泵一塔系统,如图 7-33 所示。

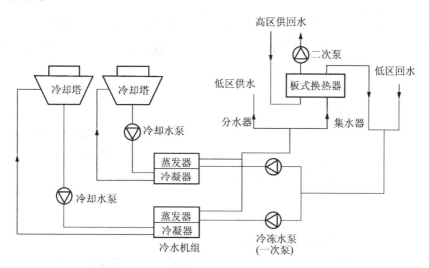

图 7-33 一机一泵一塔系统

不论水泵在水系统中如何配置,其运行调节主要是围绕改变系统中的水流量以适应负荷变化的需要进行的。因此,可以根据情况采用以下三种基本调节方式中的一种:

①水泵转数调节;

②并联水泵台数调节;

③并联水泵台数与转数的组合调节。

在水泵的日常运行调节中还要注意两个问题,一是在出水管阀门关闭的情况下,水泵的连续运转时间不宜超过 3min,以免水温升高导致水泵零部件损坏;二是当水泵长时间运行时应尽量保证其在铭牌规定的流量和扬程附近工作,使水泵在高效率区运行(水泵变速运行时也要注意这一点),以获得最大的节能效果。

3. 常见故障与问题的分析和解决方法

水泵在启动后及运行中经常出现的问题和故障及其原因分析与解决方法可参见

表 7-16。

表 7-16 常见问题与故障的分析和解决方法

问题或故障	原因分析	解决方法
启动后出水管不出水	1. 进水管和泵内的水严重不足； 2. 叶轮旋转方向反了； 3. 进水和出水阀门未打开； 4. 进水管部分或叶轮内有异物堵塞	1. 将水充满； 2. 调换电动机任意两根接线位置； 3. 打开阀门； 4. 清除异物
启动后出水压力表有显示，但管道系统末端无水	1. 转速未达到额定值； 2. 管道系统阻力大于水泵额定扬程	1. 检查电压是否偏低，填料是否压得过紧，轴承是否润滑不够； 2. 更换合适的水泵或加大管径、截短管路

【任务实施】

一、风管的制作

1. 风管材料选择

风管的选材标准：内部光滑、摩擦阻力小、不吸湿、不可燃、耐腐蚀、寿命长、重量轻、气密性好、不积灰、易清洗。MDV 风管的管材一般可选镀锌钢板、铝板、玻璃钢、塑料板等；短风管也可用铝箔风管。

2. 风管的加工

风管的加工要满足设计要求。

风管一般采用分段加工的方法，每段风管长宜为 1.8~4 m。为提高风管钢性，一般需要在管壁全外侧采用加强筋，风管一般采用法兰连接，中间加 3 mm 石棉垫片，以防漏风。目前还普遍使用密封胶和胶带纸对接头部分进行密封。

3. 风管的形状

（1）风管的类型

风管一般有圆形、矩形两种，其比较如下：

1）圆形风管：耗钢少，但占有效空间大，其弯管与三通需较长距离。

2）矩形风管：占有效空间小、易于布置，明装较美观，高宽比宜在 2.5 以下。

（2）风管的规格

圆形风管应优先采用基本系列，矩形风管的长边与短边之比不宜大于 4:1。风管应为外径或外边；砖、混凝土风管应为内径或内边长。

4. 风管的壁厚

以钢制风管为例，其他材料风管的壁厚查《施工及验收规范》相关标准。

二、风管的安装

1）风管及部件穿墙、过楼板或屋面时，应设预留孔洞，尺寸和位置应符合设计要求。

2）现场风管接口的配置，不得缩小其有效截面。

3）风管支、吊架的不得设置在风口、阀门、检查门及自动控制机构处；吊杆不宜直接固定在法兰上。

4) 现场风管接口的配置，不得缩小其有效截面。

5) 风管吊装的偏差标准见表 7-17。

表 7-17 风管吊装的偏差标准

	水平安装	垂直安装
明装风管	$\delta \leq 3$ mm/m, $\Delta \leq 20$ mm	$\delta \leq 6$ mm/m, $\Delta \leq 20$ mm
暗装风管	位置正确、无明显偏差	

注：δ—每米的偏差；Δ—总的偏差。

6) 保温风管的支、吊架宜设在保温层外部，并不得损坏保温层。

7) 风管支、吊架的间距，如设计无要求，应符合表 7-18 的规定。

表 7-18 风管支、吊架的间距

	直径（长边）尺寸 < 400	直径（长边）尺寸 ≥ 400
水平间距	≤4	≤3
垂直间距	≤4，每根立管的固定件不应少于 2 个	

三、风口的布置

1. 风口的类型

常用的风口形式有百叶送风口、散流器和线性风口。

2. 风口的规格

风口规格应以颈部外径或外边为准，其允许偏差值如下：

(1) 圆形风口尺寸允许偏差（见表 7-19）。

表 7-19 圆形风口尺寸允许偏差　　　　　　　　　　　　　　　mm

直径	≤250	>250
允许偏差	0 ~ -2	0 ~ -3

(2) 矩形风口尺寸允许偏差（见表 7-20）。

表 7-20 矩形风口尺寸允许偏差　　　　　　　　　　　　　　　mm

直径	<300	300 ~ 800	>800
允许偏差	0 ~ -1	0 ~ -2	0 ~ -3
对角线长度	<300	300 ~ 500	>500
两对角线长度	≤1	≤2	≤3

3. 风口的布置

空调设计施工中，无论是制冷还是制热，都要用风口把冷（热）量送至调节的地方，因此，正确选用风口十分重要。

(1) 出风口布置

出风口的选用受很多因素的制约，如：

1) 室内装修的结构要求；

2) 房间的气流组织要求；

3) 风口的安装及连接形式。

在协调好各方面的关系同时，必须注意以下几个问题：

1) 尽可能保证室内参数（主要是温度）的均匀性；

2) 防止送、回风空气短路导致空调效果不良；

3) 防止夏天时直接对人体吹冷风。

（2）回风口布置

1) 回风口不应设在射流区内和人员长时间停留的地点，以防止气流短路、断路，采用侧送时，宜设在送风口的同侧。

2) 对于侧送风口，回风口一般设在同侧下方，如果采用孔板或散流器平行流送风时，回风口也多布置在下侧。为避免灰尘和杂物吸入，回风口下缘离地面至少保持 0.15 m。高大厂房上部有余热，宜在上部增设回风口或排风口，以排余热。

3) 散流器送风口，其靠墙处距离不少于散流器间距的 1/20。

（3）新风口布置

1) 新风口宜布置于较洁净地点，尽量远离排风口。

2) 新风口尽量布置于排风口上侧。

3) 新风口布置于尽量背阴处，避免在屋顶、西墙上，并且离地有 2 m，有绿地处最少应有 1 m，在风口处要有百叶窗。

（4）风口的制作安装

1) 回风口尽量采用美的回风面板。

2) 出风口尽量设置静压箱，以消除部分噪声。

3) 注意风管的保温以及风口的防凝露措施。

4) 风口外表面不得有明显的划、压痕与花斑，颜色应一致，焊点应光滑。

5) 球形风口内外球面间的配合应转动自如、定位后无松动。

6) 散流器的扩散环和调节环应同轴，径向间距分布应匀称。

四、风机盘管的维修

1) 清洗风机铝翅片的过程必须先拆卸风机电动机和叶轮，对电动机、电容是否烧坏进行检查。

2) 夏天制冷时，由于冷凝水多，在托盘中溶入冷凝水排水管时，容易产生菌团和藻类，堵塞冷凝排水管，所以应对托盘进行清洗和杀菌灭藻等保养工作。

3) 对风机盘管清洗集水盘后，进行消毒杀菌及凝结水管疏通，定期在风机盘管集水盘放置风机盘管消毒杀菌片，可防止因为细菌、藻类繁殖而堵管。

4) 对风机盘管风机叶轮、蜗壳和电动机、轴等拆洗除尘。

5) 维修过程主要包括检修、清洗（除垢、杀菌、风机盘管表冷器除藻）、风机盘管及进、出风口的维护。具体清洗流程如下：

①回风口过滤网的清洗杀菌消毒。

②送风系统杀菌消毒。

③风机盘管表冷器，用专用中央空调清洗剂进行清洗、除垢、杀菌，保持通风顺畅。

项目 7　中央空调的安装与维修

④对盘管风机叶轮、蜗壳、马达积尘进行清扫，电动机转轴加油。

⑤除去接水盘、过滤器污泥、杂物，并清洗干净，保持水流畅通。

⑥保持进、出风栅清洁卫生。

⑦检查水管是否连接牢固。

⑧检查保温是否良好。

⑨检查阀门是否漏水。

⑩风机盘管下面不要安装日光灯设施。

6）清洗方案。

①拆卸回风口挡板及隔尘滤网，用高压水枪冲洗滤网，使滤网不沾泥污灰尘。

②正确拆卸风机前面的风机辊筒及其叶轮。

③检查风机电动机、电容器等是否烧坏，如正常，则用毛刷清洗叶轮、辊筒外壳。

④采用对铝翅片无腐蚀，但能清除灰尘、污垢的 SDP-01 翅片水，用高压清洗机将翅片水喷于铝翅片上，让其作用 5 min，然后用清洗机冲洗翅片。

⑤铝翅片清洗干净后（可见翅片内 2~3 排小铜管）正确安装风机盘管前面的风机电动机及叶轮，使之完全复原。

⑥清洗冷凝水托盘，投加三片杀菌灭藻片。

⑦将洗净的隔尘网及挡板装回原位。

⑧拆卸风机盘管小 Y 型过滤器并进行清洗。

【任务测试】

任务测试见表 7-21。

表 7-21　任务测试

作品评价	标准：《冷库安装规范》。 评分（满分60）					
自我评价	标准：真实，客观，理由充分。 评分（满分10）					
组内互评	学号	姓名	评分（满分10）	学号	姓名	评分（满分10）
	注意：最高分与最低分相差最少3，同分人最多3，某一成员分数不得超平均分±3。					

组间互评	标准:真实,客观,理由充分。	
		评分(满分10)
教师评价	标准:根据学生答辩情况真实、客观地进行打分,并给出充分理由。	
		评分(满分10)
签字	任务完成人签字: 日期: 年 月 日	
	指导教师签字: 日期: 年 月 日	

附 图

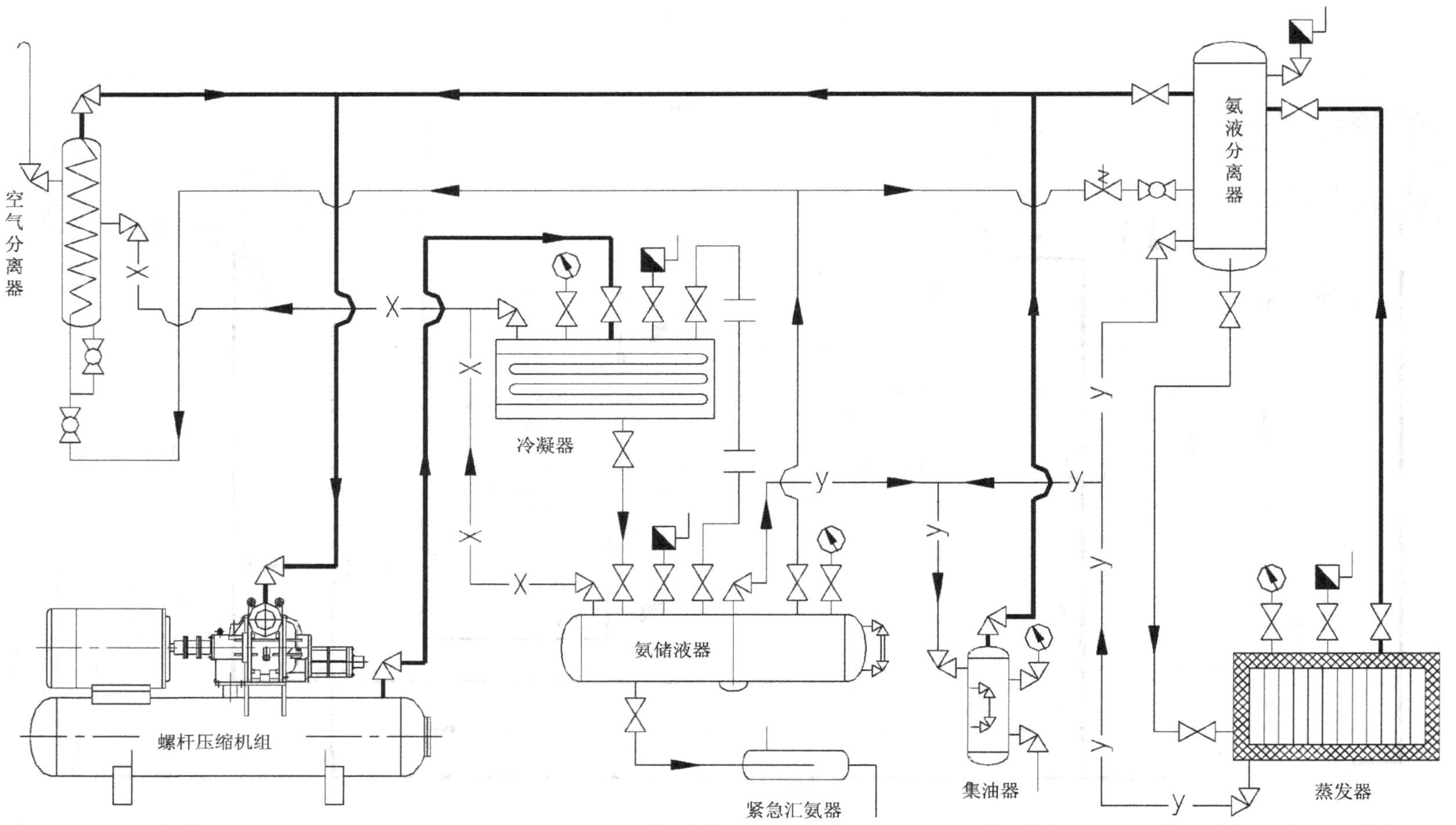

附图1 氨制冷系统流程

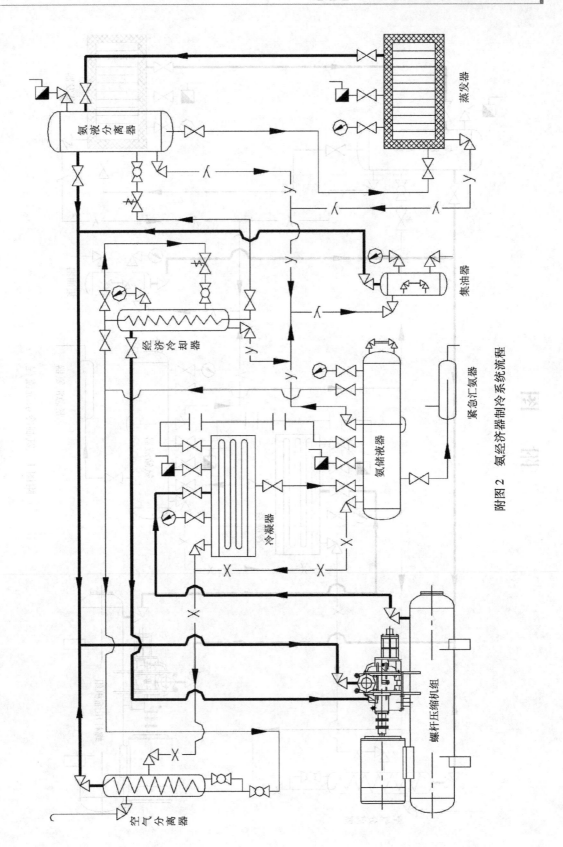

附图 2　氨经济器制冷系统流程

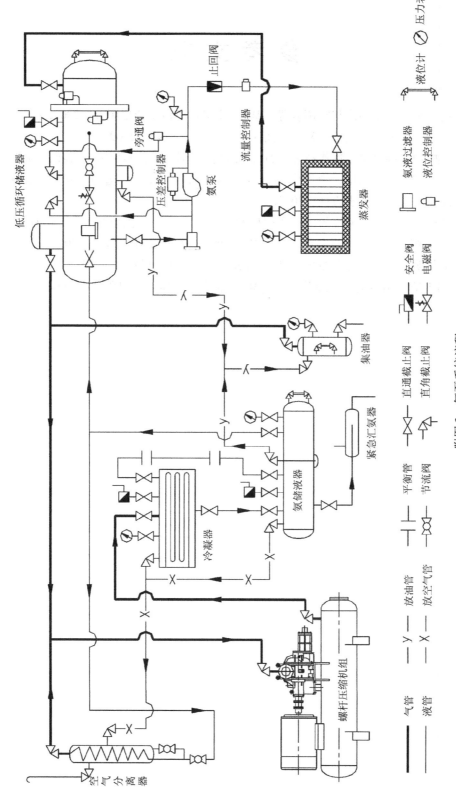

附图 3 氨泵系统流程

参 考 文 献

[1] 杨立平. 小型制冷与空调装置 [M]. 北京: 机械工业出版社, 2003.
[2] 林钢. 小型制冷装置 [M]. 北京: 机械工业出版社, 2009.
[3] 李树坤. 制冷基本操作技能 [M]. 北京: 中国劳动社会保障出版社, 2002.
[4] 冯玉琪. 最新家用、商用中央空调技术手册——设计、选型、安装与排障 [M]. 北京: 人民邮电出版社, 2005.
[5] 张林华. 中央空调维护保养实用技术 [M]. 北京: 中国建筑工业出版社, 2004.
[6] 尹选模. 中级制冷设备维修工 [M]. 北京: 机械工业出版社, 2010.
[7] 余华明. 冷库与冷藏技术 [M]. 北京: 人民邮电出版社, 2005.
[8] 韩宝琦. 制冷空调原理及应用 [M]. 北京: 机械工业出版社, 2004.